제3판

# 기초 확률론

김종호 · 이기성 · 장인홍 지음

자유아카데미

# 제3판을 내면서

저자들은 김종호 선생님의 확률론 제3판을 출간하게 되어 매우 기쁘게 생각한다. 개정판이 출간된 지 10년이 지나도록 추가 수정 없이 강의해 오던 중, 그동안의 부족한 부분에 대한 보완이 필요하다고 판단되어 수정하게 되었다.

3판에서는 전반적인 강의 내용의 순서를 조정하였으며, 본문에 더욱 많은 예제를 보충하였고, 내용의 이해를 돕기 위하여 그림을 추가하였다. 또한 독자들이 본문의 내용을 학습한 후 보다 다양한 문제를 연습할 수 있도록 연습문제를 더욱 많이 수록하였다. 뿐만 아니라 그동안 연습문제 짝수 번 문제에 대한 정답 요청이 많아서 모든 연습문제의 정답을 제시하였으며, 그중 풀이가 필요하다고 판단되는 문제를 선별하여 상세한 풀이과정을 제시하였다.

초판 머리말에 제시한 바와 같이 이 책은 통계학을 배우는 초심자 또는 대학이나 직장에서 통계학과 관련한 기초과정을 공부하려는 이들에게 확률에 대한 초보적인 개념을 설명하는 책이다. 따라서 이번 3판에서는 학습자들이 가능한 한 교과내용을 보다 더 쉽게 학습할 수 있도록 노력하였으며, 이에 따라 개정판의 7장 확률과정이론을 삭제하였다.

좋은 책을 위해 최선을 다했지만 부족한 부분이 있을 수 있다. 출간 후에라도 수정사항이 있을 경우에는 자유아카데미 홈페이지(www.freeaca.com) 자료실에 제공할 예정이다.

끝으로 3판에 공저자로 참여할 기회를 주신 이기성 교수님께 감사드리며, 3판을 내는 데 도움을 준 김윤수 박사과정 학생에게 감사의 말을 전한다.

자유아카데미 임철석 사장님과 관계자 여러분께도 진심으로 감사드린다.

2019년 8월

저자 씀

# 머리말

확률론은 비결정적 현상, 즉 불확실성의 현상을 수리적으로 취급하는 수학의 한 분야로 연구되어 왔다.

현상을 지배하는 법칙이 결정적인 인과관계로 표현될지라도 현상을 주의 깊게 관찰하면 우연변동이 관여하고 있음을 알게 된다. 따라서 확률론을 적용하지 않고서는 현상에 대한 정확한 기술을 할 수 없는 것이다.

오늘날 통계학은 모든 학문에 필요 불가결한 과학으로 이용되고 있으며, 그 통계학 이론의 기저를 이루고 있는 것이 확률론이다. 통계학의 내용 중 많은 부분이 확률의 개념이다. 확률을 잘 이해하는 것은 통계학을 옳게 이해하는 데 큰 도움이 된다.

이 책은 통계학을 배우는 초심자 또는 대학이나 직장에서 통계학과 관련한 기초 과정을 공부하려는 이들에게 확률에 대한 초보적인 개념을 자세히 설명하는 책이다.

이 책을 대학교재로 사용한다면 확률론이나 확률 및 확률분포론과 같은 과목에서 한 학기 정도에 모든 내용을 강의할 수 있으리라 생각된다.

이 책의 초판이 1997년에 출간된 이후 이번 2008년에 개정판을 출간하게 되었다. 이 개정판은 초판의 내용을 좀 더 체계적으로 정리, 보완하여 확률론을 이해하는 데 더욱 도움이 될 수 있도록 하였다.

책을 내면서 부족한 점과 잘못된 점이 있을 것으로 생각하는바 독자 여러분의 많은 지도를 바란다.

끝으로 이 책의 출판을 도와주신 자유아카데미 여러분들께 진심으로 감사드린다.

2008년 2월

저자

# 차례


## 제1장 확률 1

1.1 표본공간과 사상 2
1.2 확률 10
1.3 조건부확률 20
1.4 독립사상 27
1.5 베이즈 정리 36
연습문제 41

## 제2장 확률변수와 확률분포 47

2.1 확률변수 48
2.2 확률분포 49
2.3 결합확률질량함수 61
2.4 결합확률밀도함수 67
2.5 확률변수의 독립 76
2.6 조건부확률분포 80
2.7 확률변수의 함수의 분포 87
연습문제 94

## 제3장 이산확률분포 101

3.1 주요 이산확률분포 102
3.2 이산균일분포 102
3.3 베르누이 분포와 이항분포 104
3.4 다항분포 111
3.5 초기하분포 115
3.6 포아송 분포 120
3.7 기하분포와 음이항분포 125
3.8 이산확률변수의 합의 분포 132
연습문제 136

## 제4장 연속확률분포 139

4.1 주요 연속확률분포 140
4.2 연속균일분포 141
4.3 정규분포 144
4.4 지수분포 155
4.5 감마분포 161
4.6 베타분포 166
4.7 $\chi^2$분포, $t$분포, $F$분포 169
4.8 연속확률변수의 합의 분포 179
연습문제 184

## 제5장 기댓값과 분산 189

5.1 기댓값의 정의 190
5.2 주요 확률분포들의 기댓값 191

5.3 확률변수의 함수의 기댓값 205
5.4 분산과 공분산 212
5.5 주요 확률분포들의 분산 218
5.6 상관계수 232
5.7 조건부기댓값 237
**연습문제** 250

## 제6장 극한정리 255

6.1 체비셰프 부등식 256
6.2 대수의 법칙 266
6.3 중심극한정리 272
**연습문제** 277

## 제7장 적률생성함수와 특성함수 279

7.1 적률 280
7.2 적률생성함수 283
7.3 주요 확률분포들의 적률생성함수 286
7.4 확률변수의 합의 적률생성함수 300
7.5 함수의 적률생성함수 302
7.6 확률생성함수 307
7.7 특성함수 312
**연습문제** 320

■ **참고문헌** 323

■ **연습문제 풀이** 324

■ **부록** 345

1. 이항분포표 346
2. 포아송 분포표 351
3. 표준정규확률변수의 누적분포표 353
4. $t$분포표 356
5. $\chi^2$분포의 임계값 357
6. $F$분포표 358

■ **찾아보기** 361

# 제 1 장

# 확률

1.1 표본공간과 사상 | 1.2 확률
1.3 조건부확률 | 1.4 독립사상
1.5 베이즈 정리

## 1.1 표본공간과 사상

결과를 미리 예측할 수 없는 실험(experiment)이나 시행(trial)에서 확실한 결과는 미리 알지 못하더라도 모든 가능한 결과들의 집합은 알 수 있을 경우, 실험 또는 시행에 의하여 일어날 수 있는 가능한 모든 결과들의 집합을 실험이나 시행에 의한 **표본공간**(sample space)이라고 하고, $S$로 나타낸다.

> **정의 표본공간**(sample space: $S$)
> 실험 또는 시행에 의하여 일어날 수 있는 가능한 모든 결과들의 집합
>
> **정의 사상**(또는 사건, event: $A, B, \cdots$ )
> 표본공간의 부분집합으로 어떤 특성을 갖는 결과들의 집합

예를 들어, 동전을 1회 던지는 시행에서 앞면을 $H$, 뒷면을 $T$로 나타내면 표본공간은

$$S=\{H, T\},$$

이고, 만일 2개의 동전을 1번 던진다면 표본공간은

$$S=\{HH, HT, TH, TT\}$$

와 같다. 이때 표본공간을 구성하는 **원소**(elements)를 **표본점**(sample points)이라고 한다.

$n$개의 표본점 $w_1, w_2, \cdots, w_n$으로 구성되어 있는 표본공간 $S$는 다음과 같이 표현된다.

$$S=\{w_1, w_2, \cdots, w_n\}$$

예를 들어 주사위 2개를 던지는 시행에서 첫 번째 주사위가 나타내는 눈의 수를 $a$

라고 하고, 두 번째 주사위가 나타내는 눈의 수를 $b$라고 하면 표본공간은 다음과 같이 나타낼 수 있다.

$$S = \{ (a, b) \mid a, b = 1, 2, 3, 4, 5, 6 \}$$

여기서, 첫 번째 주사위가 나타내는 눈의 수가 1이라는 사상을 $A$라고 하고, 두 번째 주사위가 나타내는 눈의 수가 2라는 사상을 $B$라고 하면, 사상 $A$와 $B$는 다음과 같이 표현된다.

$$A = \{ (1, b) \mid b = 1, 2, 3, 4, 5, 6 \} = \{(1,1),(1,2),(1,3),(1,4),(1,5),(1,6)\}$$
$$B = \{ (a, 2) \mid a = 1, 2, 3, 4, 5, 6 \} = \{(1,2),(2,2),(3,2),(4,2),(5,2),(6,2)\}$$

이처럼 표본공간의 부분집합 $A$와 $B$를 **사상**(event)이라고 하고 $A, B, \cdots$ 로 표시한다. 즉 사상은 실험 가능한 결과들로 구성된 집합을 의미한다.

표본공간 $S$의 임의의 사상에 대하여 합사상, 곱사상, 여사상, 공사상, 배반사상에 대하여 살펴보자.

## 합사상

표본공간 $S$의 임의의 두 사상 $A$와 $B$의 적어도 한쪽이 일어나는 사상을 **합사상**(union event)이라고 하며, 다음과 같이 표현한다.

$$A \cup B = \{ w \mid w \in A \text{ 또는 } w \in B \}$$

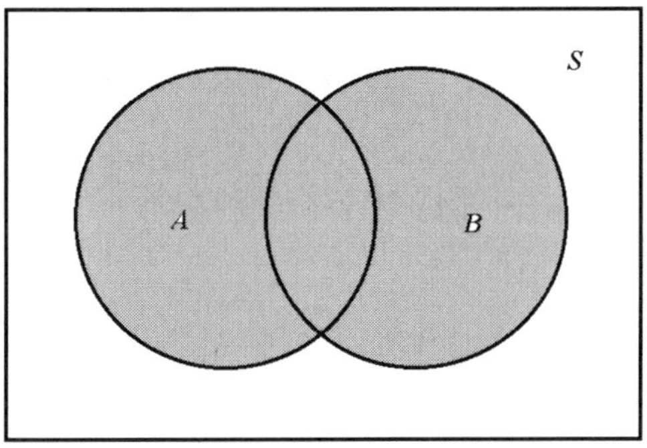


**그림 1.1** A와 B의 합사상

$n$개의 사상 $A_1, A_2, \cdots, A_n$의 합사상은

$$\bigcup_{i=1}^{n} A_i = A_1 \cup A_2 \cup \cdots \cup A_n$$

로 나타내며, 마찬가지로 무한계열의 사상 $A_1, A_2, \cdots, A_n, \cdots$의 합사상은 다음과 같이 나타낸다.

$$\bigcup_{i=1}^{\infty} A_i = A_1 \cup A_2 \cup \cdots \cup A_n \cup \cdots$$

## 곱사상

표본공간 $S$의 임의의 두 사상 $A$와 $B$가 함께 일어나는 사상을 **곱사상**(intersection event)이라고 하며, 다음과 같이 표현한다.

$$A \cap B = \{ w \mid w \in A \text{ 그리고 } w \in B \}$$

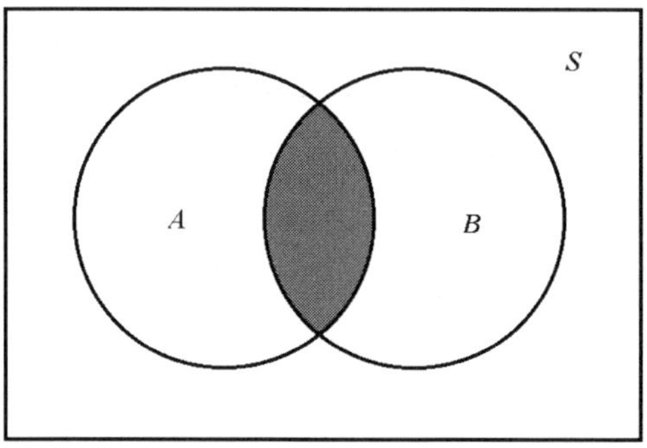


**그림 1.2** A와 B의 곱사상

$n$개의 사상 $A_1, A_2, \cdots, A_n$의 곱사상은

$$\bigcap_{i=1}^{n} A_i = A_1 \cap A_2 \cap \cdots \cap A_n$$

로 나타내며, 마찬가지로 무한계열의 사상 $A_1, A_2, \cdots, A_n, \cdots$의 곱사상은 다음과

같이 나타낸다.

$$\bigcap_{i=1}^{\infty} A_i = A_1 \cap A_2 \cap \cdots \cap A_n \cap \cdots$$

### 여사상

사상 $A$가 일어나지 않는 사상을 **여사상**(complement event)이라고 하며, 다음과 같이 표현한다.

$$A^c = \{ w \mid w \notin A \}$$

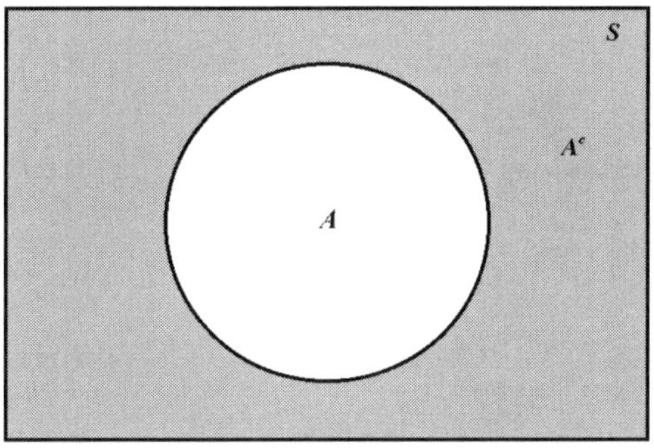


**그림 1.3** A의 여사상

### 공사상

사상 $A$가 어떠한 결과도 포함하지 않는 경우, 이러한 사상을 **공사상**(null event 또는 empty event)이라고 하고 $\varnothing$로 표시한다.

### 배반사상

사상 $A$와 $B$의 곱사상이 공사상인 사상을 **배반사상**(exclusive event)이라고 하며, 다음과 같이 표현한다.

$$A \cap B = \varnothing \Rightarrow A\text{와 } B\text{는 배반사상}$$

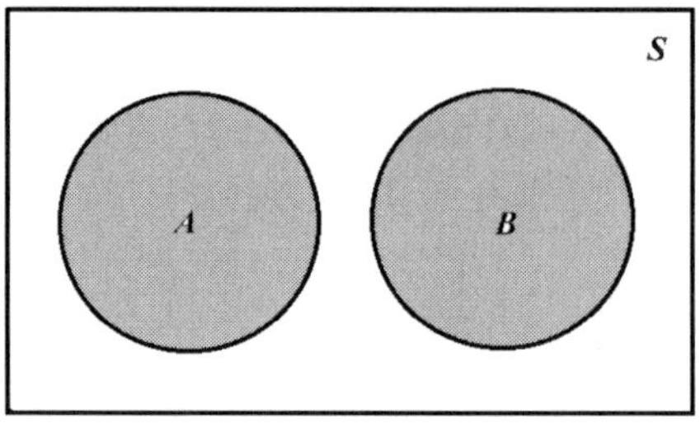


**그림 1.4** 서로 배반인 사상

또한, 표본공간에서 2개의 사상 $A$와 $B$가 공통원소를 가지지 않을 때, **서로 배반**(mutually exclusive)이라고 한다.
$n$개의 사상 $A_1, A_2, \cdots, A_n$의 배반사상은

$$A_i \cap A_j = \varnothing, \qquad (i \neq j)$$

로 나타내며, 마찬가지로 무한계열의 사상 $A_1, A_2, \cdots, A_n, \cdots$ 의 배반사상은 다음과 같이 나타낸다.

$$A_i \cap A_j = \varnothing, \qquad (i \neq j)$$

**[예제 1.1]**

주사위 1개를 던지는 시행을 할 경우 표본공간은 $S = \{1,2,3,4,5,6\}$이다. 여기서 $n$을 주사위에 나타난 눈의 수라고 하고

$$A = \{n\text{은 짝수}\},\ B = \{n \geq 3\}$$

이라고 할 때, (1) $A \cup B$ (2) $A \cap B$ (3) $A^c$ (4) $B^c$를 구하여라.

**|풀 이|**

(1) $A \cup B = \{n\text{은 짝수 또는 } n \geq 3\} = \{2,3,4,5,6\}$

(2) $A \cap B = \{n\text{은 짝수 그리고 } n \geq 3\} = \{4,6\}$

(3) $A^c = \{n\text{은 짝수가 아니다}\} = \{1,3,5\}$

(4) $B^c = \{n \geq 3\text{이 아니다}\} = \{n < 3\} = \{1,2\}$

표본공간 $S$의 임의의 사상 $A$, $B$, $C$에 대하여, 사상의 연산은 집합의 연산과 마찬가지로 다음과 같이 성립된다.

### 교환법칙

$$A \cup B = B \cup A, \quad A \cap B = B \cap A$$

### 결합법칙

$$A \cup (B \cup C) = (A \cup B) \cup C$$
$$A \cap (B \cap C) = (A \cap B) \cap C$$

### 배분법칙(분배법칙)

$$A \cap (B \cup C) = (A \cap B) \cup (A \cap C)$$
$$A \cup (B \cap C) = (A \cup B) \cap (A \cup C)$$

### 드모르간(De Morgan)의 법칙

$$(A \cup B)^c = A^c \cap B^c$$
$$(A \cap B)^c = A^c \cup B^c$$

**정리 1.1** $n$개의 사상 $A_1, A_2, \cdots, A_n$에 대한 드모르간의 법칙

① $(A_1 \cup A_2 \cup \cdots \cup A_n)^c = A_1^c \cap A_2^c \cap \cdots \cap A_n^c$

② $(A_1 \cap A_2 \cap \cdots \cap A_n)^c = A_1^c \cup A_2^c \cup \cdots \cup A_n^c$

위 정리의 사상에 관한 등식의 증명은 좌변의 임의의 원소가 우변에 속하고, 우변의 임의의 원소가 좌변에 속한다는 것으로 양변이 같다는 것을 보일 수 있다.

한편, 등식의 증명을 다음 예제에서와 같이 좌변 식에서 우변 식을 또는 우변 식에서 좌변 식을 유도하여 사상에 관한 등식이 성립함을 밝힐 수도 있다.

**[예제 1.2]**

임의의 사상 $A, B$에 대하여 다음이 성립함을 증명하여라.

$$A \cup B = A \cap B \quad \Leftrightarrow \quad A = B \text{이다.}$$

**|풀 이|**

(좌변 $\Rightarrow$ 우변)

$A \subset A \cup B$, $A \cap B \subset B$이고 $A \cup B = A \cap B$이면 $A \subset B$이다.

$B \subset A \cup B$, $A \cap B \subset A$이고 $A \cup B = A \cap B$이면 $B \subset A$이다.

따라서 $A = B$이다.

(우변 $\Rightarrow$ 좌변)

$A = B$이면, $A \cup B = A = B$이고 $A \cap B = A = B$이다.

따라서 $A \cup B = A \cap B$이다.

**[예제 1.3]**

사상 $A, B$에 대하여 다음이 성립함을 보여라.

$$A \cup B = (A \cap B) \cup (A^c \cap B) \cup (A \cap B^c)$$

또한, $A \cap B$, $A^c \cap B$, $A \cap B^c$이 서로 배반임을 보여라.

**|풀 이|**

$$A = A \cap S = A \cap (B \cup B^c) = (A \cap B) \cup (A \cap B^c)$$
$$B = B \cap S = B \cap (A \cup A^c) = (A \cap B) \cup (A^c \cap B)$$

이므로, 이 두 등식으로부터 다음을 얻을 수 있다.

$$A \cup B = [(A \cap B) \cup (A \cap B^c)] \cup [(A \cap B) \cup (A^c \cap B)]$$
$$= (A \cap B) \cup (A^c \cap B) \cup (A \cap B^c)$$

또한, $(A \cap B) \cap (A^c \cap B) \subset A \cap A^c = \varnothing$ 이 성립하므로 $A \cap B$와 $A^c \cap B$는 서

로 배반이다.

마찬가지로,

$$(A \cap B) \cap (A \cap B^c) \subset B \cap B^c = \varnothing$$

이고,

$$(A^c \cap B) \cap (A \cap B^c) \subset A^c \cap A = \varnothing$$

이므로 $A \cap B$와 $A \cap B^c$, $A^c \cap B$와 $A \cap B^c$는 서로 배반이다.
따라서 $A \cap B$, $A^c \cap B$, $A \cap B^c$이 서로 배반임을 알 수 있다.

**[예제 1.4]**

다음 등식이 성립함을 증명하여라.

$$(A \cup B) - (A \cap B) = (A \cap B^c) \cup (A^c \cap B)$$

**|풀 이|**

$$\begin{aligned}(A \cup B) - (A \cap B) &= (A \cup B) \cap (A \cap B)^c = (A \cup B) \cap (A^c \cup B^c) \\ &= [(A \cup B) \cap A^c] \cup [(A \cup B) \cap B^c] \\ &= [(A \cap A^c) \cup (B \cap A^c)] \cup [(A \cap B^c) \cup (B \cap B^c)] \\ &= [\varnothing \cup (B \cap A^c)] \cup [(A \cap B^c) \cup \varnothing] \\ &= (A \cap B^c) \cup (A^c \cap B)\end{aligned}$$

## 1.2 확률

확률(probability)은 어떤 사상이 일어날 가능성을 0과 1 사이의 숫자로 표현하는 것이며, 이때 사상이 일어날 가능성이 클수록 확률은 1에 가까워지고 일어나기 힘들수록 0에 가까워진다. 확률은 객관적인 관점의 수학적 확률과 통계적 확률, 주관적인 관점의 주관적 확률로 정의가 되기도 하지만, 공리적인 방법에 의하여 일반적인 확률이 정의되기도 한다. 이 절에서는 확률을 정의하고, 확률의 공리 및 확률에 관한 몇 가지 성질에 대하여 설명하고자 한다.

일반적으로 1회의 시행에서 일어날 수 있는 가능한 경우의 수가 $N$인 표본공간으로부터 각각의 근원사상이 일어날 가능성이 같을 경우 사상 $A$가 일어나는 경우의 수를 $a$라고 하면, $A$의 확률을 $P(A)=\frac{a}{N}$ 와 같이 정의할 수 있는데, 이를 수학적 확률 또는 라플라스(Laplace)의 확률이라고 한다.

예를 들어, 주사위를 던지는 실험에서 각각의 근원사상이 나올 확률은 1/6으로 사상 $A=\{2,4,6\}$ 가 나올 확률 $P(A)$는 $N=6$ 이고 $a=3$ 이므로 1/2이 된다.

**정의** 수학적 확률(라플라스의 확률)

$S$가 유한집합 $S=\{w_1, w_2, \cdots, w_n\}$ 이고, 각 표본점 $w_i$가 같은 정도로 발생된다고 기대될 때, 즉 $P(\{w_i\})=p_i=\frac{1}{n}, (i=1,2,\cdots,n)$ 일 때, $a$개의 표본점으로 구성되어 있는 사상 $A=\{w_1, w_2, \cdots, w_a\}$ 의 확률 $P(A)$는 다음과 같이 정의된다.

$$P(A)=\frac{a}{n}$$

**[예제 1.5]**

동전을 2회 던지는 실험에서 앞면이 1회 나오는 확률을 구하여라.

**|풀 이|**

표본공간 $S=\{HH, HT, TH, TT\}$, 앞면이 1회 나오는 사상은 $A=\{HT, TH\}$으로

2가지이므로 앞면이 1회 나오는 확률은 $P(A) = 2/4 = 1/2$이다.

**[예제 1.6]**

2개의 주사위 $A$, $B$를 던질 때 아래의 물음에 답하여라.

(1) $A$, $B$의 눈이 같을 확률을 구하여라.

(2) 한쪽 눈이 다른 쪽 눈의 2배가 되는 확률을 구하여라.

**|풀 이|**

(1) 표본공간 $S = \{(1,1), (1,2), \cdots, (6,5), (6,6)\}$에 대하여 $A$, $B$의 눈이 같은 경우는

$$\{(1,1), (2,2), (3,3), (4,4), (5,5), (6,6)\}$$

이므로 구하고자 하는 확률은 $p = \dfrac{6}{36} = \dfrac{1}{6}$ 이다.

(2) 한쪽 눈이 다른 쪽 눈의 2배가 되는 경우는

$$\{(1,2), (2,4), (3,6), (2,1), (4,2), (6,3)\}$$

이므로 구하고자 하는 확률은 $p = \dfrac{6}{36} = \dfrac{1}{6}$ 이다.

**[예제 1.7]**

어떤 상자 속에 양품 5개와 불량품 3개가 들어있다. 여기서 3개의 제품을 꺼낼 때 양품이 2개 뽑일 확률을 구하여라.

**|풀 이|**

8개 중 3개를 꺼내는 모든 경우의 수는 ${}_8C_3 = 56$이고 사상 $A$를 양품이 2개 뽑힐 사상이라고 하면, 사상 $A$의 경우의 수는 ${}_5C_2 \times {}_3C_1 = 10 \times 3 = 30$이므로 구하는 확률은

$$P(A) = \frac{{}_5C_2 \times {}_3C_1}{{}_8C_3} = \frac{30}{56} = \frac{15}{28}$$ 이다.

확률은 수학적 확률 이외에도 다음과 같이 수학적인 공리에 의한 방법으로 정의될 수 있다. 다음의 3가지 조건을 만족할 때 우리는 확률이라고 일반적으로 정의하며, 이러한 확률을 공리적 확률이라고 한다.

**정의 확률**

유한표본공간 $S$에 있어서 사상 $A$의 확률 $P(A)$는 다음과 같은 확률의 공리를 만족하는 **실수값 집합함수**이다.

확률의 공리

① 임의의 사상 $A$에 대하여 $0 \le P(A) \le 1$이다.

② $P(S) = 1$

③ $A \cap B = \varnothing$ 이면 $P(A \cup B) = P(A) + P(B)$ 이다.

③을 확장하면 다음과 같다. (완전가법성)

$$A_i \cap A_j = \varnothing \ (i \neq j) \text{ 이면 } P(A_1 \cup A_2 \cup \cdots \cup A_n \cup \cdots) = \sum_{i=1}^{\infty} P(A_i)$$

**[예제 1.8]**

주사위를 던지는 실험에서 6개의 면 각각이 나타날 가능성이 동일하다고 할 때, 홀수가 나타날 사상 $A$의 확률을 구하여라.

**| 풀 이 |**

주사위 6개의 모든 면이 나타날 가능성이 동일하다면,

$$P(\{1\}) = P(\{2\}) = P(\{3\}) = P(\{4\}) = P(\{5\}) = P(\{6\}) = \frac{1}{6}$$ 이다.

공리 ③으로부터 홀수가 나올 확률은 다음과 같다.

$$P(\{1,3,5\}) = P(\{1\}) + P(\{3\}) + P(\{5\}) = \frac{1}{2} \text{ 이다.}$$



표본공간에서 사상들에 대한 확률을 구하는데 다음의 확률에 관한 성질들을 이용하면 편리하게 확률을 계산할 수 있다. 확률에 관한 몇 가지 성질을 정의로부터 증명하여 보자.

**성질 1:** $P(\varnothing) = 0$, 즉 공사상 $\varnothing$ 의 확률은 항상 0이다.

**증명**

$A \cup \varnothing = A$ 이므로 $P(A \cup \varnothing) = P(A)$ 이다. 그런데 사상 $A$ 와 $\varnothing$ 는 서로 배반사상이므로 공리 ③에 의하여

$$P(A \cup \varnothing) = P(A) + P(\varnothing)$$

이다. 따라서

$$P(A) = P(A) + P(\varnothing)$$

이므로

$$P(\varnothing) = 0$$

이 된다.

**성질 2:** 가법정리 $P(A \cup B) = P(A) + P(B) - P(A \cap B)$

**증명**

$A \cup B = A \cup (A^c \cap B)$ 이고, $A$와 $A^c \cap B$는 서로 배반사상이므로

$$P(A \cup B) = P(A) + P(A^c \cap B)$$

이다.

마찬가지로, $B = (A \cap B) \cup (A^c \cap B)$ 이고, $A \cap B$와 $A^c \cap B$는 서로 배반

사상이므로

$$P(B) = P(A \cap B) + P(A^c \cap B)$$

이다. 따라서

$$P(A^c \cap B) = P(B) - P(A \cap B)$$

이다. 따라서 다음이 성립된다.

$$P(A \cup B) = P(A) + P(B) - P(A \cap B)$$

**[예제 1.9]**

2018년 우리나라 전체 가구 중 개를 기르는 가구는 약 26%, 고양이를 기르는 가구는 11%, 개와 고양이 둘 다 기르는 가구는 6%라고 한다. 한 가정을 임의로 선택했을 때 그 가정에서 개와 고양이 중 적어도 하나를 기르고 있을 확률을 구하여라.

**|풀 이|**

사상을 아래와 같이 정의하면

$A$ : 선택된 가정에서 개를 기르는 사상
$B$: 선택된 가정에서 고양이를 기르는 사상

$P(A) = 0.26$, $P(B) = 0.11$ 그리고 $P(A \cap B) = 0.06$이다. 한 가정을 임의로 선택했을 때 그 가정에서 개와 고양이 중 적어도 하나를 기르고 있을 확률은 다음과 같다.

$$P(A \cup B) = P(A) + P(B) - P(A \cap B) = 0.26 + 0.11 - 0.06 = 0.31$$

**[예제 1.10]**

1에서 20까지의 정수 안에서 임의로 선택한 정수가 6 또는 8의 배수가 될 확률을 구하여라. 단, 어느 정수도 같은 확률로 선택된다고 하자.

**|풀 이|**

표본공간을 $S$라고 하고, 6의 배수를 사상 $A$, 8의 배수를 사상 $B$라고 하면 $S$와 $A, B$는 다음과 같다.

$$S=\{1,2,3,\cdots,20\},\ A=\{6,12,18\},\ B=\{8,16\}$$

$A\cap B=\varnothing$ 이므로 6 또는 8의 배수가 될 확률은 다음과 같다.

$$P(A\cup B)=P(A)+P(B)-P(A\cap B)=\frac{3}{20}+\frac{2}{20}-0=\frac{1}{4}$$

**성질 3: 만일 $B\subset A$ 이면 $P(B)\le P(A)$ 이다.**

**증명**

$B\subset A$ 이므로 $A=(A\cap B^c)\cup B$ 이고, $A\cap B^c$와 $B$는 서로 배반사상이므로

$$P(A)=P(A\cap B^c)+P(B)$$

이다. 따라서

$$P(A)-P(B)=P(A\cap B^c)\ge 0$$

이므로, 다음이 성립된다.

$$P(A)\ge P(B)$$

즉, 위의 성질은 사상 $B$가 사상 $A$에 포함되면 $B$의 확률은 $A$의 확률보다 크지 않다는 것을 의미한다.

**성질 4: $P(A_1\cup A_2\cup\cdots)\le P(A_1)+P(A_2)+\cdots$**

**증명**

$$P(A\cup B)=P(A)+P(B)-P(A\cap B)\le P(A)+P(B)$$

의 확장으로 얻어지지만, 일반적인 증명은 수학적 귀납법(mathematical induction)을 이용하여 증명한다.

$k=2$ 일 때 위의 부등식이 성립함은 분명하다. 지금 임의의 $k(<n)$ 에 대하여 이 부등식이 성립함을 가정하면

$$\begin{aligned} P(A_1 \cup A_2 \cup \cdots \cup A_k \cup A_{k+1}) &\le P(A_1 \cup A_2 \cup \cdots \cup A_k) + P(A_{k+1}) \\ &\le P(A_1) + P(A_2) + \cdots + P(A_k) + P(A_{k+1}) \end{aligned}$$

이 되어, $k+1$ 일 때도 앞의 부등식은 성립된다.

성질 5: $P(A^c) = 1 - P(A)$

**증명**

$S = A \cup A^c$ 이고, $A$ 와 $A^c$ 는 배반사상이므로

$$1 = P(S) = P(A) + P(A^c)$$

이다. 따라서 다음이 성립된다.

$$P(A^c) = 1 - P(A)$$

즉, 위의 성질은 어떤 사상이 발생하지 않을 확률을 구할 때 1에서 그 사상이 발생할 확률을 빼면 얻을 수 있다는 것을 의미한다.

**[예제 1.11]**

세 개의 동전을 던지는 실험을 생각하자. 사상 $A$ 를 적어도 한 개의 앞면이 나오는 사상이라고 할 때 사상 $A$ 의 확률을 구하여라.

**|풀 이|**

표본공간은 $S = \{HHH, HHT, HTH, HTT, THH, THT, TTH, TTT\}$ 이고, 사상 $A$ 는 $A = \{HHH, HHT, HTH, HTT, THH, THT, TTH\}$ 으로 구성된다. $A$ 의 여사상

은 $A^C = \{TTT\}$이다.

따라서 사상 $A$의 확률은 $P(A) = 1 - P(A^C) = 1 - \frac{1}{8} = \frac{7}{8}$이다.

성질 6: 임의의 세 사상 $A$, $B$, $C$가 서로 배반이 아닌 사상이라고 할 때

$$P(A \cup B \cup C) = P(A) + P(B) + P(C) - P(A \cap B) - P(A \cap C) - P(B \cap C) + P(A \cap B \cap C)$$

이며, 일반적으로 다음 식이 성립된다.

$A_1, A_2, \cdots, A_n$이 서로 배반이 아닌 사상이라고 할 때

$$P(A_1 \cup \cdots \cup A_n) = \sum_i P(A_i) - \sum_{i<j} P(A_i \cap A_j) + \sum_{i<j<k} P(A_i \cap A_j \cap A_k) - \cdots + (-1)^{n-1} P(A_1 \cap \cdots \cap A_n)$$

이다.

**증명**

세 사상 $A$, $B$, $C$가 서로 배반이 아닌 사상이라고 할 때

$$\begin{aligned} P(A \cup B \cup C) &= P\{A \cup (B \cup C)\} \\ &= P(A) + P(B \cup C) - P\{A \cap (B \cup C)\} \\ &= P(A) + P(B \cup C) - P\{(A \cap B) \cup (A \cap C)\} \\ &= P(A) + P(B) + P(C) - P(A \cap B) - P(A \cap C) \\ &\quad - P(B \cap C) + P(A \cap B \cap C) \end{aligned}$$

**[예제 1.12]**

임의의 두 사상 $A, B$에 대하여 $A \subset B$이면,

$$P(B-A)=P(B)-P(A)$$

임을 보여라.

|풀 이|

$B=(B-A)\cup A$ 이고, $(B-A)\cap A=\varnothing$ 이므로

$$P(B)=P(B-A)+P(A)$$

이다. 따라서 다음이 성립된다.

$$P(B-A)=P(B)-P(A)$$

**[예제 1.13]**

$A$, $B$를 표본공간 $S$의 임의의 사상이라 하고, $P(A)$, $P(B)$ 및 $P(A\cap B)$가 알려져 있을 때, 다음 각 사상의 확률을 이들의 확률로 나타내어라.

(1) $P(A^c\cup B^c)$ (2) $P(A^c\cap B^c)$ (3) $P(A^c\cup B)$ (4) $P(A^c\cap B)$

|풀 이|

(1) $P(A^c\cup B^c)=P\{(A\cap B)^c\}=1-P(A\cap B)$

(2) $P(A^c\cap B^c)=P\{(A\cup B)^c\}=1-P(A\cup B)$

$$=1-\{P(A)+P(B)-P(A\cap B)\}$$

(3) $(A^c\cup B)\cap(A\cup B)=(A^c\cap A)\cup B=\varnothing\cup B=B$

$(A^c\cup B)\cup(A\cup B)=(A^c\cup A)\cup B=\Omega\cup B=\Omega$

이므로

$$\begin{aligned}P(S)&=1\\&=P\{(A^c\cup B)\cup(A\cup B)\}\\&=P(A^c\cup B)+P(A\cup B)-P(B)\\&=P(A^c\cup B)+\{P(A)+P(B)-P(A\cap B)\}-P(B)\end{aligned}$$

이다. 따라서 다음이 성립된다.

$$P(A^c \cup B) = 1 - P(A) + P(A \cap B)$$

(4) $A^c \cap B = (A \cup B^c)^c$ 이므로 $P(A^c \cap B) = 1 - P(A \cup B^c)$ 이다.
문제 (3)의 결과를 이용하면

$$P(A \cup B^c) = 1 - P(B) + P(A \cap B)$$

이므로, 다음이 성립된다.

$$P(A^c \cap B) = 1 - \{1 - P(B) + P(A \cap B)\} = P(B) - P(A \cap B)$$

**[예제 1.14]**

$A$, $B$, $C$, $D$를 다음과 같은 사상이라고 하자.

$P(A) = P(B) = P(C) = P(D) = p_1$

$P(A \cap B) = P(A \cap C) = P(A \cap D) = P(B \cap C) = P(B \cap D) = P(C \cap D) = p_2$

$P(A \cap B \cap C) = P(A \cap B \cap D) = P(A \cap C \cap D) = P(B \cap C \cap D) = p_3$

$P(A \cap B \cap C \cap D) = p_4$

이때 다음 사상의 확률을 $p_1$, $p_2$, $p_3$, $p_4$로 나타내어라.

(1) $P(A \cup B \cup C)$　　　　(2) $P(A \cup B \cup C \cup D)$

**| 풀 이 |**

(1) $P(A \cup B \cup C) = P(A) + P(B) + P(C) - P(A \cap B) - P(A \cap C)$

$$- P(B \cap C) + P(A \cap B \cap C)$$

$$= 3p_1 - 3p_2 + p_3$$

(2) $$\begin{aligned} P(A \cup B \cup C \cup D) &= P(A) + P(B) + P(C) + P(D) \\ &\quad - P(A \cap B) - P(A \cap C) - P(A \cap D) \\ &\quad - P(B \cap C) - P(B \cap D) - P(C \cap D) \\ &\quad + P(A \cap B \cap C) + P(A \cap B \cap D) \\ &\quad + P(A \cap C \cap D) + P(B \cap C \cap D) \\ &\quad - P(A \cap B \cap C \cap D) \\ &= 4p_1 - 6p_2 + 4p_3 - p_4 \end{aligned}$$

## 1.3 조건부확률

실험결과에 관한 어떤 일부분의 정보가 주어졌을 때의 확률을 계산하고자 하는 경우가 종종 있는데, 이러한 경우에 구하고자 하는 확률이 조건부확률이다. 또한 일부분의 정보가 주어져 있지 않은 경우에도 구하려는 확률을 보다 쉽게 계산하기 위하여 조건부확률을 사용하는 것이 종종 유용하다. 이 절에서는 확률론에서 중요한 개념의 하나인 조건부확률, 승법정리, 곱셈공식에 대하여 살펴보고, 예를 들어 설명하고자 한다.

**정의** 결합확률

사상 $A$와 $B$의 **결합확률**(joint probability) $P(A, B)$는 다음과 같이 정의한다.

$$P(A, B) = P(A \cap B)$$

**정의** 조건부확률

사상 $B$가 일어났다는 조건하에서 사상 $A$가 일어나는 **조건부확률**(conditional

probability) $P(A \mid B)$는 다음과 같이 정의한다.

$$P(A \mid B) = \frac{P(A \cap B)}{P(B)}, \qquad (P(B) > 0)$$

위에서 정의된 바와 같이 원래의 실험으로부터 표본공간 $S$를 축소시킨 새로운 표본공간 $B$에서의 확률을 조건부확률이라고 한다.

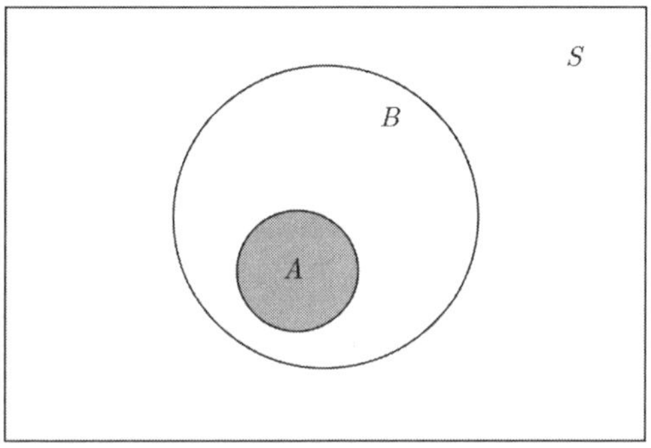


**그림 1.5** $B$에서 조건부확률

**정리 1.2** 승법정리(multiplication theorem)

$$P(A \cap B) = P(A)P(B \mid A) = P(B)P(A \mid B)$$

$P(A \cap B) = P(A)P(B \mid A)$식은 $P(A)$와 $P(B \mid A)$을 알고 있는 경우에 사용되고, $P(A \cap B) = P(B)P(A \mid B)$식은 $P(B)$와 $P(A \mid B)$를 알고 있는 경우에 쓰인다.

조건부확률의 정의를 직관적으로 이해할 수 있도록 설명하여 보자. 사상 $A \cap B$, $A \cap B^c$, $A^c \cap B$, $A^c \cap B^c$가 일어나는 경우의 수를 $a, b, c, d$라고 하면, $a + b + c + d = n$이 가능한 모든 경우의 수가 된다.

| | $B$ | $B^c$ | 합 |
|---|---|---|---|
| $A$ | $a$ | $b$ | $a+b$ |
| $A^c$ | $c$ | $d$ | $c+d$ |
| 합 | $a+c$ | $b+d$ | $n$ |

위 표로부터

$$P(A \cap B) = \frac{a}{n}$$

이고, 이것은

$$P(A \cap B) = \frac{a+c}{n} \cdot \frac{a}{a+c}$$

또는

$$P(A \cap B) = \frac{a+b}{n} \cdot \frac{a}{a+b}$$

로 바꾸어 쓸 수 있으며, $\frac{a}{a+c}$는 사상 $B$가 일어났다는 조건하에서 사상 $A$가 일어날 확률 $P(A \mid B)$ 이다. 또한, $\frac{a+c}{n}$는 분명히 $P(B)$ 이므로

$$P(A \cap B) = P(B)P(A \mid B)$$

또는

$$P(A \cap B) = P(A)P(B \mid A)$$

가 성립한다.

위의 승법정리 $P(A \cap B) = P(A)P(B \mid A)$는 2개 이상의 많은 사상에 대하여 확장할 수 있다.

3개의 사상에 대해서

$$P((A \cap B) \cap C) = P(A \cap B)P(C \mid A \cap B)$$

와 같이 되고, 마찬가지로 4개의 사상에 대해서도

$$P(A\cap B\cap C\cap D)=P(A)P(B\mid A)P(C\mid A\cap B)P(D\mid A\cap B\cap C)$$

을 얻을 수 있다.

**정리 1.3 곱셈공식**

$(n+1)$ 개의 사상 $A_0, A_1, \cdots, A_n$ 에 대하여 $P(A_0\cap\cdots\cap A_{n-1})>0$ 이면

$$P(A_0\cap A_1\cap\cdots\cap A_n)=P(A_0)P(A_1\mid A_0)P(A_2\mid A_0\cap A_1)\cdots P(A_n\mid A_0\cap A_1\cap\cdots\cap A_{n-1})$$

이 성립한다.

**증명**

$n=1$ 일 때 분명히 성립함으로 $n$ 일 때 성립됨을 가정하고, $n+1$ 의 경우에 성립함을 보여 보자.

$$\begin{aligned}&P(A_0\cap A_1\cap\cdots\cap A_{n+1})\\&=P(A_0\cap A_1\cap\cdots\cap A_n)P(A_{n+1}\mid A_0\cap A_1\cap\cdots\cap A_n)\\&=P(A_0)P(A_1\mid A_0)\cdots P(A_n\mid A_0\cap\cdots\cap A_{n-1})\\&\quad\times P(A_{n+1}\mid A_0\cap A_1\cap\cdots\cap A_n)\end{aligned}$$

**[예제 1.15]**

두 개의 주사위를 던져서 나오는 결과가 $(X_1, X_2)$로 나타난다.
$A=\{(X_1, X_2)\mid X_1+X_2=10\}$, $B=\{(X_1, X_2)\mid X_1>X_2\}$라고 할 때, $P(B|A)$의 값을 구하여라.

**|풀 이|**

표본공간이 $S=\{(1,1),(1,2),\cdots,(6,5),(6,6)\}$ 이고,

$$A = \{(X_1, X_2) \mid X_1 + X_2 = 10\} = \{(4,6),\ (5,5),\ (6,4)\}$$
$$A \cap B = \{(X_1, X_2) \mid X_1 + X_2 = 10 \text{ 이고 } X_1 > X_2\} = \{(6,4)\}$$

이므로

$$P(A) = \frac{3}{36} = \frac{1}{12},\quad P(A \cap B) = \frac{1}{36}$$

이다. 따라서 구하고자 하는 조건부확률은 다음과 같다.

$$P(B \mid A) = \frac{P(A \cap B)}{P(A)} = \frac{\frac{1}{36}}{\frac{1}{12}} = \frac{1}{3}$$

**[예제 1.16]**

다음은 두 개의 생산라인에서 생산된 40개 제품에 대하여 불량품 여부를 검사한 결과이다.

| 생산라인 \ 불량품 여부 | $B$(불량품) | $\overline{B}$(양품) | 계 |
|---|---|---|---|
| $A$(제1생산라인) | 5 | 15 | 20 |
| $\overline{A}$(제2생산라인) | 3 | 17 | 20 |
| 계 | 8 | 32 | 40 |

조사한 결과에서 임의로 1개의 제품을 뽑을 때 제1생산라인의 제품이라는 조건하에서 그 제품이 불량품일 확률을 구하여라.

**| 풀 이 |**

제품이 제1생산라인일 사상을 $A$, 불량품일 사상을 $B$라고 하자. 뽑힌 제품이 제1생산라인에서 나왔다는 가정하에서 그것이 불량품일 확률은

$$P(B \mid A) = \frac{P(A \cap B)}{P(A)} = \frac{5/40}{20/40} = \frac{5}{20} = \frac{1}{4}$$

이다.

**[예제 1.17]**

하나의 동전을 2회 던지는 실험에서 표본공간 $S=\{HH, HT, TH, TT\}$에 있는 네 가지 각각의 결과가 발생할 가능성이 동일하다고 할 때 다음의 확률을 구하여라.

(1) 첫 번째 동전이 앞면이 나왔다고 할 때 두 번 모두 앞면이 나타날 조건부확률

(2) 적어도 한 번 앞면이 나왔다고 할 때 두 번 모두 앞면이 나타날 조건부확률

**|풀 이|**

표본공간은 $S=\{HH, HT, TH, TT\}$이고, 사상 $A$를 첫 번째 앞면이 나타날 사상, 사상 $B$를 모두 앞면이 나타날 사상, 사상 $C$를 적어도 한 번 앞면이 나타날 사상이라고 하자.

(1) 사상 $A$는 $A=\{HH, HT\}$이고, 사상 $B$는 $B=\{HH\}$이므로 구하는 확률은 다음과 같다.

$$P(B|A)=\frac{P(A\cap B)}{P(A)}=\frac{1/4}{2/4}=\frac{1}{2}$$

(2) 사상 $C$는 $C=\{HH, HT, TH\}$이므로 구하는 확률은 다음과 같다.

$$P(B|C)=\frac{P(B\cap C)}{P(C)}=\frac{1/4}{3/4}=\frac{1}{3}$$

**[예제 1.18]**

$a$개의 붉은색 공과 $b$개의 검은색 공이 들어있는 주머니에서 임의로 1개의 공을 추출하여 색을 확인하고 다시 주머니에 넣는다. 추출된 공과 같은 색의 공 $c$개를 더하여 주머니에 넣는 실험을 세 번 반복할 때 세 번 모두 붉은색 공이 추출될 확률을 구하여라.

**|풀 이|**

$i$번째 시행에서 붉은색 공이 추출되는 사상을 $A_i$라고 하면, 구하고자 하는 확률은 다음과 같이 계산된다.

$$P(A_1 \cap A_2 \cap A_3) = P(A_1)P(A_2 \mid A_1)P(A_3 \mid A_1 \cap A_2)$$
$$= \frac{a}{a+b} \cdot \frac{a+c}{a+b+c} \cdot \frac{a+2c}{a+b+2c}$$

**[예제 1.19]**

$A$와 $C$가 서로 배반사상일 때

$$P(A \cup C \mid B) = P(A \mid B) + P(C \mid B)$$

임을 보여라.

**|풀 이|**

$$P(A \cup C \mid B) = \frac{P[(A \cup C) \cap B]}{P(B)}$$

에서

$$P[(A \cup C) \cap B)] = P[(A \cap B) \cup (C \cap B)]$$
$$= P(A \cap B) + P(C \cap B) - P[(A \cap B) \cap (B \cap C)]$$

이다. 그런데, $A$, $C$가 서로 배반사상이면,

$$(A \cap B) \cap (B \cap C) = A \cap B \cap C = (A \cap C) \cap B = \varnothing \cap B = \varnothing$$

이므로, $A \cap B$와 $B \cap C$는 서로 배반사상이다. 따라서 다음 식이 성립된다.

$$P(A \cup C \mid B) = \frac{P(A \cap B) + P(C \cap B)}{P(B)} = P(A \mid B) + P(C \mid B)$$

## 1.4 독립사상

이 절에서는 사상들의 통계적 독립을 정의하고, 예를 들어 설명하고자 한다.

두 사상 $A$, $B$에 대하여 $A$의 발생여부(나오느냐, 나오지 않느냐)에 따라 $B$의 확률이 다를 때, 즉 $P(B|A) \neq P(B|A^c)$일 때 두 사상 $A$와 $B$는 **종속**(dependent)이라고 하고, $A$의 발생여부에 관계없이 $B$의 확률이 같을 때, 즉 $P(B|A) = P(B|A^c)$일 때 두 사상 $A$와 $B$는 **독립**(independent)이라고 한다.

따라서 독립사상에 대하여 다음과 같이 정의한다.

**정의 독립사상**

두 개의 사상 $A$, $B$에 대하여

$$P(A|B) = P(A) \text{ 또는 } P(B|A) = P(B)$$

이 성립할 때, 사상 $A$와 $B$는 서로 **독립**(independent)이라고 한다. 독립이 아닌 두 사상 $A$와 $B$를 **종속**(dependent)이라고 한다.

특히, 사상 $A$, $B$가 독립사상이면 정리 1.2의 승법정리를 다음과 같이 나타낼 수 있다.

**정리 1.4 확률의 곱셈법칙**

2개의 사상 $A$, $B$가 독립사상이면

$$P(A \cap B) = P(A)P(B)$$

가 성립한다.

위의 정리에 대하여 $P(A \cap B) = P(A)P(B)$ 가 성립하면 $A$와 $B$가 독립사상이 성립함을 확인할 수 있다. 따라서 $P(A \cap B) = P(A)P(B)$는 두 사상 $A$와 $B$가 독립사상이기 위한 필요충분조건이 된다.

2개의 사상 $A, B$가 독립인 경우 사상 $A$가 일어나느냐 안 일어나느냐는 사상 $B$가 일어나느냐 안 일어나느냐와 전혀 무관한 것이다.

마찬가지로 $A \cap B$의 발생여부가 사상 $C$의 확률과 전혀 무관할 때 $A \cap B$와 $C$는 독립이라고 한다.

또한 $A$와 $B$가 독립이고, $P(A) \neq 0$, $P(B) \neq 0$이면,

$$P(A \cap B) = P(A)P(B) \neq 0$$

이므로 $A \cap B \neq \varnothing$이다. 즉, $A$와 $B$는 서로 배반사상이 아니다.

**정의** 세 사상의 상호 독립

세 사상 $A$, $B$, $C$가 상호 독립(mutually independent)이기 위한 필요충분조건은 다음 4개의 관계식이 성립되어야 한다.

$$P(A \cap B) = P(A)P(B)$$
$$P(A \cap C) = P(A)P(C)$$
$$P(B \cap C) = P(B)P(C)$$
$$P(A \cap B \cap C) = P(A)P(B)P(C)$$

$A$와 $B$가 독립이고, $A$와 $C$가 독립이고, $B$와 $C$가 독립이지만, $A$, $B$, $C$는 독립이 아닐 수 있다. 이런 경우를 쌍으로 독립(pairwise independent)이라고 한다. 또한 $P(A \cap B) \neq P(A)P(B)$, $P(A \cap C) \neq P(A)P(C)$, $P(B \cap C) \neq P(B)P(C)$인 경우에는 모든 쌍에 대하여 독립이 아니지만 $P(A \cap B \cap C) = P(A)P(B)P(C)$가 성립할 수도 있다는 사실에 주의해야 한다.

**[예제 1.20]**

사상 $A$와 $B$가 독립일 때 $P(A \mid B) = P(A)$가 성립함을 보여라.

**|풀 이|**

$A$와 $B$가 독립이면

$$P(A \mid B) = \frac{P(A \cap B)}{P(B)} = \frac{P(A)P(B)}{P(B)} = P(A)$$

이다. 또한, $P(A \mid B) = P(A)$ 이면

$$P(A \cap B) = P(B)P(A \mid B) = P(A)P(B)$$

이다.

**[예제 1.21]**

불량품 20개, 양품 80개로 구성된 로트에서 랜덤하게 1개씩 두 번 샘플링할 때 첫 번째는 불량품이고 두 번째는 양품일 확률을 구하여라. (단, 한 번 샘플링한 것은 다시 넣는다.)

**|풀 이|**

첫 번째 뽑힌 것이 불량품일 사상을 $A$, 두 번째 뽑힌 것이 양품일 사상을 $B$라고 하면 복원추출이다. 따라서 $A$와 $B$는 서로 독립이라고 할 수 있으므로

$$P(A \cap B) = P(A)P(B) = \frac{20}{100} \cdot \frac{80}{100} = \frac{4}{25}$$

이다.

**[예제 1.22]**

표본공간이 $S = \{w_1, w_2, w_3, w_4\}$ 이고

$$P(w_i) = \frac{1}{4}, \qquad (i = 1, 2, 3, 4)$$

일 때, 사상 $A$, $B$, $C$가 다음과 같이 주어지면 세 사상 $A$, $B$, $C$는 서로 독립사상인가를 확인하여라.

$$A=\{w_1, w_2\},\ B=\{w_1, w_3\},\ C=\{w_1, w_4\}$$

**|풀 이|**

(1) 사상 $A$와 $B$는 독립인가?

$P(A\cap B)=P(\{w_1\})=\frac{1}{4}$ 이고 $P(A)P(B)=\frac{1}{2}\times\frac{1}{2}=\frac{1}{4}$ 이므로

$P(A\cap B)=P(A)P(B)$ 이다. 따라서 $A$와 $B$는 독립이다.

(2) 사상 $B$와 $C$는 독립인가?

$P(B\cap C)=P(\{w_1\})=\frac{1}{4}$ 이고 $P(B)P(C)=\frac{1}{2}\times\frac{1}{2}=\frac{1}{4}$ 이므로

$P(B\cap C)=P(B)P(C)$ 이다. 따라서 $B$와 $C$는 독립이다.

(3) 사상 $A$와 $C$는 독립인가?

$P(A\cap C)=P(\{w_1\})=\frac{1}{4}$ 이고 $P(A)P(C)=\frac{1}{2}\times\frac{1}{2}=\frac{1}{4}$ 이므로

$P(A\cap C)=P(A)P(C)$ 이다. 따라서 $A$와 $C$는 독립이다.

(4)
$$P(A\cap B\cap C)=P(\{w_1\})=\frac{1}{4}$$

이고

$$P(A)P(B)P(C)=\frac{1}{2}\times\frac{1}{2}\times\frac{1}{2}=\frac{1}{8}$$

이므로 $P(A\cap B\cap C)\neq P(A)P(B)P(C)$ 이다.

따라서 (1),(2),(3),(4)의 결과에 의하여 세 사상 $A$, $B$, $C$는 서로 독립이 아니다.

위의 [예제 1.22]에서 3개의 사상 $A$, $B$, $C$가 서로 독립이 되려면, 4개의 조건이 모두 성립해야 한다.

**[예제 1.23]**

2개의 주사위를 던질 때,

$$S = \{\text{모든 순서쌍 } (i,\ j) \mid i, j = 1,\ 2,\ 3,\ 4,\ 5,\ 6\}$$

이고, 어떤 쌍이 일어날 확률이 $\frac{1}{36}$이다. 이때 다음 사상들에 대하여 독립성을 살펴보아라.

$$A = \{\text{처음 주사위의 눈} = 1,\ 2 \text{ 또는 } 3\},$$
$$B = \{\text{처음 주사위의 눈} = 3,\ 4 \text{ 또는 } 5\},$$
$$C = \{2\text{개의 주사위의 눈의 합} = 9\}$$

**|풀 이|**

$A \cap B = \{(3,1),\ (3,2),\ (3,3),\ (3,4), (3,5),\ (3,6)\}$,

$A \cap C = \{(3,6)\}$,

$B \cap C = \{(3,6),\ (4,5),\ (5,4)\}$, $A \cap B \cap C = \{(3,6)\}$

이므로 다음이 성립한다.

$$P(A \cap B) = \frac{1}{6},\ P(A)P(B) = \left(\frac{1}{2}\right)\left(\frac{1}{2}\right) = \frac{1}{4}$$
$$\Rightarrow P(A \cap B) \neq P(A)P(B)$$

이고

$$P(A \cap C) = \frac{1}{36},\ P(A)P(C) = \left(\frac{1}{2}\right)\left(\frac{4}{36}\right) = \frac{1}{18} \Rightarrow P(A \cap C) \neq P(A)P(C)$$

이고 $P(B \cap C) = \frac{1}{12},\ P(B)P(C) = \left(\frac{1}{2}\right)\left(\frac{1}{9}\right) = \frac{1}{18} \Rightarrow P(B \cap C) \neq P(B)P(C)$

이다. 그러나

$$P(A)P(B)P(C) = \left(\frac{1}{2}\right)\left(\frac{1}{2}\right)\left(\frac{1}{9}\right) = \frac{1}{36},\ P(A \cap B \cap C) = \frac{1}{36}$$

이므로 $P(A \cap B \cap C) = P(A)P(B)P(C)$이다.

따라서 4개의 관계식 중 마지막 관계식만이 성립되므로 세 사상 $A$, $B$, $C$는 상호 독립이 아님을 알 수 있다.

일반적으로, $n$개의 사상 $A_1, A_2, \cdots, A_n$이 서로 통계적으로 독립이려면 모든 $1 \le i < j < k < \cdots \le n$에 대하여 다음이 만족되어야 한다.

$$P(A_i \cap A_j) = P(A_i)P(A_j)$$
$$P(A_i \cap A_j \cap A_k) = P(A_i)P(A_j)P(A_k)$$
$$\cdots$$
$$P(A_1 \cap A_2 \cap \cdots \cap A_n) = P(A_1)P(A_2)\cdots P(A_n)$$

이들 조건의 개수는

$${}_nC_2 + \cdots + {}_nC_n = 2^n - {}_nC_0 + {}_nC_1 = 2^n - n - 1$$

개이다.

**[예제 1.24]**

사상 $A$와 $B$가 독립일 때, 다음 사상들도 독립임을 보여라.

(1) 사상 $A$와 $B^c$ (2) 사상 $A^c$와 $B$

**|풀 이|**

(1) $P(A \cap B) = P(A)P(B)$이면 $P(A \cap B^c) = P(A)P(B^c)$임을 보이자.

$$A = A \cap S = A \cap (B \cup B^c) = (A \cap B) \cup (A \cap B^c)$$

이고 $(A \cap B) \cap (A \cap B^c) = \varnothing$ 이므로 다음이 성립된다.

$$P(A) = P(A \cap B) + P(A \cap B^c) = P(A)P(B) + P(A \cap B^c)$$

따라서 $P(A \cap B^c) = P(A)[1 - P(B)] = P(A)P(B^c)$이므로 $A$와 $B^c$는 독립이다.

(2) $P(A \cap B) = P(A)P(B)$이면 $P(A^c \cap B) = P(A^c)P(B)$임을 보이자.

$$B = B \cap S = B \cap (A \cup A^c) = (A \cap B) \cup (A^c \cap B)$$

이고 $(A \cap B) \cap (A^c \cap B) = \varnothing$ 이므로 다음이 성립된다.

$$P(B) = P(A \cap B) + P(A^c \cap B) = P(A)P(B) + P(A^c \cap B)$$

따라서 $P(A^c \cap B) = P(B)[1 - P(A)] = P(A^c)P(B)$ 이므로 $A^c$와 $B$는 독립이다.

**[예제 1.25]**

두 사상 $A_1$, $A_2$가 독립일 때, $A_1^c$와 $A_2^c$가 독립임을 보여라.

**|풀 이|**

$$\begin{aligned} P(A_1^c \cap A_2^c) &= P\{(A_1 \cup A_2)^c\} \qquad \text{(드모르간의 법칙)} \\ &= 1 - P(A_1 \cup A_2) \\ &= 1 - \{P(A_1) + P(A_2) - P(A_1 \cap A_2)\} \end{aligned}$$

에서

$$P(A_1 \cap A_2) = P(A_1)P(A_2)$$

이므로

$$\begin{aligned} P(A_1^c \cap A_2^c) &= 1 - P(A_1) - P(A_2) + P(A_1)P(A_2) \\ &= [1 - P(A_1)][1 - P(A_2)] \\ &= P(A_1^c)P(A_2^c) \end{aligned}$$

이므로, 다음이 성립된다.

$$P(A_1^c \cap A_2^c) = P(A_1^c)P(A_2^c)$$

따라서 $A_1^c$와 $A_2^c$는 독립이다.

일반적으로 $A_1, A_2, \cdots, A_n$ 이 서로 독립이면 $A_1^c, A_2^c, \cdots, A_n^c$ 도 서로 독립이므로 다음이 성립한다.

$$\begin{aligned} P(A_1^c \cap A_2^c \cap \cdots \cap A_n^c) &= P(A_1^c)P(A_2^c)\cdots P(A_n^c) \\ &= [1-P(A_1)][1-P(A_2)]\cdots[1-P(A_n)] \end{aligned}$$

이것을 간단히 표현하면, $A_1, A_2, \cdots, A_n$ 이 독립일 때 다음 식을 얻는다.

$$P(\bigcap_{i=1}^{n} A_i^c) = \prod_{i=1}^{n}[1-P(A_i)]$$

그리고 $(A_1 \cup A_2 \cup \cdots \cup A_n)^c = A_1^c \cap A_2^c \cap \cdots \cap A_n^c$ 인 사실로부터 $A_1, A_2, \cdots$ $A_n$ 이 독립이면

$$\begin{aligned} P(A_1 \cup A_2 \cup \cdots \cup A_n) &= 1 - P\{(A_1 \cup A_2 \cup \cdots \cup A_n)^c\} \\ &= 1 - P(A_1^c \cap A_2^c \cap \cdots \cap A_n^c) \\ &= 1 - [1-P(A_1)][1-P(A_2)]\cdots[1-P(A_n)] \end{aligned}$$

이다. 이것을 간단히 표현하면

$$P(\bigcup_{i=1}^{n} A_i) = 1 - \prod_{i=1}^{n}[1-P(A_i)]$$

와 같다.

이 중요한 공식을 사용하면, 서로 독립인 사상 $A_1, A_2, \cdots, A_n$ 의 적어도 하나가 일어날 확률은 주어진 개개의 확률만으로 계산된다. 이 일반식에서 모든 사상 $A_i$ 가 같은 확률 $P(A_i) = p$ 를 갖는 경우는

$$P(A_1 \cup A_2 \cup \cdots \cup A_n) = 1 - (1-p)^n$$

로 주어진다.

위의 성질은 병렬연결의 문제를 다룰 때 매우 유용하게 사용된다. 예를 들어 $n$ 개의 성분이 병렬로 연결된 시스템을 고려해 보자. $n$ 개의 독립된 성분으로 구성된 시스템 중 적어도 한 개의 성분이 작동하면 이 시스템은 작동한다고 하자. 이런 시스템을 **병렬시스템**이라고 한다. 이 시스템의 $i$ 번째 성분이 작동할 확률은 $p_i$ 이고 시스템이 작동하기 위해서는 최소한 하나의 성분은 작동해야 한다. 따라서 $A_i$ 를 $i$ 번째 성분이 작동할 사상이라고 하고, 위의 성질을 이용하면 이 병렬시스템의 작동확률은 다음과 같이 나타낼 수 있다.

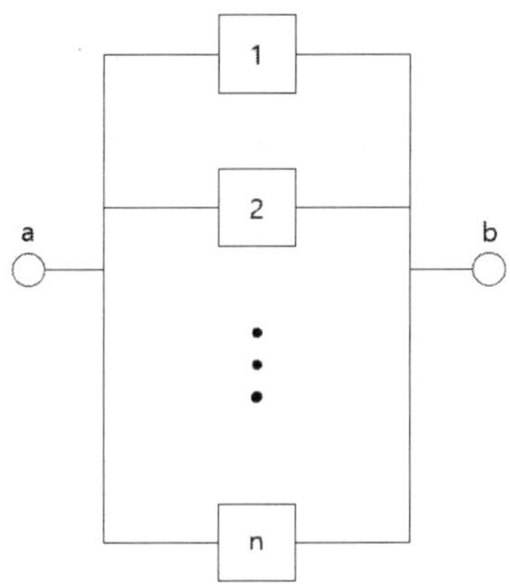


**그림 1.6** 병렬시스템

$$\begin{aligned} P(\text{시스템이 작동}) &= 1 - P\{\text{시스템이 작동하지 않음}\} \\ &= 1 - P(\text{모든 성분이 작동하지 않음}) \\ &= 1 - [1 - P(A_1)][1 - P(A_2)] \cdots [1 - P(A_n)] \\ &= 1 - \prod_{i=1}^{n} (1 - p_i) \end{aligned}$$

**[예제 1.26]**

어떤 직육면체로 된 부품을 만들어 내는 데 있어서, 이 부품의 각 모서리의 길이가 설계로부터의 오차가 0.01mm 이내이면 합격품으로 판정된다고 하자. 오차가 0.01mm를 넘을 확률은 가로에서 $p_1 = 0.08$, 세로에서 $p_2 = 0.12$, 높이에서

$p_3 = 0.1$ 이다. 이 부품이 불량품이 될 확률 $p$ 를 구하여라(단, 각 모서리의 길이의 오차는 독립이라고 가정한다).

**|풀 이|**

부품이 불량품이 되는 것은 적어도 하나의 방향(가로, 세로, 높이)이 불량인 경우이고, 설계값에서의 차가 0.01mm를 넘는 경우에 3개의 사상은 일반적으로 서로 독립이라고 볼 수 있다(즉, 이들 사상은 서로 기본적으로 다른 원인에서 발생한다고 한다). 따라서 앞의 공식을 적용하여 다음과 같은 확률 $p$ 를 얻을 수 있다.

$$\begin{aligned} p &= 1-(1-p_1)(1-p_2)(1-p_3) \\ &= 1-(1-0.08)(1-0.12)(1-0.1) \fallingdotseq 0.27 \end{aligned}$$

## 1.5 베이즈 정리

이 절에서는 표본공간의 분할, 전확률 정리를 소개하고 이를 이용하여 베이즈 정리에 대하여 다루고자 한다.

**정의 표본공간의 분할**

사상들의 모임 $\{A_1, A_2, \cdots, A_n\}$ 이 표본공간의 분할(partition)이 되기 위해서는 다음을 만족한다.

- 모든 $i, j$ 에 대하여 $A_i \cap A_j = \varnothing \ (i \neq j)$
- $A_1 \cup A_2 \cup \cdots \cup A_n = S$

사상 $A_1, A_2, \cdots, A_n$ 이 표본공간 $S$ 의 분할(partition)을 이룬다고 하자. 즉, 사상 $A_i$ 가 서로 배반이고, 그들 모두의 합사상은 표본공간 $S$ 와 같을 때 $S$ 의 분할이라고 한다.

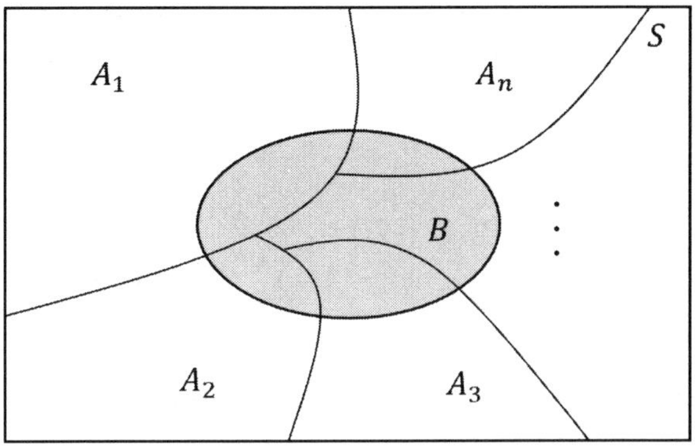


**그림 1.7** 표본공간 $S$의 분할

이때 $B$를 임의의 사상이라고 하면

$$B = S \cap B = (A_1 \cup A_2 \cup \cdots \cup A_n) \cap B$$
$$= (A_1 \cap B) \cup (A_2 \cap B) \cup \cdots \cup (A_n \cap B)$$

이고, $A_i \cap B (i = 1, 2, \cdots, n)$는 서로 배반사상이다. 따라서

$$P(B) = P(A_1 \cap B) + P(A_2 \cap B) + \cdots + P(A_n \cap B)$$

이다. 한편, 확률의 곱셈정리에 의하여 다음을 얻을 수 있다.

$$P(B) = P(A_1)P(B \mid A_1) + \cdots + P(A_n)P(B \mid A_n)$$

이것을 **전확률의 공식**(또는 총 확률 법칙: law of total probability)이라고 한다.

또한, 임의의 사상 $A_i$에 대한 조건부확률

$$P(A_i \mid B) = \frac{P(A_i \cap B)}{P(B)}$$

에 다음의 전확률의 공식

$$P(B) = \sum_{i=1}^{n} P(A_i) P(B \mid A_i)$$

및

$$P(A_i \cap B) = P(A_i)P(B \mid A_i)$$

을 사용하면 다음을 얻을 수 있다.

$$P(A_i \mid B) = \frac{P(A_i)P(B \mid A_i)}{\sum_{i=1}^{n} P(A_i)P(B \mid A_i)}$$

이것을 베이즈 정리(Bayes' Theorem)라고 한다.

**정리 1.5 베이즈 정리**

사상 $A_1, A_2, \cdots, A_n$을 표본공간 $S$의 분할이라고 하고, $B$를 임의의 사상이라고 할 때, 어떤 사상 $A_i (1 \le i \le n)$에 대하여

$$P(A_i \mid B) = \frac{P(A_i)P(B \mid A_i)}{\sum_{i=1}^{n} P(A_i)P(B \mid A_i)}$$

이 성립한다.

베이즈 정리로부터, 계산되기 전의 확률 $P(A_i)$는 새로운 정보 $B$가 고려되기 전에 결정되기 때문에 이러한 확률을 사전확률(prior probability)이라고 하고, 새로운 정보 $B$를 이용하여 계산된 확률 $P(A_i|B)$를 사후확률(posterior probability)이라고 한다.

**[예제 1.27]**

어느 제조업체에서는 제품을 개발할 때 세 가지 제조공법을 적용하여 생산하고 있다. 비용의 문제로 제조공법 1, 2, 3을 제품의 50%, 30%, 20%에 각각 적용하고 있다. 세 가지 방법에 따라 불량률이 각각 2%, 1%, 3%인 것으로 알려졌다. 다음을 구하여라.

(1) 생산된 제품을 임의로 선택한 후 검사한 결과 이 제품이 불량품일 확률을 구하여라.

(2) 하나의 제품을 임의로 선택한 후 검사한 결과 이 제품이 불량품이었다면, 이 제

품이 1번 제조공법을 사용했을 확률을 구하여라.

**|풀 이|**

(1) 다음 사상들을 생각하자.

$B_1$ : 제조공법 1이 적용될 사상

$B_2$ : 제조공법 2이 적용될 사상

$B_3$ : 제조공법 3이 적용될 사상,

그리고 $A$ : 불량품이 나올 사상이라고 하자.

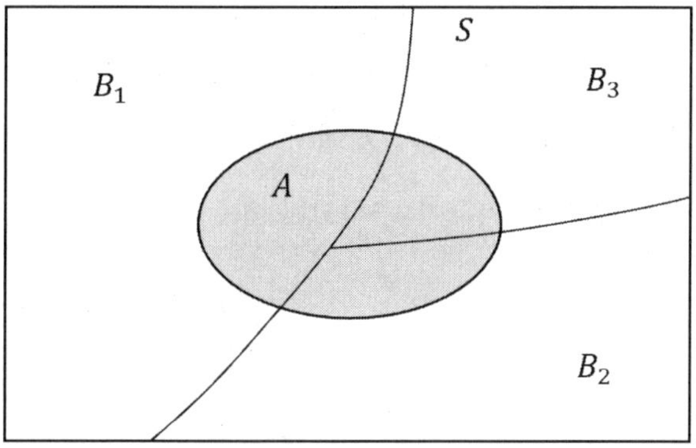


세 가지 방법에 따라 불량품이 나올 확률은 각각 다음과 같다.

$$P(A|B_1) = 0.02,\ P(A|B_2) = 0.01,\ P(A|B_3) = 0.03$$

여기서 전확률 정리를 적용하면 불량품이 나올 확률은 다음과 같다.

$$P(A) = P(B_1)P(A|B_1) + P(B_2)P(A|B_2) + P(B_3)P(A|B_3) = 0.019$$

(2) 선택한 제품이 불량품이었다면, 이 제품에 제조공법 1이 적용되었을 확률은 다음과 같다.

$$P(B_1|A) = \frac{P(B_1)P(A|B_1)}{P(B_1)P(A|B_1) + P(B_2)P(A|B_2) + P(B_3)P(A|B_3)}$$

$$= \frac{(0.50)(0.02)}{(0.50)(0.02) + (0,3)(0.01) + (0.20)(0.03)} = 0.526$$

위의 예제에서 $P(B_2|A)=0.158, P(B_3|A)=0.316$을 얻을 수 있다.

**[예제 1.28]**

항아리 $A$에는 검은 공 3개와 흰 공 2개가 들어있고, 항아리 $B$에는 검은 공 2개와 흰 공 3개가 들어있다. 임의로 한 항아리를 택하여 공 1개를 꺼냈을 때 흰 공이 나왔다면 그것이 항아리 $A$에서 나왔을 확률을 구하여라.

**|풀 이|**

항아리 $A$를 택할 확률은 $P(A)=\frac{1}{2}$이고, 항아리 $B$를 택할 확률은 $P(B)=\frac{1}{2}$이다. 흰 공이 나오는 사상을 $W$라고 하면, 항아리 $A$에서 흰 공이 나올 확률은 $P(W \mid A)=\frac{2}{5}$이고, 항아리 $B$에서 흰 공이 나올 확률은 $P(W \mid B)=\frac{3}{5}$이다. 따라서 베이즈 정리에 의하여 구하고자 하는 확률은 다음과 같다.

$$P(A \mid W)=\frac{P(A)P(W \mid A)}{P(A)P(W \mid A)+P(B)P(W \mid B)}$$

$$=\frac{\frac{1}{2}\times\frac{2}{5}}{\frac{1}{2}\times\frac{2}{5}+\frac{1}{2}\times\frac{3}{5}}=\frac{2}{5}$$

같은 방법으로, 임의로 한 항아리를 택하여 공 1개를 꺼냈을 때 흰 공이 나왔다면 그것이 항아리 $B$에서 나왔을 확률은 아래와 같이 얻어진다.

$$P(B \mid W)=\frac{P(B)P(W \mid B)}{P(A)P(W \mid A)+P(B)P(W \mid B)}=\frac{3}{5}.$$

## 연습문제

**1** 동전을 세 번 던지는 시행에서 앞면을 $H$, 뒷면을 $T$라고 할 때,

(1) 표본공간을 정의하여라.

(2) 두 번째 시행에서 앞면이 나오는 사상을 $A$, 앞면이 꼭 두 번만 나오는 사상을 $B$라고 할 때, $A$와 $B$를 나타내어라.

(3) (2)에서 정의한 사상 $A, B$에 대하여

$$A \cup B,\ A \cap B,\ A^c,\ B^c,\ (A \cap B)^c,\ A^c \cap B$$

를 구하여라.

**2** 임의의 사상 $A$, $B$, $C$에 대하여 다음이 성립함을 증명하여라.

(1) $A \cap B = \varnothing$이면 $(A \cap C) \cap (B \cap C) = \varnothing$이다.

(2) $A - (B \cup C) = (A - B) \cap (A - C)$

(3) $A - (B \cap C) = (A - B) \cup (A - C)$

**3** $[A - (A \cap B)] \cup B = A \cup B$임을 보여라.

**4** 다음 등식이 성립함을 증명하여라.

$$(A \cup B) - B = A - (A \cap B) = A \cap B^c$$

**5** $S = A \cup (A \cap B)^c$임을 보여라.

**6** 동전을 2번 던지는 시행에서 $A_1 = \{HH\}$, $A_2 = \{HT\}$, $A_3 = \{TH\}$, $A_4 = \{TT\}$ ($H$는 앞면, $T$는 뒷면)이라고 할 때 다음 사상

$$E_1 = A_1 \cup A_2 \cup A_3, \quad E_2 = A_3 \cup A_4$$

의 확률 $P(E_1)$과 $P(E_2)$를 구하여라.

여기서 $P(A_1) = 0.36$, $P(A_2) = P(A_3) = 0.24$, $P(A_4) = 0.16$이라고 가정한다.

**7** 사상 $A_1, A_2, A_3 = A_1 \cap A_2$의 확률이 다음과 같다. 확률 $P(A_1 \cup A_2)$를 구하여라.

$$P(A_1) = \frac{1}{2}, \ P(A_2) = \frac{1}{3}, \ P(A_3) = \frac{1}{4}$$

**8** 어떤 작업장에서 생산된 코일의 40%는 적합한 저항을 갖는다. 적합한 저항을 갖는 코일의 50%는 적합한 자기력을 갖는다. 생산된 모든 코일의 55%는 적합한 자기력을 갖는다. 이때 무작위로 추출된 코일이 저항과 자기력에서 모두 불량일 확률을 구하여라.

**9** 어떤 옷가게에 방문한 고객이 정장을 구입할 확률은 0.22, 셔츠를 구입할 확률은 0.30, 넥타이를 구입할 확률은 0.28이라고 한다. 그 고객이 정장과 셔츠를 구입할 확률은 0.11, 정장과 넥타이를 구입할 확률은 0.14, 셔츠와 넥타이를 구입할 확률은 0.10이고, 세 가지 모두를 구입할 확률은 0.06이라고 할 때 다음을 구하여라.

(1) 고객이 이 상품들 중 어느 것도 구입하지 않을 확률을 구하여라.

(2) 고객이 이 상품들 중 한 품목만 구입할 확률을 구하여라.

**10** $1, 2, 3, \cdots, n$으로 임의의 순열을 만들고자 한다. 숫자 $i$가 $i$번째에 자리에 위치하는 사상을 $A_i (i = 1, 2, \cdots, n)$라고 하자. 이때 다음 각 사상의 확률을 구하여라.

(1) $A_i (i = 1, 2, \cdots, n)$ (2) $A_1 \cap A_2$ (3) $A_1 \cup A_2$

(4) 어느 숫자도 제 번호의 자리에 위치하지 않는다.

**11** 5쌍의 부부가 짝짓기 게임을 하고 있다. 이때 어느 짝도 부부가 아닌 남녀로 짝이 이루어질 확률을 구하여라.

**12** 20개의 제품 중에 2개의 불량품이 들어있다. 임의로 2개의 제품을 비복원추출할 때 다음의 확률 $p$를 구하여라.

(1) 2개 모두 양품일 확률

(2) 2개 모두 불량품일 확률

(3) 1개는 양품, 1개는 불량품일 확률

**13** 전구 1,000개 중에 5%의 불량품이 들어있다. 이들 전구에서 5개를 임의로 택할 때

(1) 전구 전부가 양품일 확률을 구하여라.

(2) 적어도 1개의 불량품이 들어있을 확률을 구하여라.

**14** 양품이 3개, 불량품이 2개가 들어있는 주머니에서 비복원추출로 2개의 제품을 추출할 때 2개 모두 양품일 확률을 구하여라.

**15** 2개의 주사위를 독립적으로 던지는 시행에서 사상 $A=\{$눈의 합$=8\}$, $B=\{$눈이 같다$\}$라고 하자. 이때 조건부확률 $P(B \mid A)$를 구하여라.

**16** 15개의 전구 중에 불량품이 3개 있다. 전구를 한 개씩 검사하여 이 3개의 불량품을 모두 찾아내려고 할 때, 일곱 번째 검사에서 세 번째 마지막 불량전구가 발견될 확률을 구하여라.

**17** 조사에 의하면, 어느 특정 도시 가정에서 36%가 개를 기르고 있고, 개를 기르는 가정의 22%가 고양이를 기르고, 또한 가정의 30%가 고양이를 기른다고 한다.

(1) 임의로 선택한 한 가정이 개와 고양이를 모두 기르고 있을 확률을 구하여라.

(2) 임의로 선택한 한 가정이 고양이를 기른다는 조건하에서 그 가정이 개를 기르고 있을 조건부확률을 구하여라.

**18** 1개의 주사위를 던질 때 $A=\{1, 2, 3\}$, $B=\{3, 4, 5, 6\}$인 사상 $A$, $B$는 독립인가?

**19** 2개의 주사위를 던질 때, 표본공간은

$$S = \{\text{모든 순서쌍 } (i, j) \mid i, j = 1, 2, 3, 4, 5, 6\}$$

이고, 어떤 쌍이 일어날 확률은 $\frac{1}{36}$ 이다. 이때 다음 사상들 $A$와 $B$, $A$와 $C$, $B$와 $C$, $A$와 $B$와 $C$는 독립인가?

(1) $A = \{\text{처음 주사위의 눈} = 1, 2 \text{ 또는 } 3\}$
$B = \{\text{처음 주사위의 눈} = 3, 4 \text{ 또는 } 5\}$
$C = \{\text{2개의 주사위의 눈의 합} = 7\}$

(2) $A = \{\text{첫 번째 주사위의 눈} = 1, 2 \text{ 또는 } 3\}$
$B = \{\text{두 번째 주사위의 눈} = 4, 5 \text{ 또는 } 6\}$
$C = \{\text{2개의 주사위의 눈의 합} = 7\}$

**20** 10개의 공을 독립적으로 5개의 상자에 던져 넣는다. 이때 던진 공이 균등하게 각 상자에 들어간다고 가정하자. 모든 상자에 같은 수의 공이 들어갈 확률을 구하여라.

**21** 어떤 작은 도시에는 응급 시에 대비해서 한 대의 소방차와 한 대의 앰뷸런스가 있다. 소방차가 필요할 때 이용 가능한 확률은 0.97이고, 앰뷸런스가 필요할 때 이용 가능한 확률은 0.93이다. 빌딩 화재로 상해를 입은 사상에서 소방차와 앰뷸런스를 모두 이용 가능할 확률을 구하여라(단, 소방차와 앰뷸런스는 독립이라고 가정한다).

**22** 3개의 기계 $A$, $B$, $C$가 각각 이 공장의 생산품 전체의 50%, 30%, 20%를 생산한다. 이들 기계가 불량품을 생산할 비율은 3%, 4%, 5%이다. 한 제품이 임의로 선정된다고 할 때, 그 제품이 불량품일 확률을 구하여라.

**23** 3개의 회사 $A_1$, $A_2$, $A_3$가 동일제품을 각각 전 시장의 50%, 30%, 20%를 생산하고 있다. 과거의 실적에 의하면 생산량의 불량률이 각각 6%, 3%, 2%라고 알려져 있다. 어떤 소비자가 이 제품을 1개 구입했을 때, 그것이 불량품이었다. 이 제품에 메이커의 상표가 없었다고 하고, 이 불량품이 $A_1$사의 제품일 확률을 구하여라.

**24** 색깔이 있는 공을 구별할 수 없는 세 상자에 다음과 같이 분배되었다고 하자.

| | 상자 | | |
|---|---|---|---|
| | 1 | 2 | 3 |
| 적색 | 2 | 4 | 3 |
| 백색 | 3 | 1 | 4 |
| 청색 | 5 | 3 | 3 |

한 공을 임의로 뽑고, 그것이 들어있는 한 상자를 뽑아서 그 상자 안에 한 개의 공을 뽑는다.

(1) 그 공이 적색일 확률을 구하여라.

(2) 그 공이 적색일 때 이 공이 상자 3에서 뽑혔을 확률은 얼마인가?

**25** 어떤 형사사건의 한 용의자에게 투여한 진실 토로약은 범죄행위를 했을 때 90% 신뢰할 수 있고, 결백할 때 99% 신뢰할 수 있다고 한다. 다시 말하면, 범죄자의 10%는 약에 의해서는 무죄가 되고, 결백한 사람의 1%는 약에 의해서는 범죄자가 된다. 이제까지 죄를 범한 경우 5% 용의자 집단으로부터 뽑힌 용의자가 그 약에 의해서 범죄자로 지목됐다면, 그가 결백할 확률을 구하여라.

제 2 장

# 확률변수와 확률분포

2.1 확률변수 | 2.2 확률분포 | 2.3 결합확률질량함수
2.4 결합확률밀도함수 | 2.5 확률변수의 독립 | 2.6 조건부확률분포
2.7 확률변수의 함수의 분포

## 2.1 확률변수

표본공간 $S$의 표본점 $w$에 실수값을 대응시키는 사상(mapping)을 $X(w) = x$로 나타내고, $S$의 원소 $w$마다에 실수 $x$를 대응시킨다. 이때 $X$를 $S$상의 **확률변수**라고 한다.

예를 들어, 주사위를 던질 때 나타나는 눈의 수는 1에서 6까지의 실수값을 취할 수 있으며, 각 실수값은 1/6의 확률을 가지고 우연에 의하여 나타나게 된다. 이때 주사위를 던져서 나타나는 눈의 수를 확률변수라고 할 수 있다.

> **정의 확률변수**
> $X(w) = x$가 표본공간 $S$ 위에서 정의된 실수값 함수일 때, 각 원소 $\omega \in S$에 대하여 오직 하나의 실수 $x$를 대응시키는 함수 $X$를 **확률변수**(random variable)라고 한다.

즉, 표본공간에서 정의된 실수값 함수를 확률변수라고 정의한다.

예를 들어 주사위를 2회 던지는 실험에서 앞면이 나오는 경우 $H$, 뒷면이 나오는 경우를 $T$로 나타내면, 표본공간 $S = \{TT, TH, HT, HH\}$이다. 이때 앞면이 나오는 횟수를 $X$라 하면 $X$가 취하는 값은 0, 1, 2이다. 그리고서 표본공간 $S$의 각각의 점들에 $X$의 값을 대응시키면 다음과 같다.

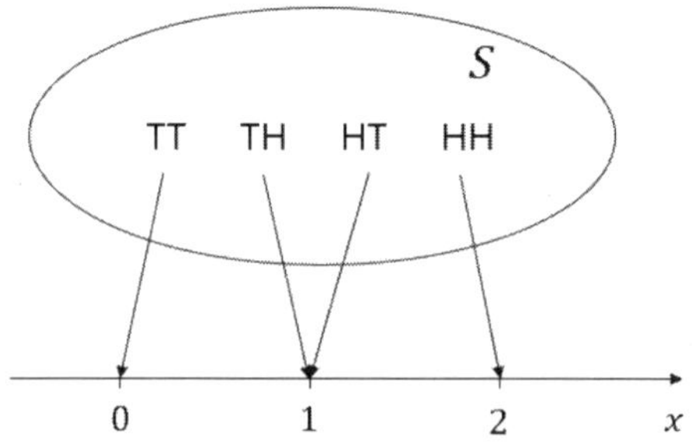


**그림 2.1** 확률변수

$$X(TT)=0,\ X(TH)=1,\ X(HT)=1,\ X(HH)=2,$$

여기서 함수 $X$를 확률변수라고 한다.

확률변수 $X$, $Y$의 상수배 $kX$, $kY$, 합 $X+Y$, 곱 $XY$ 및 확률변수의 비 $\frac{X}{Y}$도 확률변수이다.

확률변수 $X$가 셀 수 있는 값을 취할 때 이 확률변수를 **이산확률변수**(discrete random variable)라고 하고, $X$가 셀 수 없는 연속적인 값을 취할 때 **연속확률변수**(continuous random variable)라고 한다.

이산확률변수의 예로는 어느 컴퓨터 회사에서 다음 달에 판매할 컴퓨터의 수, 어느 병원에서 진료를 받은 환자의 수, 어떤 지역에서의 1일 교통사고 수, 어느 공장에서 하루 동안 고장 나는 기계의 수, 인쇄된 책자의 페이지당 오자 수, 일정량의 혈액 속에 있는 적혈구의 수 등이 있으며, 연속확률변수의 예로는 어떤 여론조사에서 조사된 어느 응답자의 월수입, 어느 농구팀의 한 선수의 키나 몸무게, 어느 공정에서 생산되는 자동차 부품의 수명 등이 있다.

## 2.2 확률분포

확률변수 $X$가 취할 수 있는 값이 $x_1, x_2, \cdots, x_n$이라고 할 때 $X$가 $x_i$를 취할 확률은

$$P(X=x_i)=f(x_i), \qquad (i=1,2,\cdots,n)$$

와 같이 표시되고, 이때 $X$는 이산확률분포를 따른다고 하며 $p(x_i)$를 $X$의 확률질량함수(probability mass function) 또는 확률함수(probability function)라고 한다. 이때 확률함수 $f(x_i)$는 0과 1 사이의 값을 가지며, 그 합은 1이어야 한다.

확률변수 $X$의 확률분포의 상태를 쉽게 파악하기 위하여 확률분포를 그래프로 나타내는 경우가 많이 있는데, 이러한 이산확률분포의 그래프는 보통 막대그래프나 확

률 히스토그램(probability histogram)으로 나타낸다.

> **정의 확률질량함수**
>
> 이산확률변수 $X$에 대하여 확률
>
> $$f(x) = P(X = x), \qquad (\text{모든 } x \in S)$$
>
> 를 $X$의 **확률질량함수**(probability mass function)라고 하고, $X$가 취할 수 있는 값이 $x_1, x_2, \cdots, x_n, \cdots$ 일 때
>
> $$P(X = x_i) = f(x_i), \qquad (i = 1, 2, \cdots)$$
>
> 로 표기하며, 모든 $(x_i,\ f(x_i))$ 모임을 $X$의 **확률분포**(probability distribution)라고 한다.

확률변수의 유형에 관계 없이 어떠한 분포의 일반적인 표현방법이 필요한 경우, 이때 도입되는 함수가 분포함수이며, 분포함수를 누적분포함수라고도 한다. 임의의 실수 $x$에 대하여 확률변수 $X$가 $x$보다 작거나 같은 값을 취하는 확률로서 확률변수 $X$의 분포함수가 정의된다.

> **정의 누적분포함수**
>
> 이산확률변수 $X$에 대하여
>
> $$F(x) = P(X \leq x)$$
>
> 를 확률변수 $X$의 **누적분포함수**(cumulative distribution function, c.d.f.) 또는 간단히 **분포함수**(distribution function)라고 한다. 즉 $F(x)$는 확률변수 $X$가 $x$ 이하의 값을 취할 확률이다.

이산형 확률질량함수 $f(x)$가 가지고 있는 성질은 다음과 같다.

**확률질량함수의 성질**

① $f(x) \geq 0,\ x \in S$

② $\sum_{x_i \in S} f(x_i) = 1$

확률질량함수가 주어지면, 누적분포함수가 구해진다.

이산형인 경우 누적분포함수 $F(x)$는 다음과 같은 계단함수(step function)이다.

$$F(x) = \sum_{x_i \leq x} P(X = x_i)$$

이때 $x$가 취하는 값은 $x_1, x_2, \cdots, x_n, \cdots$ 이며, $X = x_i$에서 점프(jump)를 이룬다.

**[예제 2.1]**

공정한 동전을 2회 던지는 실험에서 앞면이 나오는 횟수를 $X$라고 하자. $X$의 확률분포와 $X$의 누적분포함수를 구하여라.

**|풀 이|**

앞면을 $H$, 뒷면을 $T$라고 하면, 동전을 두 번 던질 경우 나올 수 있는 경우는 다음과 같다.

$$\{HH,\ TH,\ HT,\ TT\}$$

그러므로 확률변수 $X$가 취할 수 있는 값은 0, 1, 2, 즉 $S = \{0, 1, 2\}$이다. 따라서 $X$의 확률은 다음과 같이 구할 수 있다.

$$P(X=0) = \frac{1}{4},\ P(X=1) = \frac{2}{4},\ P(X=2) = \frac{1}{4}$$

이에 따라 확률분포는 다음 표와 같다.

| $x$ | 0 | 1 | 2 | 합 |
|---|---|---|---|---|
| $P(X=x)$ | $\frac{1}{4}$ | $\frac{2}{4}$ | $\frac{1}{4}$ | 1 |

$X$의 값 0, 1, 2에 대하여 누적분포함수 $F(x)$를 구하면

$$F(0) = P(X \le 0) = P(X = 0) = \frac{1}{4}$$

$$F(1) = P(X \le 1) = P(X = 0) + P(X = 1) = \frac{1}{4} + \frac{2}{4} = \frac{3}{4}$$

$$F(2) = P(X \le 2) = P(X = 0) + P(X = 1) + P(X = 2) = \frac{1}{4} + \frac{2}{4} + \frac{1}{4} = 1$$

이다. 따라서 $X$의 누적분포함수는 다음과 같다.

$$F(x) = \begin{cases} 0, & (x < 0) \\ \frac{1}{4}, & (0 \le x < 1) \\ \frac{3}{4}, & (1 \le x < 2) \\ 1, & (2 \le x) \end{cases}$$

위의 누적분포함수를 그래프로 나타내면 [그림 2.2]와 같다.

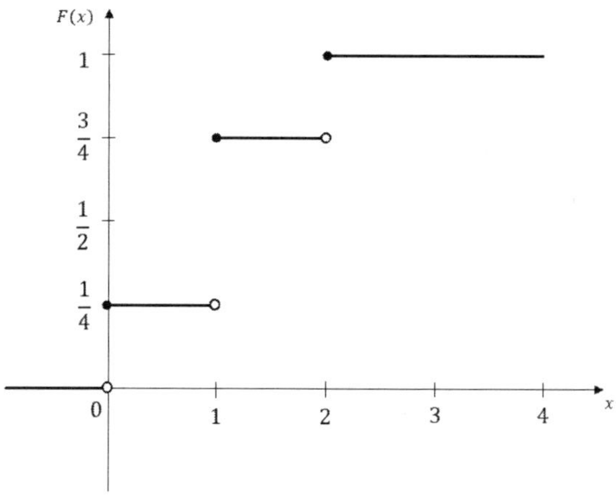


**그림 2.2** 누적분포함수 그래프

**[예제 2.2]**

어느 지역의 한 가정에서 가지고 있는 컴퓨터의 수를 $X$라고 하자. 컴퓨터를 가지고

있지 않을 확률은 1/6, 컴퓨터를 한 대 가지고 있을 확률은 2/3, 컴퓨터를 두 대 가지고 있을 확률은 1/6이며, 컴퓨터를 세 대 이상 가지고 있는 가정은 없다고 가정하자.

(1) 확률분포를 구하여라.

(2) 누적분포함수를 구하여라.

**|풀 이|**

(1) $X$가 취할 수 있는 표본공간은 $S=\{0,1,2\}$ 이므로 $X$의 확률분포는 다음과 같다.

| $X$ | 0 | 1 | 2 |
|---|---|---|---|
| $P(X=x)$ | $\frac{1}{6}$ | $\frac{2}{3}$ | $\frac{1}{6}$ |

(2) $X$의 값 0, 1, 2에 대하여 누적분포함수 $F(x)$를 구하면

$$F(0)=P(X\le 0)=P(X=0)=\frac{1}{6}$$

$$F(1)=P(X\le 1)=P(X=0)+P(X=1)=\frac{1}{6}+\frac{2}{3}=\frac{5}{6}$$

$$F(2)=P(X\le 2)=P(X=0)+P(X=1)+P(X=2)=\frac{1}{6}+\frac{2}{3}+\frac{1}{6}=1$$

이므로, $X$의 누적분포함수는 다음과 같이 표현된다.

$$F(x)=\begin{cases} 0, & (x<0) \\ \frac{1}{6}, & (0\le x<1) \\ \frac{5}{6}, & (1\le x<2) \\ 1, & (2\le x) \end{cases}$$

누적분포함수 $F(x)$가 가지고 있는 성질은 다음과 같다.

**이산형 누적분포함수의 성질**

① $F(x)$는 $x$의 비감소함수(nondecreasing function)이다.

즉, $x_1 < x_2$ 이면, $P(X \le x_1) \le P(X \le x_2)$

② $\lim_{x \to \infty} F(x) = F(\infty) = 1$

③ $\lim_{x \to -\infty} F(x) = F(-\infty) = 0$

누적분포함수의 성질 ①은 $x_1 < x_2$ 이면, 사상 $\{X \le x_1\}$ 은 사상 $\{X \le x_2\}$ 에 포함되어서 $P(X \le x_1) \le P(X \le x_2)$ 이기 때문이고, 성질 ②와 ③은 $X$가 유한값을 취하기 때문이다. 자세한 증명은 생략한다.

$X$에 대한 확률문제는 누적분포함수 $F(\cdot)$를 이용하여 구할 수도 있다. 예를 들면

$$P(x_1 < X \le x_2) = F(x_2) - F(x_1), \qquad (x_1 < x_2)$$

이다.

이제 연속확률변수의 확률밀도함수와 누적분포함수에 대하여 살펴보고자 한다.

연속확률변수는 그 값을 차례로 배열하여 번호를 붙일 수 없으므로 $i$번째 값 $x_i$를 지정할 수 없다. 따라서 이 경우는 이산확률변수처럼 확률을 식으로 정의할 수 없으며, 연속확률변수에 관한 확률은 아래에서 정의하는 확률밀도함수를 이용하여 구한다.

$X$가 연속확률변수로서 사상 $\{a \le x \le b\}$ 의 확률이

$$P(a \le x \le b) = \int_a^b f(x)dx$$

로 표시될 때 확률변수 $X$는 연속확률분포를 따른다고 한다. 이 연속함수 $f(x)$를 $X$의 연속확률함수 또는 확률밀도함수(probability density function)라고 한다. 이때 $X$의 확률밀도함수 $f(x)$는 0보다 크거나 같은 값을 가지며, 곡선 아래의 면적은 1이어야 한다.

확률변수 $X$가 $a$와 $b$ 사이에 있을 확률 $P(a \le x \le b)$는 $x = a$와 $x = b$ 사이의 연속함수 $f(x)$의 그래프로 둘러싸여 있는 면적과 같다. 다시 말하면, 연속확률변수인 경우 $X$가 구간 $(a \le x \le b)$에 포함될 확률은 구간 $a \le x \le b$에서 확률밀도함수를 적분하여 구할 수 있음을 의미한다.

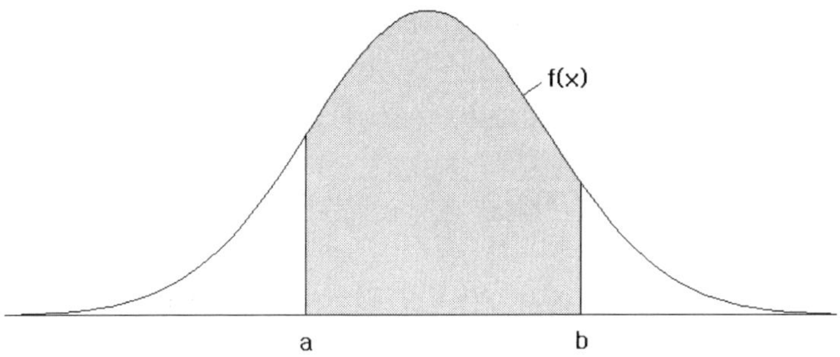


**그림 2.3** $P(a \le x \le b) = \int_a^b f(x)dx$

연속형 확률밀도함수와 누적분포함수를 정의해 보면 다음과 같다.

**정의** 확률밀도함수와 누적분포함수

연속확률변수 $X$가 있을 때, $R$(실직선)상의 임의의 구간 $B$에 대하여

$$P(X \in B) = \int_B f(x)\,dx$$

가 되는 음이 아닌 함수 $f(x)$가 존재할 때, 이 함수 $f(x)$를 $X$의 **확률밀도함수**(probability density function) 또는 **밀도함수**(density function)라고 한다.

또, $X$가 연속확률변수일 때 $X$의 누적분포함수 $F(x)$는 다음과 같다.

$$F(x) = P(-\infty < X \le x) = \int_{-\infty}^{x} f(t)\,dt$$

이상과 같은 정의에 따르면

$$f(x) = \frac{d}{dx}F(x) = F'(x)$$

이고,

$$P(a < X \le b) = \int_a^b f(x)\,dx, \qquad (a < b)$$

이며, 사상 $\{X \le b\}$ 은 배반인 사상 $\{X \le a\}$ 와 $\{a < X \le b\}$ 의 합사상이므로

$$P(X \le b) = P(X \le a) + P(a < X \le b)$$

이다. 그러므로 다음의 사실을 알 수 있다.

$$\begin{aligned} P(a < X \le b) &= P(X \le b) - P(X \le a) \\ &= F(b) - F(a) \\ &= \int_{-\infty}^{b} f(x)\,dx - \int_{-\infty}^{a} f(x)\,dx = \int_{a}^{b} f(x)\,dx \end{aligned}$$

$X$가 연속확률변수일 때, 정의에 따라

$$P(X = c) = P(c - h < X \le c) = \int_{c-h}^{c} f(x)\,dx = 0, \qquad (h \to 0^{+})$$

이다. 즉, $P(X = c) = \int_{c}^{c} f(x)\,dx = 0$ 이다. 따라서 연속확률변수에서 사상 $\{X = c\}$ 의 확률은 0 이다. 그러므로 연속확률변수에 대하여

$$P(X < b) = P(X \le b) = F(b) = \int_{-\infty}^{b} f(x)\,dx$$

이 사실의 결과로서 다음이 성립한다.

$$\begin{aligned} P(a \le X \le b) &= P(a < X \le b) = P(a \le X < b) \\ &= P(a < X < b) = \int_{a}^{b} f(x)\,dx = F(b) - F(a) \end{aligned}$$

$F(x)$ 의 성질에서 알 수 있듯이 확률밀도함수 $f(x)$ 는 다음과 같은 성질을 가지고 있다.

**확률밀도함수의 성질**

① 모든 $X$에 대하여 $f(x) \ge 0$

② $\int_{-\infty}^{\infty} f(x)\,dx = 1, \quad (-\infty < x < \infty)$

또한, $f(x)$가 연속인 모든 $x$의 값에서 $F'(x) = f(x)$이다.

**[예제 2.3]**

$X$의 확률밀도함수가

$$f(x) = \begin{cases} 2x, & (0 \le x \le 1) \\ 0, & (\text{그 밖에서}) \end{cases}$$

일 때, $X$의 누적분포함수 $F(x)$를 구하여라.

**|풀 이|**

(i) $x < 0$일 때 누적분포함수는

$$F(x) = 0$$

(ii) $0 \le x < 1$일 때 누적분포함수는

$$F(x) = \int_0^x 2t \ dt = \left[t^2\right]_0^x = x^2$$

이므로 구하고자 하는 누적분포함수는 다음과 같다.

$$F(x) = \begin{cases} 0, & (x < 0) \\ x^2, & (0 \le x < 1) \\ 1, & (1 \le x) \end{cases}$$

$F(x)$를 확률변수 $X$의 연속형 분포함수라고 할 때, 다음 사항들이 성립한다.

**연속형 누적분포함수의 성질**

(1) $F(x)$는 비감소함수이다. 즉 $a<b$이면 $F(a) \le F(b)$이다.

(2) $\lim_{x \to +\infty} F(x) = 1$, $\lim_{x \to -\infty} F(x) = 0$

(3) $F(x)$는 오른쪽으로 연속(우측연속)인 함수이다.

**증명**

(1) $\{X \le b\} = \{X \le a\} \cup \{a < X \le b\}$이고 두 사상은 서로 배반이므로

$$P(X \le b) = P(X \le a) + P(a < X \le b) \ge P(X \le a)$$

이 된다. 따라서 다음이 성립된다.

$$F(b) \ge F(a)$$

또는

$$F(b) - F(a) = P(a < X \le b) \ge 0$$

이므로

$$F(b) \ge F(a)$$

이 된다.

(2) $x \to \infty$ 일 때,

$$F(x) = P(X \le x) \to P(X < \infty) = P(S) = 1$$

이 되고, $x \to -\infty$ 일 때,

$$F(x) = P(X \le x) \to P(X \le -\infty) = P(\varnothing) = 0$$

이 된다.

확률변수 $X$의 확률밀도함수를 $p.d.f.$로 표기한다. $p.d.f.$ $f(x)$는

$$f(x) = \lim_{\Delta x \to 0} \frac{P(x < X \leq x + \Delta x)}{\Delta x}$$

로서 $\Delta x$가 충분히 작을 때, $\Delta x = dx$라면

$$f(x)dx = P(x < X \leq x + dx)$$

로 나타낼 수 있다.

**[예제 2.4]**

확률변수 $X$의 pdf.가 다음과 같을 때

$$f(x) = \begin{cases} \dfrac{x+1}{8}, & (2 < x < 4) \\ 0, & (\text{그 밖에서}) \end{cases}$$

1) $P(2 < X < 4) = 1$임을 보여라.

2) $P(X < 3.5)$를 구하여라.

**|풀 이|**

1) $P(2 < X < 4) = \int_2^4 f(x)dx = \int_2^4 \frac{x+1}{8} dx$

$$= \frac{1}{8}\left[\frac{1}{2}x^2 + x\right]_2^4 = 1.$$

2) $P(X < 3.5) = \int_2^{3.5} f(x)dx = \int_2^{3.5} \frac{x+1}{8} dx$

$$= \frac{1}{8}\left[\frac{1}{2}x^2 + x\right]_2^{3.5} = 0.703.$$

**[예제 2.5]**

확률변수 $X$의 확률밀도함수 $f(x)$가

$$f(x)=\begin{cases} kx^2(x-2)^2, & (0\le x\le 2) \\ 0, & (\text{그 밖에서}) \end{cases}$$

일 때, 다음을 구하여라.

(1) $F(x)=P(X\le x)$을 구하여라.

(2) 확률 $P\left(X\le \frac{3}{4}\right)$, $P\left(X>\frac{1}{4}\right)$을 구하여라.

**|풀 이|**

먼저, 확률밀도함수의 성질을 이용하여

$$\int_{-\infty}^{\infty} f(x)dx=1$$

이므로

$$\int_0^2 kx^2(x-2)^2dx=1$$

로부터 $k$를 구한다.

$$\begin{aligned}\int_0^2 kx^2(x-2)^2dx &= k\int_0^2 (x^4-4x^3+4x^2)dx \\ &= k\left[\frac{x^5}{5}-x^4+\frac{4}{3}x^3\right]_0^2=\frac{16}{15}k\end{aligned}$$

로부터 $\frac{16}{15}k=1$을 만족하는 $k$를 구하면 $k=\frac{15}{16}$이다. 따라서 확률밀도함수는 다음과 같이 표현된다.

$$f(x)=\begin{cases} \frac{15}{16}x^2(x-2)^2, & (0\le x\le 2) \\ 0, & (\text{그 밖에서}) \end{cases}$$

(1) $0\leqq x<2$에 대하여 누적분포함수는

$$F(x)=\int_0^x \frac{15}{16}t^2(t-2)^2dt=\frac{15}{16}\int_0^x (t^4-4t^3+4t^2)dt$$

$$=\frac{15}{16}\left[\frac{t^5}{5}-t^4+\frac{4}{3}t^3\right]_0^x=\frac{1}{16}x^3(3x^2-15x+20)$$

즉, $X$의 누적분포함수는 다음과 같다.

$$F(x)=\begin{cases} 0, & (x<0) \\ \dfrac{1}{16}x^3(3x^2-15x+20), & (0\le x<2) \\ 1, & (2\le x) \end{cases}$$

(2) $P\left(X\le \frac{3}{4}\right)=F\left(\frac{3}{4}\right)=\frac{1}{16}\left(\frac{3}{4}\right)^3\left[3\left(\frac{3}{4}\right)^2-15\left(\frac{3}{4}\right)+20\right]=0.275$,

$$P\left(X>\frac{1}{4}\right)=1-P\left(X\le \frac{1}{4}\right)=1-F\left(\frac{1}{4}\right)$$

$$=1-16\left(\frac{1}{4}\right)^3\left[3\left(\frac{1}{4}\right)^2-15\left(\frac{1}{4}\right)+20\right]=0.984$$

## 2.3 결합확률질량함수

2개 이상의 확률변수들이 어떤 확률적 관계를 갖고 있을 때 1개의 확률변수에 대한 확률분포를 2차원 또는 그 이상으로 확장한 확률분포를 생각해 볼 수 있다.

이 절에서는 이산형 결합확률질량함수, 주변확률질량함수 및 결합분포함수에 대하여 살펴보고, 예를 들어 설명하고자 한다.

**정의** 결합확률질량함수

$X$, $Y$가 이산확률변수이면, $X$와 $Y$의 **결합확률질량함수**(joint probability mass function)는

$$f(x,y)=P(X=x,\ Y=y),\ \text{모든 } (x,y)\in S$$

으로 정의된다.

$X$, $Y$의 가능한 모든 값에 대하여 $f(x,y)$의 값을 나타낸 것을 **결합확률분포**(joint probability distribution)라고 한다.

이산형확률변수의 결합확률은 [그림 2.4]와 같이 $xy$ 평면상의 격자점 위에서 막대의 높이로서 확률을 나타낸다.

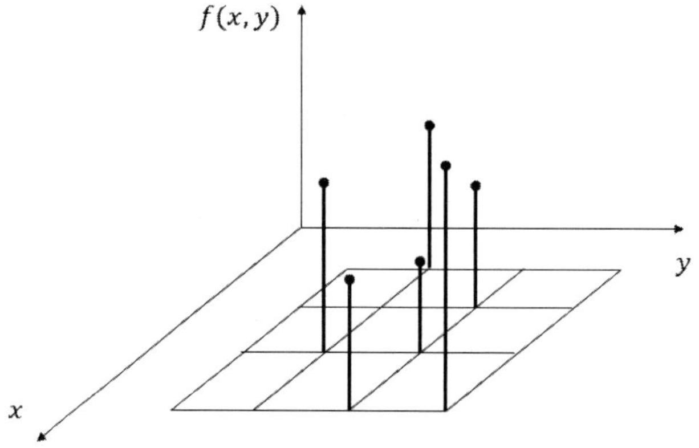


**그림 2.4** 이산형 결합확률의 기하학적 표현

결합확률질량함수 $f(x,y)$의 성질은 다음과 같다.

**결합확률질량함수의 성질**

① 모든 $x, y$에 대하여 $f(x,y) \geq 0$이다.

② 모든 $x, y$에 대한 $f(x,y)$의 합은 1이다. 즉, $\sum\sum_{(x,y)\in S} f(x,y) = 1$

또, 확률변수 $X$와 $Y$에 대하여 [표 2.1]과 같은 표를 만들면 이 표에 의해 두 확

**표 2.1** 결합확률분포표

| $x$ \ $y$ | $y_1$ | $y_2$ | $\cdots$ | $y_j$ | $\cdots$ | $y_l$ | 합계 |
|---|---|---|---|---|---|---|---|
| $x_1$ | $f(x_1, y_1)$ | $f(x_1, y_2)$ | $\cdots$ | $f(x_1, y_j)$ | $\cdots$ | $f(x_1, y_l)$ | $f_1(x_1)$ |
| $x_2$ | $f(x_2, y_1)$ | $f(x_2, y_2)$ | $\cdots$ | $f(x_2, y_j)$ | $\cdots$ | $f(x_2, y_l)$ | $f_1(x_2)$ |
| $\vdots$ | $\vdots$ | $\vdots$ | | $\vdots$ | | $\vdots$ | $\vdots$ |
| $x_i$ | $f(x_i, y_1)$ | $f(x_i, y_2)$ | $\cdots$ | $f(x_i, y_j)$ | $\cdots$ | $f(x_i, y_l)$ | $f_1(x_i)$ |
| $\vdots$ | $\vdots$ | $\vdots$ | | $\vdots$ | | $\vdots$ | $\vdots$ |
| $x_k$ | $f(x_k, y_1)$ | $f(x_k, y_2)$ | $\cdots$ | $f(x_k, y_j)$ | $\cdots$ | $f(x_k, y_l)$ | $f_1(x_k)$ |
| 합계 | $f_2(y_1)$ | $f_2(y_2)$ | $\cdots$ | $f_2(y_j)$ | $\cdots$ | $f_2(y_l)$ | 1 |

률변수 $X, Y$의 분포상태를 잘 알 수 있는데, 이 표를 결합확률분포표라고 한다.

이산확률변수 $X$, $Y$의 결합확률질량함수 $f(x, y)$가 주어지면, $X$ 변수만의(1차원) 확률분포 $f_X(x)$와, $Y$ 변수만의(1차원) 확률분포 $f_Y(y)$는 결합확률분포표의 우측의 합계 및 하단의 합계로 각각 주어진다.

이들 두 함수(분포) $f_X(x)$와 $f_Y(y)$를 각각 $X$, $Y$의 **주변확률질량함수**(marginal probability mass function)라고 한다.

**주변확률질량함수**

$X$의 주변확률질량함수: $f_X(x) = \sum_y f(x, y) = P(X = x)$

$Y$의 주변확률질량함수: $f_Y(y) = \sum_x f(x, y) = P(Y = y)$

**[예제 2.6]**

1개의 동전을 3번 던질 때, 처음 2회 가운데 앞면이 나오는 횟수를 $X$, 3회째 앞면이 나오는 횟수를 $Y$라고 할 때, 다음을 구하여라.

(1) $X$와 $Y$의 결합확률분포

(2) $X$의 주변확률분포

(3) $Y$의 주변확률분포

**|풀 이|**

(1) $X$: 처음 2회 가운데 앞면이 나오는 횟수,

$Y$: 3회째에서 앞면이 나오는 횟수

라고 하자. $X$와 $Y$의 결합확률 $f(x, y) = P(X = x, Y = y)$을 구하면

$$f(x, y) = {}_2C_x\left(\frac{1}{2}\right)^2 \times {}_1C_y\left(\frac{1}{2}\right) = {}_2C_x\left(\frac{1}{2}\right)^3, \quad x = 0,1,2, \quad y = 0,1$$

와 같이 나타나고,

$$f(0, 0) = P(X = 0, Y = 0) = {}_2C_0\left(\frac{1}{2}\right)^3 = \frac{1}{8},$$

$$f(1,0) = P(X=1, Y=0) = {}_2C_1\left(\frac{1}{2}\right)^3 = \frac{2}{8}$$

와 같이 계산하면 아래와 같이 결합확률분포가 얻어진다.

$X$와 $Y$의 결합확률분포표

| $X$ \ $Y$ | 0 | 1 | 합 |
|---|---|---|---|
| 0 | $\frac{1}{8}$ | $\frac{1}{8}$ | $\frac{2}{8}$ |
| 1 | $\frac{2}{8}$ | $\frac{2}{8}$ | $\frac{4}{8}$ |
| 2 | $\frac{1}{8}$ | $\frac{1}{8}$ | $\frac{2}{8}$ |
| 합 | $\frac{4}{8}$ | $\frac{4}{8}$ | 1 |

(2)

$X$의 주변확률분포표

| $X$ | 0 | 1 | 2 | 합 |
|---|---|---|---|---|
| $f_X(x)$ | $\frac{1}{4}$ | $\frac{1}{2}$ | $\frac{1}{4}$ | 1 |

(3)

$Y$의 주변확률분포표

| $Y$ | 0 | 1 | 합 |
|---|---|---|---|
| $f_Y(y)$ | $\frac{1}{2}$ | $\frac{1}{2}$ | 1 |

제2장 확률변수와 확률분포

**[예제 2.7]**

어느 회사 영업부에 정해진 시간 동안 고객으로부터 FAX가 온 횟수를 $X$라고 하고, e-mail이 온 횟수를 $Y$라고 하자. 이때 $X$와 $Y$의 결합확률함수 $f(x,y)$의 분포는 다음과 같다고 할 때 다음을 구하여라.

| $X$ \ $Y$ | 4 | 10 | 합 |
|---|---|---|---|
| 1 | $\frac{1}{4}$ | $\frac{1}{4}$ | $\frac{2}{4}$ |
| 3 | $\frac{1}{4}$ | $\frac{1}{4}$ | $\frac{2}{4}$ |
| 합 | $\frac{2}{4}$ | $\frac{2}{4}$ | 1 |

(1) FAX가 온 횟수 $X$의 주변확률분포를 구하여라.

(2) e-mail이 온 횟수 $Y$의 주변확률분포를 구하여라.

**|풀 이|**

(1)

$X$의 주변확률분포표

| $X$ | 1 | 3 | 합 |
|---|---|---|---|
| $f_X(x)$ | 1/2 | 1/2 | 1 |

(2)

$Y$의 주변확률분포표

| $Y$ | 4 | 10 | 합 |
|---|---|---|---|
| $f_Y(y)$ | $\frac{1}{2}$ | $\frac{1}{2}$ | 1 |

**정의** 결합누적분포함수

결합확률질량함수 $f(x,y)$에 대하여 **결합누적분포함수**(joint cumulative distribution function) $F(x,y)$는 다음과 같이 정의한다.

$$F(x, y) = P(X \le x, Y \le y)$$

이산확률변수 $X$, $Y$에 대하여 $F(x, y)$는 다음과 같다.

$$F(x, y) = \sum_{a=-\infty}^{x} \sum_{b=-\infty}^{y} f(a, b)$$

예를 들어 2개의 주사위를 던질 때, 한쪽 주사위의 눈을 $X$, 다른 쪽 주사위의 눈을 $Y$라고 하면

$$\begin{aligned} F(2, 3) &= P(X \le 2, Y \le 3) \\ &= f(1,1) + f(1,2) + f(1,3) + f(2,1) + f(2,2) + f(2,3) \end{aligned}$$

이다. 그런데 $f(x,y)$는 모든 가능한 $x$, $y$에 대하여 $f(x,y) = \frac{1}{36}$ 이므로

$$F(2, 3) = \frac{6}{36} = \frac{1}{6}$$

이다.

**[예제 2.8]**

2개의 주사위를 던질 때, 한쪽 주사위의 눈을 $X$, 다른 쪽 주사위의 눈을 $Y$라고 할 때 $P(2 \le X \le 3, 1 \le Y \le 2)$를 구하여라.

**|풀 이|**

$$\begin{aligned} P(2 \le X \le 3, 1 \le Y \le 2) &= f(2,1) + f(2,2) + f(3,1) + f(3,2) \\ &= \frac{1}{36} + \frac{1}{36} + \frac{1}{36} + \frac{1}{36} = \frac{1}{9} \end{aligned}$$

## 2.4 결합확률밀도함수

이 절에서는 연속형 결합확률밀도함수, 결합분포함수 및 주변확률밀도함수에 대하여 살펴보고, 예를 들어 설명하고자 한다.

> **정의** 결합확률밀도함수와 결합누적분포함수
>
> $X$, $Y$를 연속확률변수라고 하고, 임의의 실수구간 $C$에 대하여
>
> $$P\{(X,\ Y) \in C\} = \int_C\int f(x,y)\,dx\,dy, \quad C \subset S$$
>
> 를 만족하는 음이 아닌 함수 $f(x,y)$가 존재할 때, $f(x,y)$를 $X$와 $Y$의 **결합확률밀도함수**(joint probability density function)라고 한다.
>
> 모든 실수 $x, y$에 대하여
>
> $$F(x,y) = P(X \leq x,\ Y \leq y) = \int_{-\infty}^{x}\int_{-\infty}^{y} f(u,v)\,du\,dv$$
>
> 가 성립하면, $F(x,y)$를 **결합누적분포함수**(joint cumulative distribution function)라고 한다.

$(X,\ Y)$가 $xy$ 평면상의 임의의 영역 $A$에 들어갈 확률은

$$P\{(X,\ Y) \in A\} = \int_A\int f(x,y)\,dx\,dy$$

로 주어진다. 또한 $(X,\ Y)$가 $xy$ 평면상의 영역 $A$에 속할 확률을 기하학적으로 나타내면 [그림 2.5]에서 $xy$ 평면상의 영역 $A$ 위에서 확률밀도함수 $f(x,y)$아래로 둘러싸인 입체의 부피(체적)가 영역 $A$에 속할 확률을 의미한다.

연속확률변수 $X, Y$의 결합누적분포함수 $F(x,y)$와 결합확률밀도함수 $f(x,y)$ 사이에는

$$f(x, y) = \frac{\partial^2 F(x, y)}{\partial x \partial y}$$

인 관계가 성립한다.

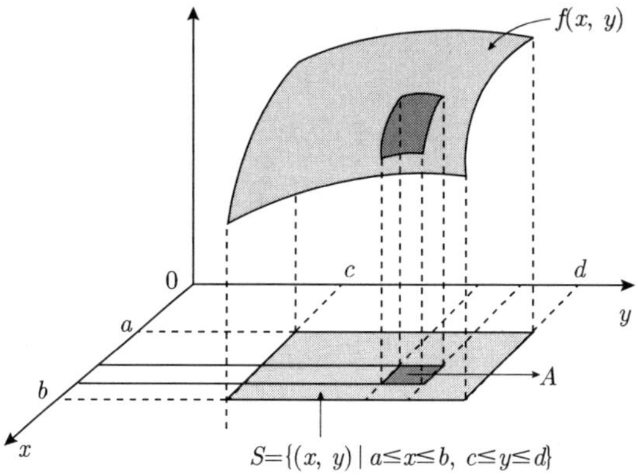


**그림 2.5** 영역 $A$에서 확률의 기하학적 표현

2 변량의 함수인 결합확률밀도함수도 1 변량 확률밀도함수와 같이 다음 성질을 가진다.

**결합확률밀도함수의 성질**

① $f(x, y) \geq 0$,  (모든 $x, y$에 대하여)

② $\int_{-\infty}^{\infty} \int_{-\infty}^{\infty} f(x, y)\,dx\,dy = 1$

**[예제 2.9]**

$X$, $Y$의 결합확률밀도함수가

$$f(x, y) = \begin{cases} kxy, & (0 < x < 1, 0 < y < 1) \\ 0, & (\text{그 밖에서}) \end{cases}$$

으로 주어질 때,

(1) $k$의 값을 구하여라.

(2) 확률 $P\left(X \le \frac{1}{2},\ Y \le \frac{1}{2}\right)$를 구하여라.

**|풀 이|**

(1) 확률밀도함수의 성질에 의하여 $\int_{-\infty}^{\infty}\int_{-\infty}^{\infty} f(x, y)\,dxdy = 1$ 이므로

$$\int_{-\infty}^{\infty}\int_{-\infty}^{\infty} f(x, y)\,dxdy = \int_0^1\int_0^1 kxy\,dxdy$$

$$= k\int_0^1\left[\frac{x^2}{2}y\right]_0^1 dy = k\int_0^1 \frac{y}{2}dy = k\left[\frac{y^2}{4}\right]_0^1 = \frac{k}{4} = 1$$

이다. 따라서 $k = 4$가 된다.

(2) $P\left(X \le \frac{1}{2},\ Y \le \frac{1}{2}\right) = \int_0^{\frac{1}{2}}\int_0^{\frac{1}{2}} 4xy\,dxdy$

$$= \int_0^{\frac{1}{2}} y\left[2x^2\right]_0^{\frac{1}{2}} dy$$

$$= \int_0^{\frac{1}{2}} \frac{1}{2}y\,dy$$

$$= \left[\frac{1}{4}y^2\right]_0^{\frac{1}{2}} = \frac{1}{16} = 0.0625$$

다음으로 주변확률분포를 생각하여 보자.

$$\begin{aligned} F_X(x) &= P(X \le x) \\ &= P(X \le x, -\infty < Y < \infty) = \int_{-\infty}^{x}\left(\int_{-\infty}^{\infty} f(u, y)\,dy\right)du \end{aligned}$$

로 두면 함수

$$f_X(x) = \int_{-\infty}^{\infty} f(x, y)\,dy$$

를 $X$의 주변확률밀도함수(marginal probability density function)라고 한다. 마찬가지로

$$\begin{aligned} F_Y(y) &= P(Y \le y) \\ &= P(-\infty < X < \infty,\ Y \leqq y) = \int_{-\infty}^{y}\left(\int_{-\infty}^{\infty} f(x, v)\, dx\right) dv \end{aligned}$$

로 두면, 여기서

$$f_Y(y) = \int_{-\infty}^{\infty} f(x, y)\, dx$$

를 $Y$의 주변확률밀도함수라고 한다.

**주변확률밀도함수**

$X$의 주변확률밀도함수: $f_X(x) = \int_{-\infty}^{\infty} f(x, y)\, dy$

$Y$의 주변확률밀도함수: $f_Y(y) = \int_{-\infty}^{\infty} f(x, y)\, dx$

연속확률변수에 대하여 결합분포함수는 다음과 같은 성질을 갖는다.

**결합분포함수의 성질**

① $F(-\infty, -\infty) = F(-\infty, y) = F(x, -\infty) = 0$

② $F(\infty, \infty) = 1$

③ $x_1 \le x_2,\ y_1 \le y_2$ 이면 $F(x_1, y_1) \le F(x_2, y_2)$

④ $\lim_{x \to \infty} F(x, y) = F_Y(y),\ \lim_{y \to \infty} F(x, y) = F_X(x)$

**증명**

①, ②는 결합분포함수의 정의에서 분명하다.

③ $x_1 \le x_2,\ y_1 \le y_2$ 이므로 $\{X \le x_1, Y \le y_1\} \subset \{X \le x_2,\ Y \le y_2\}$ 이다. 따라서 다음이 성립된다.

$$F(x_1, y_1) \le F(x_2, y_2)$$

④ $y \to \infty$ 이면, $\{X \le x, Y \le y\}$ 은 $\{X \le x, Y < \infty\}$ 에 가까워진다. 이것은 사상 $\{X \le x\}$ 와 같다. 따라서 $y \to \infty$ 이면

$$F(x, y) = P(X \le x,\ Y \le y) \to P(X \le x) = F_X(x)$$

가 되고, 마찬가지로 $x \to \infty$ 이면 다음이 성립된다.

$$F(x, y) = P(X \le x,\ Y \le y) \to P(Y \le y) = F_Y(y)$$

**[예제 2.10]**

$X$, $Y$의 결합확률밀도함수가

$$f(x, y) = e^{-(x+y)}, \qquad (-\infty < x, y < \infty)$$

일 때, $P(1 < X \le 2,\ 0 < Y \le 2)$를 구하여라.

**|풀 이|**

$$\begin{aligned} P(1 < X \le 2,\ 0 < Y \le 2) &= \int_0^2 \int_1^2 e^{-(x+y)}\, dx\, dy \\ &= \int_0^2 e^{-y} \left[\int_1^2 e^{-x} dx\right] dy \\ &= \int_0^2 e^{-y} \left[-e^{-x}\right]_1^2 dy \\ &= (e^{-1} - e^{-2}) \int_0^2 e^{-y}\, dy \\ &= (e^{-1} - e^{-2})(1 - e^{-2}). \end{aligned}$$

결합분포함수 $F(x, y)$가 주어졌을 때, 이를 이용하여 확률을 구해 보자. 예를 들어 $P(a < X \leq b,\ Y \le y_1)$를 구한다면

$$P(a< X \leqq b,\ Y \leq y_1) = P(X \leqq b,\ Y \leq y_1) - P(X \leqq a,\ Y \leq y_1)$$
$$= F(b, y_1) - F(a, y_1)$$

가 되고, 마찬가지로 다음을 구할 수 있다.

$$P(X \leq x_1,\ c < Y \leqq d) = F(x_1, d) - F(x_1, c)$$

결합분포함수를 쓰면 평면상에 $(X, Y)$가 사각형 내에 들어갈 확률을 쉽게 구할 수 있다.

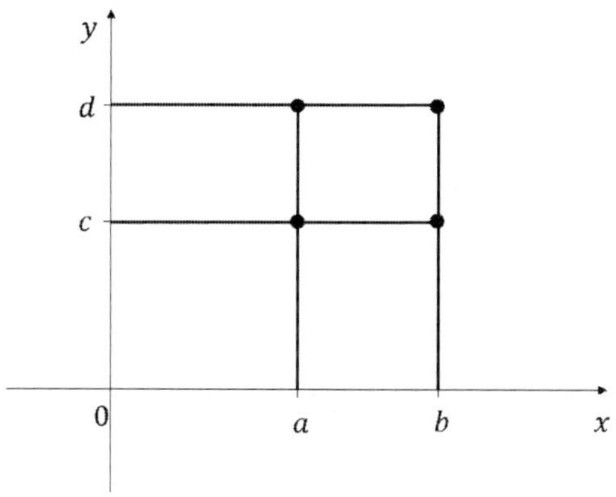


**그림 2.6** 누적분포함수와 확률밀도함수의 관계

예를 들어, 사각형 영역

$$R = \{(x, y) \mid a < X \leq b,\ c < Y \leq d),\quad (a \leq b, c \leq d)$$

에 들어갈 확률은

$$P(a< X \leq b, c< Y \leq d) = F(b,d) - F(a,d) - F(b,c) + F(a,c)$$

이다. 이것은 다음과 같이 표시된다.

$$P(a < X \leq b,\ Y \leq d) = P(X \leq b,\ Y \leq d) - P(X \leq a,\ Y \leq d)$$
$$= F(b, d) - F(a, d)$$

마찬가지로

$$P(a < X \leq b,\ \ Y \leq c) = F(b,c) - F(a,c)$$

이므로

$$P(a < X \leq b, c < Y \leq d) = P(a < X \leq b,\ Y \leqq d) - P(a < X \leq b,\ Y \leq c)$$
$$= \{F(b,d) - F(a,d)\} - \{F(b,c) - F(a,c)\}$$

와 같이 표시된다.

**[예제 2.11]**

다음과 같은 결합확률밀도함수의 주변확률밀도함수를 구하여라.

(1) $f(x,y) = \begin{cases} xe^{-x(y+1)}, & (0 < x < \infty,\ 0 < y < \infty) \\ 0, & (\text{그 밖에서}) \end{cases}$

(2) $f(x,y) = \begin{cases} 2 - x - y, & (0 < x < 1,\ \ 0 < y < 1) \\ 0, & (\text{그 밖에서}) \end{cases}$

(3) $f(x,y) = \begin{cases} 8xy, & (0 \leq y \leq x \leq 1) \\ 0, & (\text{그 밖에서}) \end{cases}$

**|풀 이|**

(1) $X$의 결합확률밀도함수는 다음과 같다.

$$f_X(x) = \int_0^\infty xe^{-x(y+1)}\,dy = x\left[-\frac{1}{x}e^{-x(y+1)}\right]_0^\infty = e^{-x}, \quad (0 < x < \infty)$$

$Y$의 결합확률밀도함수는 다음과 같다.

$$f_Y(y) = \int_0^\infty xe^{-x(y+1)}\,dx$$
$$= \left[-\frac{1}{y+1}e^{-x(y+1)}\left(x + \frac{1}{y+1}\right)\right]_0^\infty = \frac{1}{(y+1)^2},\ (0 < y < \infty)$$

(2) $f_X(x) = \displaystyle\int_0^1 (2 - x - y)\,dy = \left[2y - xy - \frac{y^2}{2}\right]_0^1 = \frac{3}{2} - x, \quad (0 < x < 1)$

$$f_Y(y) = \int_0^1 (2-x-y)\,dx = \left[2x - \frac{x^2}{2} - xy\right]_0^1 = \frac{3}{2} - y, \qquad (0 < y < 1)$$

(3) $f_X(x) = \int_0^x 8xy\,dy = [4xy^2]_0^x = 4x^3, \quad (0 \le x \le 1)$

$f_Y(y) = \int_y^1 8xy\,dx = [4x^2y]_y^1 = 4y(1-y^2), \quad (0 \le y \le 1).$

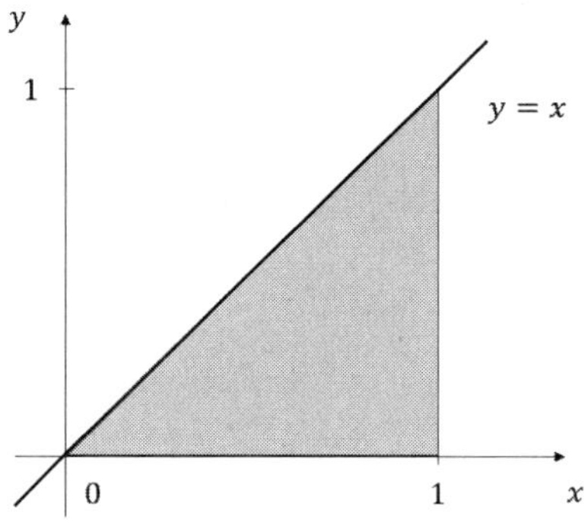


**[예제 2.12]**

다음의 $f(x, y)$가 2차원 확률변수 $(X, Y)$의 결합확률밀도함수가 다음과 같다.

$$f(x, y) = \begin{cases} ae^{-x-y}, & (x \ge 0, y \ge 0) \\ 0, & (\text{그 밖에서}) \end{cases}$$

(1) 상수 $a$를 구하여 결합확률밀도함수를 완성하여라.

(2) $X$의 주변확률밀도함수를 구하여라.

(3) $Y$의 주변확률밀도함수를 구하여라.

(4) $P(X < 2)$를 구하여라.

(5) $P(X < Y)$를 구하여라.

(6) $P(X + Y < 2)$를 구하여라.

**|풀 이|**

(1) 확률밀도함수의 성질에 의하여 $\int_{-\infty}^{\infty}\int_{-\infty}^{\infty} f(x, y)\,dx\,dy = 1$ 이어야 하므로

$$\begin{aligned}\int_0^{\infty}\int_0^{\infty} ae^{-x-y}\,dx\,dy &= a\int_0^{\infty} e^{-x}\,dx\int_0^{\infty} e^{-y}\,dy \\ &= a[-e^{-x}]_0^{\infty}[-e^{-y}]_0^{\infty} \\ &= a\end{aligned}$$

이며, 이로부터 $a = 1$임을 알 수 있다.

따라서 $X$, $Y$의 결합확률밀도함수는

$$f(x, y) = \begin{cases} e^{-x-y}, & (x \geq 0, y \geq 0) \\ 0, & (\text{그 밖에서}) \end{cases}$$

이다.

(2) $X$의 주변확률밀도함수

$$\begin{aligned}f_X(x) &= \int_{-\infty}^{\infty} f(x, y)\,dy \\ &= \int_0^{\infty} e^{-x-y}\,dy = e^{-x}\int_0^{\infty} e^{-y}\,dy = e^{-x}, \ (0 \leqq x)\end{aligned}$$

(3) $Y$의 주변확률밀도함수

$$\begin{aligned}f_Y(y) &= \int_{-\infty}^{\infty} f(x, y)\,dx \\ &= \int_0^{\infty} e^{-x-y}\,dx = e^{-y}\int_0^{\infty} e^{-x}\,dx = e^{-y}, \ (0 \leqq y)\end{aligned}$$

(4) $P(X < 2) = \int_0^2 f_X(x)\,dx = \int_0^2 e^{-x}\,dx = [-e^{-x}]_0^2 = 1 - e^{-2}$

(5) $P(X<Y)=\int_0^\infty \int_x^\infty e^{-x-y}\,dy\,dx=\int_0^\infty [-e^{-x-y}]_x^\infty\,dx$

$$=\int_0^\infty e^{-2x}\,dx=\left[-\frac{1}{2}e^{-2x}\right]_0^\infty$$

$$=\frac{1}{2}$$

(6)

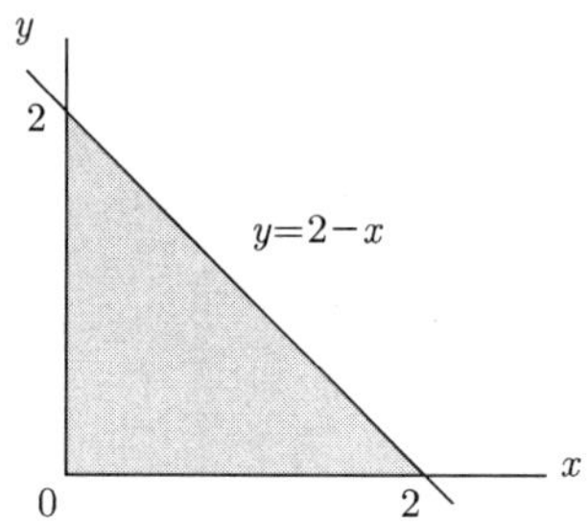


$$P(X+Y<2)=\int_0^2\int_0^{2-x} e^{-x-y}\,dydx=\int_0^2 [-e^{-x-y}]_0^{2-x}\,dx$$

$$=\int_0^2 (e^{-x}-e^{-2})\,dx=[-e^{-x}-e^{-2}x]_0^2=1-e^{-2}-2e^{-2}$$

$$=1-3e^{-2}$$

## 2.5 확률변수의 독립

이 절에서는 확률변수 $X$와 $Y$의 독립에 대하여 살펴보고, 예를 들어 설명하고자 한다.

**정의 확률변수의 독립**

확률변수 $X$, $Y$에 대하여

$$P(X \leq a,\ Y \leq b) = P(X \leq a)P(Y \leq b)$$

이 성립할 때, $X$, $Y$는 **독립**(independent)이라고 한다.

$X$, $Y$의 결합확률분포함수를 $F(x, y)$, 그리고 $X$, $Y$의 각각의 주변확률분포함수를 $F_X(x)$, $F_Y(y)$라고 할 때,

$$F(x, y) = F_X(x)F_Y(y), \qquad (\text{모든 } x, y\text{에 대하여})$$

이 성립하면, $X$, $Y$는 독립이라고 한다.

또한 확률변수 $X$, $Y$에 대하여 결합확률밀도함수를 $f(x, y)$ $X$, $Y$의 각각의 주변확률밀도함수를 $f_X(x)$, $f_Y(y)$라고 할 때,

$$f(x, y) = f_X(x)f_Y(y)$$

가 성립할 때, $X$, $Y$는 독립이라고 한다.

$X$, $Y$가 독립인 확률변수이면 확률밀도함수 사이에

$$f(x, y) = f_X(x)f_Y(y)$$

가 성립한다.

따라서, 확률변수 $X$, $Y$가 서로 독립이기 위한 필요충분조건은

$$f(x, y) = f_X(x)f_Y(y)$$

가 성립한다.

독립이 아닌 두 확률변수 $X$, $Y$는 **종속**(dependent)이라고 한다.

$X$, $Y$가 이산형으로 $f(x, y) = f_X(x)f_Y(y)$를 만족할 때, $X$, $Y$가 독립임을 밝혀 보자.

$$
\begin{aligned}
P(X \le a,\ Y \le b) &= \sum_{y \le b}\sum_{x \le a} f(x, y) \\
&= \sum_{y \le b}\sum_{x \le a} f_X(x) f_Y(y) \\
&= \sum_{y \le b} f_Y(y) \sum_{x \le a} f_X(x) \\
&= P(Y \le b) P(X \le a)
\end{aligned}
$$

따라서 관계 $F(x, y) = F_X(x) F_Y(y)$가 성립하므로, $X$, $Y$는 독립이다.

마찬가지로, 연속형 확률변수 $X$, $Y$가 독립이면 $f(x,y) = f_X(x) f_Y(y)$이 성립함을 위의 이산형인 경우에서 합의 기호를 적분기호로 대체하여 밝힐 수 있다.

**[예제 2.13]**

(예제 2.12)에서 주어진 $X$, $Y$의 결합확률밀도함수가

$$
f(x, y) = \begin{cases} e^{-x-y}, & (x \ge 0, y \ge 0) \\ 0, & (\text{그 밖에서}) \end{cases}
$$

일 때, $X$, $Y$가 서로 독립인가를 확인하여라.

**|풀 이|**

(i) $X$의 주변확률밀도함수는

$$
f_X(x) = e^{-x}, \quad (0 \le x)
$$

(ii) $Y$의 주변확률밀도함수는

$$
f_Y(y) = e^{-y}, \quad (0 \le y)
$$

이고,

$$
f(x, y) = e^{-x-y} = e^{-x} e^{-y} = f_X(x) f_Y(y)
$$

이므로 $X$, $Y$는 서로 독립이다.

**[예제 2.14]**

$X$와 $Y$가 다음과 같은 결합확률밀도함수를 가지는 확률변수이다.

$$f(x,y)=\begin{cases} 2e^{-(x+y)}, & (0\le y\le x) \\ 0, & (\text{그 밖에서}) \end{cases}$$

이때 $X$와 $Y$는 독립인가를 확인하여라.

**|풀 이|**

$X$의 주변확률밀도함수는

$$f_X(x)=\int_0^x 2e^{-(x+y)}dy=2e^{-x}\left[-e^{-y}\right]_0^x=2e^{-x}(1-e^{-x}),\quad (0<x<\infty)$$

이고, $Y$의 주변확률밀도함수는

$$f_Y(y)=\int_y^\infty 2e^{-(x+y)}dx=2e^{-y}\left[-e^{-x}\right]_y^\infty=2e^{-2y},\quad (0<y<\infty)$$

이므로

$$f_X(x)f_Y(y)=4e^{-(x+2y)}(1-e^{-x})$$

이다. 따라서

$$f(x,y)\ne f_X(x)f_Y(y)$$

이므로 $X$와 $Y$는 독립이 아니다.

## 2.6 조건부확률분포

사상 $A$가 주어진 조건에서 사상 $B$의 조건부확률은 $P(B \mid A) = \dfrac{P(A \cap B)}{P(A)}$로 정의되었다. 이 절에서는 확률변수 $X$와 $Y$의 조건부확률질량함수와 조건부확률밀도함수에 대하여 살펴보고, 예를 들어 설명하고자 한다.

**정의** 조건부확률질량함수

$X$와 $Y$가 이산확률변수라고 하자. $X = x$일 때 $Y$가 값 $y$를 취할 확률은 다음과 같이 주어진다.

$$
\begin{aligned}
f_{Y \mid X}(y \mid x) &= P(Y = y \mid X = x) \\
&= \frac{P(X = x, Y = y)}{P(X = x)} \\
&= \frac{f(x, y)}{f_X(x)}, \quad (f_X(x) > 0)
\end{aligned}
$$

이 확률을 $X = x$가 주어졌을 때 $Y$의 **조건부확률질량함수**(conditional probability mass function)라고 한다.

마찬가지로 $f_Y(y) > 0$인 모든 $y$의 값에 대하여 $Y = y$가 주어졌을 때 $X$의 조건부확률질량함수 $f_{X \mid Y}(x \mid y)$는

$$
\begin{aligned}
f_{X \mid Y}(x \mid y) &= P(X = x \mid Y = y) \\
&= \frac{P(X = x, Y = y)}{P(Y = y)} = \frac{f(x, y)}{f_Y(y)}, \quad (f_Y(y) > 0)
\end{aligned}
$$

와 같이 정의한다.

조건부확률질량함수의 성질은 2.2절에서 공부한 확률질량함수의 특징을 모두 갖는다.

즉,

$$0 \leq f_{X|Y}(x \mid y) \leq 1,$$
$$\sum_x f_{X|Y}(x \mid y) = 1$$

특히 확률변수 $X$, $Y$가 독립이면

$$P(X=x,\ Y=y) = P(X=x)P(Y=y)$$

이 성립하므로

$$\begin{aligned} f_{X|Y}(x \mid y) &= P(X=x \mid Y=y) \\ &= \frac{P(X=x, Y=y)}{P(Y=y)} \\ &= \frac{P(X=x)P(Y=y)}{P(Y=y)} \\ &= P(X=x) = f_X(x) \end{aligned}$$

이다. 또한 같은 방법으로 $f_{Y|X}(y \mid x) = f_Y(y)$

**[예제 2.15]**

$X$와 $Y$가 이산확률변수일 때, 모든 $y$에 대하여

$$\sum_x f_{X|Y}(x \mid y) = 1$$

임을 보여라. 여기서 $P_Y(y) > 0$ 이다.

**|풀 이|**

$$\sum_x f_{X|Y}(x \mid y) = \sum_x \frac{P(X=x, Y=y)}{P(Y=y)} = \frac{f_Y(y)}{f_Y(y)} = 1$$

**[예제 2.16]**

$X$와 $Y$의 결합확률질량함수 $f(x,y)$가 다음과 같다고 하자.

$$f(0,0)=0.4,\ f(0,1)=0.2,\ f(1,0)=0.1,\ f(1,1)=0.3$$

이때 $Y=1$인 조건에서 $X$의 조건부확률질량함수를 구하여라.

**| 풀 이 |**

$$f_Y(1)=\sum_x f(x,1)=f(0,1)+f(1,1)=0,2+0.3=0.5$$

이므로

$$f(x=0\mid y=1)=\frac{f(0,1)}{f_Y(1)}=\frac{0.2}{0.5}=\frac{2}{5}$$

이고, 같은 방법으로 $f(x=1\mid y=1)=\dfrac{f(1,1)}{f_Y(1)}=\dfrac{3}{5}$이다.

특히, $Y=1$인 조건에서 $X$의 조건부확률의 합은 1이 됨을 확인할 수 있다.

**[예제 2.17]**

2개의 주사위를 던져서 나타난 눈의 수를 각각 $X$, $Y$라고 할 때, 다음의 확률을 구하여라.

(1) $P(X\leq 3\mid Y=2)$

(2) $P(X=3\mid X+Y=2)$

(3) $P(X=2\mid X+Y=5)$

**| 풀 이 |**

(1) $$P(X\leq 3\mid Y=2)=\frac{P(X\leq 3,\ Y=2)}{P(Y=2)}=\frac{\frac{3}{36}}{\frac{6}{36}}=\frac{1}{2}$$

(2) $P(X=3 \mid X+Y=2) = \dfrac{P(X=3, X+Y=2)}{P(X+Y=2)} = \dfrac{\frac{0}{36}}{\frac{1}{36}} = 0$

(3) $P(X=2 \mid X+Y=5) = \dfrac{P(X=2, X+Y=5)}{P(X+Y=5)} = \dfrac{\frac{1}{36}}{\frac{4}{36}} = \dfrac{1}{4}$

확률변수가 연속형인 경우도 이산형인 경우와 마찬가지로 조건부확률을 구할 수 있다.

**정의** 조건부확률밀도함수

$X$, $Y$가 결합확률밀도함수 $f(x, y)$를 갖는 연속결합확률변수일 때, $Y$의 주변확률밀도함수 $f_Y(y) > 0$이 되는 모든 $y$에 대하여 $Y=y$가 주어졌을 때 $X$의 **조건부확률밀도함수**(conditional probability density function)는

$$f_{X \mid Y}(x \mid y) = \frac{f(x, y)}{f_Y(y)}, \quad (f_Y(y) > 0)$$

와 같이 정의한다.

조건부확률밀도함수의 성질은 앞의 2.2절에서 공부한 확률밀도함수의 특징을 모두 갖는다.

즉,

$$0 \le f_{X \mid Y}(x \mid y),$$

$$\int_{-\infty}^{\infty} f_{X \mid Y}(x \mid y)\,dx = 1$$

특히 $X$, $Y$가 독립이면 $f_{Y \mid X}(y \mid x) = f_Y(y)$이 성립한다.

**[예제 2.18]**

$X$와 $Y$의 결합확률밀도함수가 다음과 같다.

$$f(x,y)=\begin{cases} x+y, & (0\le x\le 1,\ 0\le y\le 1) \\ 0, & (\text{그 밖에서}) \end{cases}$$

(1) $Y$가 주어졌을 때 $X$의 조건부확률밀도함수를 구하여라.

(2) $X$가 주어졌을 때 $Y$의 조건부확률밀도함수를 구하여라.

**|풀 이|**

(1) $Y$가 주어졌을 때 $X$의 조건부밀도함수는 $f_{X|Y}(x|y)=\dfrac{f(x,y)}{f_Y(y)}$ 에서

$$f_Y(y)=\int_0^1 (x+y)\,dx=\left[\frac{1}{2}x^2+xy\right]_0^1=\frac{1}{2}+y$$

이므로 $X$의 조건부확률밀도함수는

$$f_{X|Y}(x|y)=\begin{cases} \dfrac{x+y}{1/2+y}, & (0\le x\le 1) \\ 0, & (\text{그 밖에서}) \end{cases}$$

이다.

(2) $X$가 주어졌을 때 $Y$의 조건부확률밀도함수는 $f_{Y|X}(y|x)=\dfrac{f(x,y)}{f_X(x)}$ 에서

$$f_X(x)=\int_0^1 (x+y)\,dy=\left[xy+\frac{1}{2}y^2\right]_0^1=x+\frac{1}{2}$$

이므로 $Y$의 조건부확률밀도함수는

$$f_{Y|X}(y|x)=\begin{cases} \dfrac{x+y}{x+1/2}, & (0\le y\le 1) \\ 0, & (\text{그 밖에서}) \end{cases}$$

이다.

**[예제 2.19]**

$X$와 $Y$의 결합확률밀도함수가

$$f(x,y)=\begin{cases}1, & (0<x<1,\ 0<y<1)\\ 0, & (\text{그 밖에서})\end{cases}$$

일 때, 다음의 확률을 구하여라.

(1) $P(0.5<Y<0.8 \mid 0.8<X<0.9)$

(2) $P(X<0.5 \mid Y<0.6)$

**| 풀 이 |**

(1) $P(0.5<Y<0.8 \mid 0.8<X<0.9)=\dfrac{P(0.5<Y<0.8,\ 0.8<X<0.9)}{P(0.8<X<0.9)}$ 에서

$$\begin{aligned}P(0.5<Y<0.8,\ 0.8<X<0.9)&=\int_{0.5}^{0.8}\int_{0.8}^{0.9}1\,dx\,dy\\&=\int_{0.5}^{0.8}[x]_{0.8}^{0.9}dy=\int_{0.5}^{0.8}0.1\,dy\\&=[0.1y]_{0.5}^{0.8}=0.03\end{aligned}$$

이고

$$\begin{aligned}P(0.8<X<0.9)&=\int_{0.8}^{0.9}f_X(x)\,dx\\&=\int_{0.8}^{0.9}\int_{0}^{1}1\,dy\,dx=\int_{0.8}^{0.9}[y]_0^1dx=\int_{0.8}^{0.9}1\,dx\\&=[x]_{0.8}^{0.9}=0.1\end{aligned}$$

이므로 구하고자 하는 확률은 다음과 같다.

$$P(0.5 < Y < 0.8 \mid 0.8 < X < 0.9) = \frac{0.03}{0.1} = 0.3$$

(2) $P(X < 0.5 \mid Y < 0.6) = \dfrac{P(X < 0.5,\ Y < 0.6)}{P(Y < 0.6)}$ 에서

$$P(X < 0.5,\ Y < 0.6) = \int_0^{0.5}\int_0^{0.6} 1\,dy\,dx = \int_0^{0.5} [y]_0^{0.6}\,dx$$

$$= \int_0^{0.5} 0.6\,dx = [0.6x]_0^{0.5} = 0.3$$

이고

$$P(Y < 0.6) = \int_0^{0.6} f_Y(y)\,dy = \int_0^{0.6}\int_0^1 1\,dx\,dy = \int_0^{0.6} [x]_0^1\,dy$$

$$= \int_0^{0.6} 1\,dy = [y]_0^{0.6} = 0.6$$

이므로 구하고자 하는 확률은 다음과 같다.

$$P(X < 0.5 \mid Y < 0.6) = \frac{0.3}{0.6} = 0.5$$

**[예제 2.20]**

$X$, $Y$의 결합확률밀도함수가 다음과 같다.

$$f(x, y) = \begin{cases} \dfrac{3}{4} + xy, & (0 < x < 1,\ 0 < y < 1) \\ 0, & (\text{그 밖에서}) \end{cases}$$

(1) $f_{Y \mid X}(y \mid x)$를 구하여라.

(2) $P\left(Y > \dfrac{1}{2} \mid X = \dfrac{1}{2}\right)$을 구하여라.

**|풀 이|**

(1) $0 < x < 1$ 일 때

$$f_X(x) = \int_0^1 \left(\frac{3}{4} + xy\right) dy = \left[\frac{3}{4}y + \frac{1}{2}xy^2\right]_0^1 = \frac{3}{4} + \frac{x}{2}$$

이므로

$$f_{Y|X}(y \mid x) = \frac{f(x, y)}{f_X(x)} = \frac{\frac{3}{4} + xy}{\frac{3}{4} + \frac{x}{2}} = \frac{3 + 4xy}{3 + 2x}$$

이다. 따라서 다음이 성립된다.

$$f_{Y|X}(y \mid x) = \begin{cases} \dfrac{3 + 4xy}{3 + 2x}, & (0 < y < 1) \\ 0, & (\text{그 밖에서}) \end{cases}$$

(2) $P\left(Y > \frac{1}{2} \mid X = \frac{1}{2}\right) = \int_{\frac{1}{2}}^{1} f_{Y|X}\left(y \mid \frac{1}{2}\right) dy$

$$= \int_{\frac{1}{2}}^{1} \frac{3 + 2y}{4} dy = \frac{9}{16}$$

## 2.7 확률변수의 함수의 분포

일변량 확률변수 및 다변량 확률변수의 함수의 분포를 구하는 방법에 대하여 살펴보자.

확률변수 $X$의 함수 $Y = g(X)$도 또한 확률변수이다. 우선 $g(X) = aX + b$ ($a, b$는 상수이고, $a \neq 0$)일 때, 연속형확률변수 $X$, $Y$의 확률밀도함수를 각각

$f_X(x)$, $f_Y(y)$ 라고 하고, 분포함수를 각각 $F_X(x)$, $F_Y(y)$ 라고 하자.

$Y$의 분포함수는 다음과 같이 구한다.

$$F_Y(y) = P(Y \le y) = P(aX + b \le y)$$
$$= \begin{cases} P\left(X \le \dfrac{y-b}{a}\right) = F_X\left(\dfrac{y-b}{a}\right), & (a > 0) \\ P\left(X \ge \dfrac{y-b}{a}\right) = 1 - F_X\left(\dfrac{y-b}{a}\right), & (a < 0) \end{cases}$$

또한, $Y$의 확률밀도함수는 $F_Y(y)$를 미분함으로써 다음과 같이 얻는다.

$$f_Y(y) = \begin{cases} \dfrac{1}{a} f_X\left(\dfrac{y-b}{a}\right), & (a > 0) \\ -\dfrac{1}{a} f_X\left(\dfrac{y-b}{a}\right), & (a < 0) \end{cases}$$

$$= \frac{1}{|a|} f_X\left(\frac{y-b}{a}\right)$$

다음은 $g(X) = X^2$ 인 경우를 살펴보자.

$Y = X^2$ 의 분포함수는

$$F_Y(y) = P(X^2 \le y)$$
$$= \begin{cases} P(-\sqrt{y} \le X \le \sqrt{y}) = F_X(\sqrt{y}) - F_X(-\sqrt{y}), & (y \ge 0) \\ 0, & (y < 0) \end{cases}$$

이고, $Y$의 확률밀도함수 $f_Y(y)$는 $F_Y(y)$를 미분하여 다음과 같이 얻는다.

$$f_Y(y) = \begin{cases} \dfrac{1}{2\sqrt{y}} [f_X(-\sqrt{y}) + f_X(\sqrt{y})], & (y \ge 0) \\ 0, & (y < 0) \end{cases}$$

일반적으로 함수 $g(x)$가 단조증가함수이면, $y=g(x)$의 역함수를 $x=g^{-1}(y)$ 이라고 할 때 $Y=g(X)$의 확률밀도함수 $f_Y(y)$는

$$f_Y(y)=f_X(g^{-1}(y))\frac{dg^{-1}(y)}{dy}$$

이고, $g(x)$가 단조감소함수이면, $Y=g(X)$의 확률밀도함수는 다음과 같다.

$$f_Y(y)=-f_X(g^{-1}(y))\frac{dg^{-1}(y)}{dy}$$

따라서 $Y=g(X)$가 단조함수이면 확률밀도함수는 다음과 같다.

$$f_Y(y)=f_X(g^{-1}(y))\left|\frac{dg^{-1}(y)}{dy}\right|$$

여기서 $g^{-1}(y)$의 도함수는 변환의 자코비안(Jacobian)이라고 하며,

$$J=\frac{d}{dy}g^{-1}(y)$$

로 나타낸다. 특히, 단조함수가 아닐 때 단조함수가 되도록 $x$ 구간을 분할하여 구하면, $Y=g(X)$의 확률밀도함수는 다음과 같다.

$$f_Y(y)=\sum_j f_X(g_j^{-1}(y))\left|\frac{dg_j^{-1}(y)}{dy}\right|$$

**[예제 2.21]**

$X$의 확률밀도함수가

$$f(x)=\begin{cases}\frac{1}{b-a}, & (0<a\le x\le b)\\ 0, & (\text{그 밖에서})\end{cases}$$

일 때, $Y=g(X)=\frac{1}{X}$의 확률밀도함수 $f_Y(y)$를 구하여라.

**| 풀 이 |**

$y = \dfrac{1}{x}$ 로부터 $Y$의 하나의 값이 $y$라면, $x = \dfrac{1}{y}$ 이므로

$$x = g^{-1}(y) = \frac{1}{y} \text{ 이고, } \frac{dg^{-1}(y)}{dy} = -\frac{1}{y^2}$$

이다. $Y$의 확률밀도함수 $f_Y(y) = f_X(g^{-1}(y))\left|\dfrac{dg^{-1}(y)}{dy}\right|$를 구하면, $f_Y(y)$는 다음과 같다.

$$f_Y(y) = \begin{cases} \dfrac{1}{b-a}\dfrac{1}{y^2}, & \left(\dfrac{1}{b} \leq y \leq \dfrac{1}{a}\right) \\ 0, & (\text{그 밖에서}) \end{cases}$$

**[예제 2.22]**

$X$의 확률밀도함수가

$$f_X(x) = \begin{cases} \lambda e^{-\lambda x}, & (x > 0) \\ 0, & (x \leq 0) \end{cases}$$

일 때, $Y = g(X) = \sqrt{X}$, $X > 0$의 확률밀도함수 $f_Y(y)$를 구하여라.

**| 풀 이 |**

$$y = \sqrt{x} \text{ 로부터 } x = g^{-1}(y) = y^2 \text{ 이고, } \frac{d}{dy}g^{-1}(y) = 2y$$

이므로, $Y$의 확률밀도함수 $f_Y(y) = f_X(g^{-1}(y))\left|\dfrac{dg^{-1}(y)}{dy}\right|$를 구하면 $Y$의 확률밀도함수 $f_Y(y)$는 다음과 같다.

$$f_Y(y) = \begin{cases} 2\lambda y e^{-\lambda y^2}, & (y > 0) \\ 0, & (y \leq 0) \end{cases}$$

$X$, $Y$의 결합확률밀도함수가 주어지고, $X$, $Y$의 함수 $Z=g(X,Y)$의 분포함수 및 확률밀도함수를 구하는 문제를 살펴보자. 여기에는 변수변환 방법이 쓰인다.

$X$, $Y$가 결합확률밀도함수 $f(x,y)$를 가지는 이차원 확률함수라고 하자. $u=\varphi_1(x,y)$, $v=\varphi_2(x,y)$가 역함수 $x=\varphi_1(u,v)$, $y=\varphi_2(u,v)$를 가질 때, $U=\varphi_1(X,Y)$, $V=\varphi_2(X,Y)$의 결합확률밀도함수 $g(u,v)$를 구해 보자. 이 경우 $uv$ 평면상의 점 $(u,v)$를 포함하는 무한소영역 $dS$의 $x=\varphi_1(u,v)$, $y=\varphi_2(u,v)$에 관한 상이 $dA$라면

$$dA=\left|\frac{\partial(x,y)}{\partial(u,v)}\right|dS$$

가 된다.

점 $(u,v)$를 포함하는 무한소영역 $dS$의 $x=\varphi_1(u,v)$, $y=\varphi_2(u,v)$에 의한 상이 $dA$이므로

$$P\{(U,V)\in dS\}=P\{(X,Y)\in dA\}$$

이 된다. 우변은

$$f(x,y)\,dA=f(x,y)\left|\frac{\partial(x,y)}{\partial(u,v)}\right|dS$$

이 된다. 따라서 $U$, $V$의 결합확률밀도함수 $g(u,v)$는

$$g(u,v)=f(x,y)\left|\frac{\partial(x,y)}{\partial(u,v)}\right|$$

로 주어짐을 알 수 있다. 구체적으로 나타내면

$$g(u,v)=\pm f(\varphi_1(u,v),\varphi_2(u,v))\begin{vmatrix}\dfrac{\partial\varphi_1}{\partial u} & \dfrac{\partial\varphi_2}{\partial u}\\ \dfrac{\partial\varphi_1}{\partial v} & \dfrac{\partial\varphi_2}{\partial v}\end{vmatrix}$$

이 된다. 단, $\pm$는 우변이 양이 되도록 한쪽을 취한다. 3변수인 3차원 이상인 경우에도 위와 동일한 방법으로 확장될 수 있다.

**[예제 2.23]**

$X$, $Y$는 각각 모수 $\alpha$, $\theta$와 $\beta$, $\theta$를 갖는 독립인 감마분포를 따르고 있다. $X$, $Y$의 결합 $p.d.f.$는 다음과 같다.

$$f(x,y)=\frac{1}{\Gamma(\alpha)\,\Gamma(\beta)\theta^{\alpha+\beta}}x^{\alpha-1}y^{\beta-1}\exp\left(-\frac{x+y}{\theta}\right),\ 0<x<\infty,\ 0<y<\infty$$

$u=\dfrac{x}{x+y}$, $v=x+y$으로 놓을 때 $U$와 $V$의 결합 $p.d.f.$와 $U$의 주변 $p.d.f.$를 구하여라.

**|풀 이|**

$u=\dfrac{x}{x+y}$, $v=x+y$로부터

$$x=uv,\quad y=v-uv$$

으로 놓으면 자코비안은

$$J=\begin{vmatrix}\dfrac{\partial x}{\partial u} & \dfrac{\partial x}{\partial u}\\ \dfrac{\partial y}{\partial v} & \dfrac{\partial y}{\partial v}\end{vmatrix}=\begin{vmatrix}v & u\\ -v & 1-u\end{vmatrix}=v(1-u)+uv=v$$

이므로 $U$와 $V$의 결합 $p.d.f.$는

$$g(u,v)=|v|\frac{1}{\Gamma(\alpha)\Gamma(\beta)\theta^{\alpha+\beta}}(uv)^{\alpha-1}(v-uv)^{\beta-1}e^{-v/\theta}$$

이 된다. 그러므로 $U$의 주변 $p.d.f.$는

$$g_1(u)=\frac{u^{\alpha-1}(1-u)^{\beta-1}}{\Gamma(\alpha)\Gamma(\beta)}\int_0^\infty\frac{v^{\alpha+\beta-1}}{\theta^{\alpha+\beta}}e^{-v/\theta}dv$$

$$=\frac{\Gamma(\alpha+\beta)}{\Gamma(\alpha)\Gamma(\beta)}u^{\alpha-1}(1-u)^{\beta-1},\qquad 0<u<1$$

가 된다. 이러한 분포를 모수 $\alpha$, $\beta$를 갖는 베타분포(beta distribution)라고 한다.

**[예제 2.24]**

$X$, $Y$가 결합확률밀도함수 $f(x, y)$를 가지며, 독립인 연속형 확률변수일 때 $U = aX + b$, $V = cY + d$도 독립임을 보여라. 여기서, $ac \neq 0$이다.

**|풀 이|**

$X$, $Y$의 주변확률밀도함수를 각각 $f_X(x)$, $f_Y(y)$라면, $X$, $Y$가 독립이므로

$$f(x, y) = f_X(x) f_Y(y)$$

가 성립된다. $U$, $V$의 주변확률밀도함수 $g_1(u)$, $g_2(v)$는 $a \neq 0$, $c \neq 0$에 의하여

$$g_1(u) = \frac{1}{|a|} f_X\left(\frac{u-b}{a}\right)$$

$$g_2(v) = \frac{1}{|c|} f_Y\left(\frac{v-d}{c}\right)$$

이 된다. $U$, $V$의 결합확률밀도함수 $g(u, v)$는

$$\frac{\partial(x, y)}{\partial(u, v)} = \begin{vmatrix} \frac{1}{a} & 0 \\ 0 & \frac{1}{c} \end{vmatrix} = \frac{1}{ac}$$

이므로

$$\begin{aligned} g(u, v) &= f\left(\frac{u-b}{a}, \frac{v-d}{c}\right) \frac{1}{|ac|} \\ &= f_X\left(\frac{u-b}{a}\right) f_Y\left(\frac{v-d}{c}\right) \frac{1}{|ac|} \quad (\because X,\ Y\text{는 독립}) \\ &= \frac{1}{|a|} f_X\left(\frac{u-b}{a}\right) \frac{1}{|c|} f_Y\left(\frac{v-d}{c}\right) \\ &= g_1(u) g_2(v) \end{aligned}$$

이다. 따라서 $U$, $V$는 독립이다.

## 연습문제

**1** 공정한 동전을 3번 던지는 시행에서 앞면이 나오는 횟수를 $X$로 나타낼 때 $X$의 확률질량함수와 누적분포함수를 구하여라.

**2** 앞면이 나올 확률이 0.6인 동전을 독립적으로 2회 던질 때, 앞면의 수를 $X$라고 하자. 이때 $X$의 확률분포 및 누적분포함수를 구하여라.

**3** 어떤 튜브의 수명 $X$가 다음과 같은 확률밀도함수를 갖는 확률변수라고 하자.

$$f(x) = \begin{cases} \dfrac{100}{x^2}, & (x > 100) \\ 0, & (x \le 100) \end{cases}$$

이때 튜브의 수명이 150시간 이내일 확률을 구하여라.

**4** 확률변수 $X$의 확률밀도함수가

$$f(x) = \begin{cases} \lambda e^{-\lambda x}, & (x \ge 0) \\ 0, & (x < 0) \end{cases} \qquad (\lambda > 0\text{는 상수})$$

로 주어질 때

(1) 누적분포함수를 구하여라.

(2) $P(1 \le X \le 2)$를 구하여라.

(3) $P[(X-1)(X-2) \ge 0]$를 구하여라.

**5** 어떤 생명보험사의 한 에이젠트(FC)에는 2명의 노인 고객이 있는데 그들은 각각 사망시 1억 원을 보장받는 생명보험증권을 가지고 있다. 확률변수 $X$는 젊은 고객이 다음 5년 이내에 사망할 사건이고, $Z$는 나이가 많은 고객이 다음 5년 이내에 사망할 사건이라고 하자. $X$와 $Z$는 독립이고 각각의 확률이 $P(X) = 0.05$와 $P(Z) = 0.10$이라고 가정한다. $Y$를 이 가입고객이 사망하여 이 고객의 보험금 수혜자라고 하고, $Y$가

가능한 값 0, 1, 2 중 하나를 갖는 확률변수라고 할 때 $Y$의 확률분포를 구하여라.

**6** 어느 가정에서 소유하고 있는 컴퓨터의 수를 $X$라고 하고, 자동차의 수를 $Y$라고 하자. 이때 컴퓨터를 세 대 이상 가지고 있는 가정과 자동차를 두 대 이상 가지고 있는 가정은 없으며, $X$와 $Y$의 결합확률함수를 다음과 같다고 하자.

$$f(x, y)=\begin{cases} \dfrac{1}{3}, & ((x, y)=(0,0),(1,1),(2,0)) \\ 0, & (\text{그 밖에서}) \end{cases}$$

$X$와 $Y$의 결합확률분포표를 작성하여라.

**7** 크기가 같은 파란색 공 3개와 빨간색 공 2개와 녹색 공 3개가 한 주머니 안에 들어있다. 이 주머니에서 임의로 2개의 공을 꺼낸다. 꺼낸 공 중에서 파란색 공의 수를 $X$, 빨간색 공의 수를 $Y$라고 할 때

(1) 결합확률함수 $f(x, y)$를 구하여라.

(2) $P\{(X, Y)\in A\}$를 구하여라. 단, $A$는 영역$\{(x,y) \mid x+y\leq 1\}$이다.

**8** $A$당원이 3사람, $B$당원이 2사람, $C$당원이 1사람인 가운데에서 2사람을 임의로 선출한다. $X$를 $A$당원에서 선출된 사람수, $Y$를 $B$당원에서 선출된 사람수라고 할 때,

(1) $X$와 $Y$의 결합확률질량함수와 결합확률분포를 구하여라.

(2) $X$의 주변확률분포를 구하여라.

**9** $X$, $Y$의 결합확률밀도함수가

$$f(x, y)=\begin{cases} 3x, & (0\leq y\leq x\leq 1) \\ 0, & (\text{그 밖에서}) \end{cases}$$

와 같을 때, 확률 $P\left(0\leq X<\dfrac{1}{2},\ Y>\dfrac{1}{4}\right)$를 구하여라.

**10** $X$, $Y$의 결합확률밀도함수가 다음과 같다.

$$f(x, y) = \begin{cases} 1, & (0 \le x \le 1,\ 0 \le y \le 1) \\ 0, & (\text{그 밖에서}) \end{cases}$$

(1) $F(0.2, 0.4)$를 구하여라.

(2) $P(0.1 \le X \le 0.3,\ 0 \le Y \le 0.5)$를 구하여라.

**11** $X$와 $Y$의 결합확률밀도함수가

$$f(x, y) = \begin{cases} 6(1-x-y), & (x > 0,\ 0 < y < 1-x) \\ 0, & (\text{그 밖에서}) \end{cases}$$

일 때, $Y$의 주변확률밀도함수 $f_Y(y)$를 구하여라.

**12** 확률변수 $X$, $Y$의 결합확률밀도함수를

$$f(x, y) = \begin{cases} e^{-(x+y)}, & (0 < x < \infty,\ 0 < y < \infty) \\ 0, & (\text{그 밖에서}) \end{cases}$$

이라고 할 때, $X$와 $Y$는 독립인가?

**13** $X$와 $Y$가 다음과 같은 결합확률밀도함수를 가지는 확률변수이다.

$$f(x, y) = \begin{cases} \dfrac{1}{4}, & (-1 \le x \le 1, -1 \le y \le 1) \\ 0, & (\text{그 밖에서}) \end{cases}$$

이때 다음의 확률을 구하여라.

(1) $P\left(X + Y \le \dfrac{1}{2}\right)$

(2) $P\left(X - Y \le \dfrac{1}{2}\right)$

**14** $X$와 $Y$의 결합확률밀도함수 $f(x,y)$가

$$f(x,y)=\begin{cases}1, & (0\le x\le 1,\ 0\le y\le 1)\\ 0, & (\text{그 밖에서})\end{cases}$$

일 때, 다음의 확률을 구하여라.

(1) $P\left(\frac{1}{2}\le X+Y\le \frac{3}{2}\right)$

(2) $P\left(\frac{1}{2}\le X\le \frac{3}{4},\ 0\le Y\le \frac{1}{2}\right)$

**15** $X$, $Y$의 결합확률질량함수 $f(x,y)$는 다음과 같다.

$$f(1,1)=0.5,\ f(1,2)=0.1,\ f(2,1)=0.1,\ f(2,2)=0.3$$

이때 $Y=1$인 조건에서 $X$의 조건부확률질량함수를 구하여라.

**16** $X$, $Y$가 서로 독립이고, 다음과 같은 확률분포에 따를 때

$$P(X=x)=\binom{2}{x}\left(\frac{1}{3}\right)^x\left(\frac{2}{3}\right)^{2-x},\quad x=0,1,2$$

$$P(Y=y)=\binom{5}{y}\left(\frac{1}{2}\right)^5,\quad y=0,1,2,3,4,5$$

$P(X=1\mid X+Y=4)$를 구하여라.

**17** $X$, $Y$의 결합확률밀도함수 $f(x,y)$는 다음과 같다.

$$f(x,y)=\begin{cases}8xy, & (0\le y\le x\le 1)\\ 0, & (\text{그 밖에서})\end{cases}$$

(1) $X$, $Y$의 주변확률밀도함수를 구하여라.

(2) $X$의 조건부확률밀도함수 $f_{X\mid Y}(x\mid y)$를 구하여라.

(3) $Y$의 조건부확률밀도함수 $f_{Y\mid X}(y\mid x)$를 구하여라.

**18** $X$, $Y$가 직사각형 $(0 \le x \le 2,\ 0 \le y \le 3)$에서 다음과 같은 분포를 한다.

$$f(x, y) = \begin{cases} \dfrac{1}{6}, & (0 \le x \le 2,\ 0 \le y \le 3) \\ 0, & (\text{그 밖에서}) \end{cases}$$

(1) $P(X < 1)$을 구하여라.

(2) $X$의 주변확률분포를 구하여라.

(3) $Y$의 주변확률분포를 구하여라.

(4) $Y = y$일 때 조건부밀도함수 $f_{X \mid Y}(x \mid y)$를 구하여라.

(5) $P(X \le 0.5 \mid Y = 1)$을 구하여라.

**19** $X$, $Y$의 결합확률밀도함수가

$$f(x, y) = \begin{cases} e^{-y}, & (0 \le x \le y) \\ 0, & (\text{그 밖에서}) \end{cases}$$

일 때, $X$가 주어진 $Y$의 조건부확률밀도함수 $f_{Y \mid X}(y \mid x)$와 $P(Y \le y \mid X = x)$를 구하여라.

**20** $X$와 $Y$의 결합확률밀도함수가 다음과 같다.

$$f(x, y) = \begin{cases} e^{-(x+y)}, & (x \ge 0,\ y \ge 0) \\ 0, & (\text{그 밖에서}) \end{cases}$$

(1) $Y$가 주어진 $X$의 조건부밀도함수를 구하여라.

(2) $X$가 주어진 $Y$의 조건부밀도함수를 구하여라.

**21** $X$의 확률밀도함수 $f(x)$가

$$f(x)=\begin{cases}\dfrac{x}{2}, & (0 \le x \le 2)\\ 0, & (\text{그 밖에서})\end{cases}$$

일 때, 다음 확률을 구하여라.

(1) $P(X<1 \mid 0.5 \le X \le 1.5)$

(2) $P(1.3 < X < 1.5 \mid 1 < X)$

**22** 확률변수 $X$가 $\lambda=2$인 포아송 분포를 따른다면 만약 $Y=\sqrt{X}$라고 할 때, $Y$의 확률밀도함수 $f_Y(y)$를 구하여라.

**23** 확률변수$X_1$, $X_2$가 결합확률질량함수가 다음과 같다.

$$f(x_1, x_2)=2,\ 0<x_1<x_2<1.$$

$Y_1=\dfrac{X_1}{X_2}$, $Y_2=X_2$라고 할 때, $Y_1$, $Y_2$의 결합확률밀도함수 $g(y_1, y_2)$와 $Y_1$의 확률밀도함수 $g_{Y_1}(y_1)$를 구하여라.

**24** $X$의 확률밀도함수가

$$f(x)=\begin{cases}\dfrac{2}{9}x, & (0 \le x \le 3)\\ 0, & (\text{그 밖에서})\end{cases}$$

일 때, $Y=(X-1)^2$의 확률밀도함수 $f_Y(y)$를 구하여라.

제 3 장

# 이산확률분포

3.1 주요 이산확률분포 | 3.2 이산균일분포 | 3.3 베르누이 분포와 이항분포

3.4 다항분포 | 3.5 초기하분포 | 3.6 포아송 분포

3.7 기하분포와 음이항분포 | 3.8 이산확률변수의 합의 분포

## 3.1 주요 이산확률분포

앞으로 다룰 주요 이산확률분포의 확률질량함수는 각각 다음과 같다.

**표 3.1** 이산확률분포의 확률질량함수

| 이산확률분포 | 확률질량함수 |
|---|---|
| 이산균일분포 | $f(x) = \frac{1}{k}, \quad (x = x_1, x_2, \cdots, x_k)$ |
| 베르누이 분포 | $P(X=x) = p^x(1-p)^{1-x}, \quad (x=0,1)$ |
| 이항분포 | $P(X=x) = \binom{n}{x} p^x (1-p)^{n-x}, \quad (x=0,1,2,\cdots,n)$ |
| 다항분포 | $P\{(X_1,X_2,\cdots,X_k) = (x_1,x_2,\cdots,x_k)\} = \frac{n!}{x_1!x_2!\cdots x_k!} p_1^{x_1} p_2^{x_2} \cdots p_k^{x_k},$<br>$x_1 + x_2 + \cdots + x_k = n, \; p_1 + p_2 + \cdots + p_k = 1$ |
| 초기하분포 | $P(X=x) = \frac{\binom{k}{x}\binom{N-k}{n-x}}{\binom{N}{n}}, \quad (x=0,1,2,\cdots,\min(k,n))$ |
| 포아송 분포 | $P(X=x) = \frac{\lambda^x e^{-\lambda}}{x!}, \quad (x=0,1,2,\cdots;(\lambda>0))$ |
| 기하분포 | $P(X=x) = q^{x-1}p, \quad (x=1,2,\cdots)$ |
| 음이항분포 | $P(X=x) = \binom{x-1}{k-1} p^k (1-p)^{x-k}, \quad (x=k,k+1,\cdots)$ |

## 3.2 이산균일분포

모든 확률분포 중에서 가장 간단한 확률분포가 균일분포이며 확률질량함수는 확률변수에 관계 없이 일정한 상수값을 갖는다.

**정의** **이산균일분포**(Uniform distribution)
이산형 확률변수 $X$의 모든 값 $x = x_1, x_2, \cdots, x_k$에 대하여 균일분포의 확률밀도함수는 다음과 같이 정의된다.

$$f(x) = \frac{1}{k}, \qquad (x = x_1, x_2, \cdots, x_k)$$

이산균일분포의 평균은 $\frac{k+1}{2}$이고 분산은 $\frac{k^2-1}{12}$이다. 평균과 분산의 추가적 성질은 5장에서 다루기로 한다.

[그림 3.1]은 이산균일분포의 확률히스토그램이다.

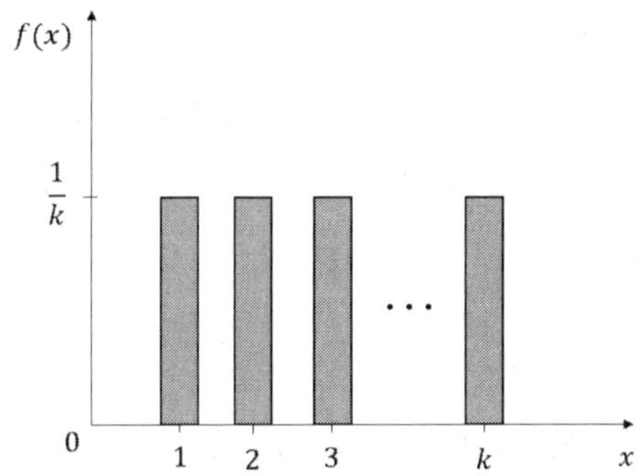


**그림 3.1** 이산균일분포 확률히스토그램

**[예제 3.1]**

확률변수 $X$는 균형된 주사위를 던져서 나오는 눈의 수라고 하자. 확률변수 $X$의 확률질량함수를 구하여라.

**|풀 이|**

확률변수 $X$는 주사위 눈 각각이 나올 확률은 1/6로 균일하므로 이산균일분포를 따른다. 따라서 확률변수 $X$의 확률질량함수는 다음과 같다.

$$f(x) = P(X = x) = \frac{1}{6}, \qquad (x = 1, 2, 3, 4, 5, 6)$$

## 3.3 베르누이 분포와 이항분포

각 시행이 성공$(S)$과 실패$(F)$로 되어 있는 시행을 독립적으로 $n$회 반복 실시한 시행 열을 **베르누이 시행**(Bernoulli trials)이라고 한다. 각 시행에서 서로 배반인 사상 $S$, $F$의 하나가 시행의 결과로 일어나므로, 표본공간 $\Omega$는 $S$ 또는 $F$로 구성되는 $n$개의 문자의 집합 $\Omega = \{w \mid w = (w_1, w_2, \cdots, w_n)\}$이며, 여기서 $w_j = S$ 또는 $F$이다.

예를 들어, 앞면과 뒷면 중에 하나로 나타나는 동전을 던지는 시행이라든가 어떤 의견에 대한 찬성과 반대를 묻는 조사에서 나타나는 결과들은 베르누이 시행에 속한다.

**정의** 베르누이 분포

시행의 결과가 성공과 실패 두 가지 경우만 일어나는 시행에서 확률변수 $X$를 성공의 횟수(만일 결과가 성공일 때 $X=1$이라 하고 결과가 실패일 때 $X=0$이라 한다.)라고 하면 $X$의 확률분포는 다음과 같다.

$$f(x) = p^x (1-p)^{1-x}, \qquad (x = 0, 1)$$

이 확률분포를 **베르누이 분포**(Bernoulli distribution)라고 하고, $B(1, p)$로 표기한다.

베르누이 분포의 평균은 $p$이고 분산은 $p(1-p)$이다. 평균과 분산에 대한 추가적인 성질은 5장에서 다루기로 한다.

$pmf$의 성질을 살펴보면

$$\sum_{x=0}^{1} p^x (1-p)^{1-x} = p + (1-p) = 1$$

이므로, 베르누이 분포는 확률질량함수의 성질을 만족한다.

베르누이 분포의 확률함수를 그래프로 표현해 보면 다음과 같다.

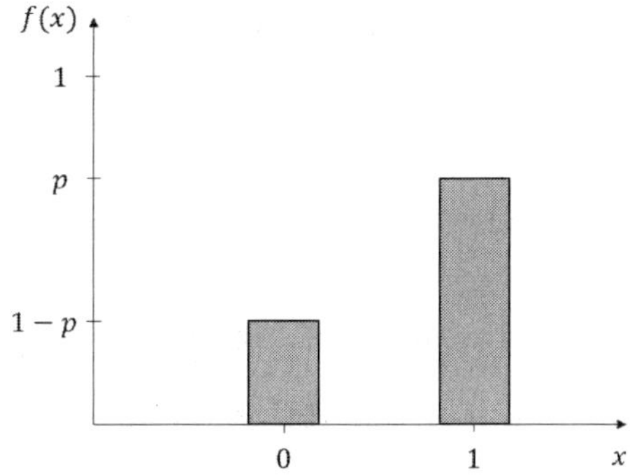


**그림 3.2** 베르누이 분포 확률 히스토그램

**[예제 3.2]**

주사위를 한번 던지는 시행에서 1의 눈이 나오면 확률변수 $X$는 $X=1$의 값을 갖고, 그 밖의 눈이 나오면 $X=0$의 값을 갖는다. 이때 $X$의 확률분포를 구하여라.

**|풀 이|**

확률변수 $X$는 성공의 확률이 $P(X=1)=\frac{1}{6}$이고 실패의 확률이$P(X=0)=\frac{5}{6}$인 베르누이 분포를 따른다고 할 수 있다. 따라서 확률변수 $X$의 확률질량함수는 다음과 같다.

$$P(X=x)=\left(\frac{1}{6}\right)^{x}\left(\frac{5}{6}\right)^{1-x}, \qquad (x=0,1)$$

**[예제 3.3]**

불량률이 10%인 어떤 공장의 생산공정에서 1개의 제품을 검사하여 불량품이면 $X=1$, 양품이면 $X=0$으로 나타낼 때

$$P(X=1)=0.1,\ P(X=0)=0.9$$

이므로, 확률변수 $X$는 다음과 같은 이산형 확률질량함수 $f(x)$를 갖는 베르누이 분포를 한다.

즉, $$f(x) = (0.1)^x (0.9)^{1-x}, \qquad (x = 0, 1)$$

이다.

동일한 성공확률을 가진 베르누이 시행을 독립적으로 반복했을 때, 성공의 횟수를 이항확률변수(binomial random variable)라고 하며, 성공의 횟수의 분포를 이항분포(binomial distribution)라고 한다.

예를 들면 4회의 베르누이 시행에서 가능한 시행의 결과를 $S$ 또는 $F$라고 하고 $P(S) = p$, $P(F) = q = 1 - p$라고 하면 일어날 수 있는 모든 가능한 경우는 2개에서 4개를 취하는 중복순열이므로 ${}_2\Pi_4 = 2^4 = 16$가지이다. 성공의 수, 즉 $S$의 수를 $X$라고 하면 $X$가 취하는 값은 $X = 0,\ 1,\ 2,\ 3,\ 4$이고, 16가지의 결과는 다음의 표 3.2와 같다.

**표 3.2** $n = 4$인 베르누이 시행결과

| 16가지의 결과 | $X$ | 각 결과의 확률 | 경우의 수 |
|---|---|---|---|
| $FFFF$ | 0 | $p^0q^4$ | ${}_4C_0 = 1$ |
| $SFFF$ $FSFF$ $FFSF$ $FFFS$ | 1 | $p^1q^3$ | ${}_4C_1 = 4$ |
| $SSFF$ $SFSF$ $SFFS$ $FSSF$ $FSFS$ $FFSS$ | 2 | $p^2q^2$ | ${}_4C_2 = 6$ |
| $SSSF$ $SSFS$ $SFSS$ $FSSS$ | 3 | $p^3q^1$ | ${}_4C_3 = 4$ |
| $SSSS$ | 4 | $p^4q^0$ | ${}_4C_4 = 1$ |

표 3.2에서 보는 바와 같이 $X = 1$인 확률은 $p^1q^3$이 ${}_4C_1 = 4$ 경우가 있으므로 $P(X = 1) = f(1) = {}_4C_1p^1q^3$이고, $X = 2$인 확률은 $p^2q^2$이 ${}_4C_2 = 6$ 경우가 있으므로 $P(X = 2) = f(2) = {}_4C_2p^2q^2$이다. 따라서 $n = 4$일 때 이항분포표는 표 3.3과 같다.

**표 3.3** $n = 4$인 이항분포표

| $x$ | 0 | 1 | 2 | 3 | 4 | 합 |
|---|---|---|---|---|---|---|
| $f(x)$ | ${}_4C_0p^0q^4$ | ${}_4C_1p^1q^3$ | ${}_4C_2p^2q^2$ | ${}_4C_3p^3q^1$ | ${}_4C_4p^4q^0$ | 1 |

표 3.2를 식으로 표시하면, 즉 $n = 4$인 이항분포의 확률질량함수는

$$f(x) = {}_4C_x p^x q^{4-x}, \qquad (x = 0, 1, 2, 3, 4)$$

이다.

일반적으로 확률변수 $X$가 $n$번의 베르누이 시행에서 성공의 횟수가 $x$일 확률을 구해보기로 하자. 처음부터 $x$번째까지의 시행이 모두 성공이고, 나머지 $(n-x)$번의 시행은 모두 실패로 나타날 확률은 다음과 같다.

$$p \times p \times \cdots \times p \times (1-p) \times (1-p) \times \cdots \times (1-p) = p^x (1-p)^{n-x}$$

위의 확률은 특정한 $x$번의 성공과 나머지 $(n-x)$번의 실패가 일어날 확률이며, 이는 성공과 실패의 순서에 관계 없이 동일하게 나타난다. 한편, $x$번의 성공과 나머지 $(n-x)$번의 실패를 특정한 순서대로 늘어놓는 경우의 수는 $\binom{n}{x}$이므로 $n$번의 시행에서 $x$번의 성공이 일어날 확률은 $\binom{n}{x} p^x (1-p)^{n-x}$이다.

**정의** 이항분포

확률변수 $X$가 독립인 $n$회 베르누이 시행에서 성공 $S$가 일어나는 횟수라면, $n$회의 시행에서 $S$가 $x$회 일어나는 경우의 수는 $\binom{n}{x}$가지이므로, $P(S) = p$, $P(F) = 1-p$라 할 때

$$f(x) = P(X = x) = \binom{n}{x} p^x (1-p)^{n-x}, \qquad (x = 0, 1, 2, \cdots, n)$$

이다. 이것을 **이항분포**(binomial distribution)라고 하고, $B(n,p)$로 나타낸다.

이항분포의 평균은 $np$이고 분산은 $np(1-p)$이다. 평균과 분산에 대한 추가적인 성질은 5장에서 다루기로 한다.

$pmf$의 성질을 살펴보면

$$\sum_{x=0}^{n} \binom{n}{x} p^x (1-p)^{n-x} = \{p + (1-p)\}^n = 1$$

이므로, 이항분포는 확률질량함수의 성질을 만족한다.

이때 $\binom{n}{x}$를 이항계수(binomial coefficient)라고 하며, 다음과 같은 $(a+b)^n$의 이항전개식에서 $a^{n-x}b^x$의 계수에 해당된다.

$$(a+b)^n = \sum_{x=0}^{n} \binom{n}{x} a^{n-x} b^x = \binom{n}{0} a^n b^0 + \binom{n}{1} a^{n-1} b^1 + \cdots + \binom{n}{n} a^0 b^n$$

이항계수 $\binom{n}{x}$는 파스칼의 삼각형(Pascal's triangle)을 이용하여 쉽게 구할 수 있으며, 이들을 계산하여 만들어 놓은 표를 이항계수표라고 한다.

확률변수 $X$가 이항분포를 하면, $X$의 누적분포함수는 다음과 같다.

$$F(x) = P(X \le x) = \sum_{k \le x} f(k) = \sum_{k=0}^{[x]} \binom{n}{k} p^k (1-p)^{n-k}$$

여기서, $[x]$는 $x$를 넘지 않는 최대의 정수를 나타낸다.

$n, p, x$의 값에 따라 $X$의 분포함수의 값들을 계산하여 만들어 놓은 표를 누적이

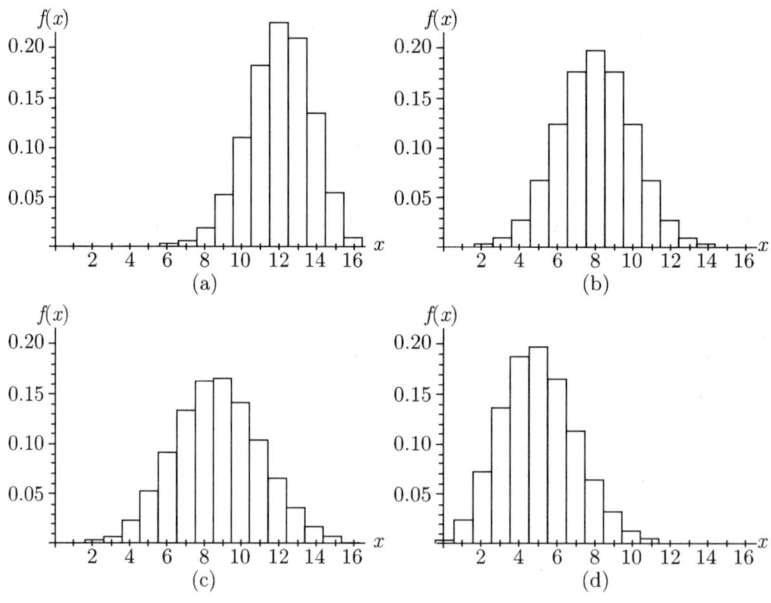


**그림 3.3** 이항확률 히스토그램: (a) b(16, 0.75), (b) b(16, 0.50), (c) b(25, 0.35), (d) b(25, 0.20)

항분포표라고 하며, 이는 부록에 주어져 있다. 부록의 표 1을 이용하면 이항확률변수에 대한 여러 가지 확률을 간단히 구할 수 있다.

[그림 3.3]은 이항분포 $B(n,p)$의 모수 $n$과 $p$의 변화에 따른 확률 히스토그램을 보여준다.

[그림 3.3]으로부터 이항분포의 그래프는 $p$의 값이 0.5일 때 대칭형의 분포를 하고, $p$가 0.5보다 크거나 작아짐에 따라 비대칭형 분포를 한다.

한편 $n$을 증가시키면 $p$값에 관계 없이 이항분포는 대칭형이 된다.

**[예제 3.4]**

동전 5개를 동시에 던질 때, 앞면이 나타난 수를 $X$라고 하자. 이때 $P(X=x)$, $x=0,1,2,3,4,5$를 구하여라.

**|풀 이|**

확률변수 $X$는 성공의 확률이 $P(X=1)=\frac{1}{2}$이고 실패의 확률이$P(X=0)=\frac{1}{2}$인 이항분포를 따른다고 할 수 있다. 따라서 확률변수 $X$의 확률질량함수는 다음과 같다.

$$f(x)=\binom{5}{x}\left(\frac{1}{2}\right)^{x}\left(\frac{1}{2}\right)^{5-x}=\binom{5}{x}\left(\frac{1}{2}\right)^{5}, \qquad (x=0,1,2,3,4,5)$$

**[예제 3.5]**

1개의 동전을 3회 던져서 앞면이 나오는 횟수를 확률변수 $X$로 나타낼 때, $X$의 확률질량함수 및 누적분포함수를 구하여라.

**|풀 이|**

$X$를 동전을 3회 던져서 앞면이 나오는 횟수라고 하면 $X$는 독립인 베르누이 시행을 3번 시행할 때의 성공의 횟수이므로 이항분포 $B(3,\ 0.5)$를 따른다고 할 수 있다. 따라서 $X$의 확률질량함수는

$$f(x)=\binom{3}{x}\left(\frac{1}{2}\right)^{x}\left(\frac{1}{2}\right)^{3-x}=\binom{3}{x}\left(\frac{1}{2}\right)^{3}, \qquad (x=0,1,2,3)$$

이고, $X$의 누적분포함수는 다음과 같다.

$$F(x)=\begin{cases} 0, & (x<0) \\ \frac{1}{8}, & (0\le x<1) \\ \frac{4}{8}, & (1\le x<2) \\ \frac{7}{8}, & (2\le x<3) \\ 1, & (3\le x) \end{cases}$$

**[예제 3.6]**

어느 백화점을 이용하는 고객들 중 그 백화점에서 발행한 전용 카드를 사용하는 고객의 비율은 60%이다. 어느 날 그 백화점에서 가전제품을 구입한 10명의 고객들을 임의로 추출하여 백화점 전용 카드 사용여부를 조사하고자 한다. 이때 전용 카드를 사용한 고객의 수를 $X$라고 하자.

(1) $X$의 확률질량함수를 구하여라.

(2) 카드를 사용한 고객이 7명일 확률을 구하여라.

(3) 카드를 사용한 고객이 최소한 4명일 확률을 구하여라.

**|풀 이|**

$X$를 가전제품을 구입한 10명 중 백화점 전용카드를 사용한 고객의 수라고 하면 $X$는 이항분포 $B(10,\,0.6)$를 따른다고 할 수 있다.

(1) $X$의 확률질량함수는

$$f(x)=\binom{10}{x}(0.6)^x(0.4)^{10-x}\ ,\ x=0,1,\cdots,10$$

(2) 카드를 사용한 고객이 7명일 확률은

$$P(X=7)=\binom{10}{7}(0.6)^7(0.4)^3=0.215$$

(3) 카드를 사용한 고객이 최소한 4명일 확률은

$$P(X\ge 4)=1-P(X<4)$$

$$= 1 - \sum_{x=0}^{3} \binom{10}{x} (0.6)^x (0.4)^{10-x}$$

$$= 1 - 0.055 = 0.945$$

이다.

**[예제 3.7]**

$A$ 회사에서 제작되는 나사는 0.01 의 확률로서 불량품이 나오고, 10 개씩 한 상자에 포장된다. 임의의 한 상자를 선택할 때, 나사의 불량품이 적어도 1개 있을 확률을 구하여라.

**|풀 이|**

선택된 한 상자 10개 중에서 불량품의 개수를 $X$라고 하면 $X$는 이항분포 $B(10,\ 0.01)$를 따른다고 할 수 있다. 구하고자 하는 확률은 다음과 같다.

$$P(X \geq 1) = 1 - P(X = 0)$$

$$= 1 - \binom{10}{0} (0.01)^0 (0.99)^{10} = 1 - 0.904 = 0.096$$

## 3.4 다항분포

이제 이항분포를 확장하여 한 번의 실험에서 $k$개의 사건이 발생하는 경우를 생각하여 보자.

$k$가 3인 경우의 예를 들어보면, 주머니 안에 흰 공 3개, 검은 공 4개, 노란 공 5개가 들어있는 경우에는 결과가 세 가지이므로 이항이 아니라 삼항이 된다. 즉, 삼항분포이며, 삼항 이상인 분포를 다항분포라고 한다.

이 주머니에서 6개의 공을 복원추출할 때, 흰 공의 수를 $X_1$, 검은 공의 수를 $X_2$

그리고 노란 공의 수를 $X_3$라고 할 때 $(X_1, X_2, X_3)$의 분포를 조사하여 보자.

$$P(\text{흰 공})=3/12, \quad P(\text{검은 공})=4/12, \quad P(\text{노란 공})=5/12$$

이므로 흰 공이 $X_1$개, 검은 공이 $X_2$개, 노란 공이 $X_3$개일 확률은 $(3/12)^{x_1}$ $(4/12)^{x_2}(5/12)^{x_3}$이며 이러한 경우의 수는 $\frac{6!}{x_1!x_2!x_3!}$가지이므로

$$P(X_1 = x_1, X_2 = x_2, X_3 = x_3) = \frac{6!}{x_1!x_2!x_3!}\left(\frac{3}{12}\right)^{x_1}\left(\frac{4}{12}\right)^{x_2}\left(\frac{5}{12}\right)^{x_3},$$

$$x_1 = 0,1,2,3,\ x_2 = 0,1,2,3,4,\ x_3 = 0,1,2,3,4,5 \text{ 이며 } x_1 + x_2 + x_3 = 6$$

이다.

일반적으로 $n$회의 시행에서 나타날 수 있는 모든 결과가 $A_1, A_2, \cdots, A_k$이고, 이 결과가 일어날 확률은 각각 $p_1, p_2, \cdots, p_k$이며, 이들이 일어나는 횟수가 각각 $x_1,\ x_2,\ \cdots,\ x_k$일 때

$$f(x_1, x_2, \cdots, x_k) = \frac{n!}{x_1!x_2!\cdots x_k!}p_1^{x_1}p_2^{x_2}\cdots p_k^{x_k} \text{ 이다.}$$

단, $x_1, \cdots, x_k$는 음이 아닌 정수이고, 그 합은 $n$이다. 이것을 **다항확률질량함수**(multinomial probability function)라고 한다.

$$\frac{n!}{x_1!\,x_2!\cdots\,x_k!} = \binom{n}{x_1\ x_2 \cdots\ x_k}$$

를 다항계수(multinomial coefficient)라고 한다.

**표 3.4** 다항분포표

| 사건 | $A_1$ | $A_2$ | $\cdots$ | $A_k$ | 합계 |
|---|---|---|---|---|---|
| 확률 | $p_1$ | $p_2$ | $\cdots$ | $p_k$ | 1 |
| 일어날 횟수 | $x_1$ | $x_2$ | $\cdots$ | $x_k$ | $n$ |

**정의** 다항분포

사상 $A_1, A_2, \cdots, A_k$의 어느 하나가 반드시 일어나고, 각각 일어날 확률이 $p_1, p_2, \cdots, p_k$인 시행을 $T$라고 하자. $T$를 독립적으로 $n$회 시행했을 때, $A_1, A_2, \cdots, A_k$ 등이 일어나는 횟수 $(X_1, X_2, \cdots, X_k)$는 $k$개의 확률변수이고, 그 확률분포는

$$f(X_1 = x_1, X_2 = x_2, \cdots, X_k = x_k) = \frac{n!}{x_1! x_2! \cdots x_k!} p_1^{x_1} p_2^{x_2} \cdots p_k^{x_k}$$

단, $x_1 + x_2 + \cdots + x_k = n$, $p_1 + p_2 + \cdots + p_k = 1$이다.

이 확률분포를 **다항분포**(multinomial distribution)라고 한다.

다항분포에서 $k$가 3인 경우, 즉 한 번의 실험에서 실험의 결과가 사상 $A, B, C$가 나오고, 각각의 확률이 $p_1, p_2, p_3$일 때 사상 $A, B$가 각각 $x$회, $y$회 일어날 확률분포를 **삼항분포**(trinomial distribution)라고 한다.

삼항분포의 확률질량함수는

$$P(X = x, Y = y) = \frac{n!}{x!\, y!\, (n-x-y)!} p^x q^y (1-p-q)^{n-x-y}, \qquad (0 \le x+y \le n)$$

으로 정의된다.

**[예제 3.8]**

주사위를 6번 던져서 1 또는 2의 눈이 1번, 3, 4 또는 5의 눈이 3번, 6의 눈이 2번 나올 확률을 구하여라.

**|풀 이|**

$X$는 1 또는 2의 눈이 나오는 횟수,

$Y$는 3, 4 또는 5의 눈이 나오는 횟수

이라고 하면, 구하고자 하는 확률은 다음과 같다.

$$P(X=1,\ Y=3)=\frac{6!}{1!\,3!\,2!}\left(\frac{2}{6}\right)^1\left(\frac{3}{6}\right)^3\left(\frac{1}{6}\right)^2=\frac{5}{72}=0.069$$

**[예제 3.9]**

2 개의 주사위를 동시에 $n$ 회 던질 때, 각 회의 결과 눈의 합이 5 이하일 사상을 $A$, 눈의 합이 6, 7, 8 의 어느 것일 사상을 $B$, 눈의 합이 9 이상일 사상을 $C$라고 하고, 사상 $A, B$가 각각 $x$ 회, $y$ 회 일어날 확률을 구하여라.

**|풀 이|**

$$P(A)=\frac{5}{18},\ \ P(B)=\frac{4}{9},\ \ P(C)=\frac{5}{18}$$

이므로, 구하고자 하는 확률은 다음과 같다.

$$\begin{aligned}P(X=x, Y=y)&=\frac{n!}{x!y!(n-x-y)!}\left(\frac{5}{18}\right)^x\left(\frac{4}{9}\right)^y\left(\frac{5}{18}\right)^{n-x-y}\\&=\binom{n}{x}\binom{n-x}{y}\left(\frac{5}{18}\right)^x\left(\frac{4}{9}\right)^y\left(1-\frac{5}{18}-\frac{4}{9}\right)^{n-x-y}\end{aligned}$$

**[예제 3.10]**

어떤 회사에서 생산한 제품에는 1 급품이 40%, 2 급품이 40%, 3 급품이 20% 라고 한다. 여기서 4 개의 제품을 임의로 선택할 때, 4 개의 제품 모두가 1 급품이거나, 2 급품이거나, 3 급품일 확률을 구하여라.

**|풀 이|**

1급품의 수를 $X$, 2급품의 수를 $Y$, 3급품의 수를 $Z=4-X-Y$라고 하면 구하고자 하는 3항분포의 확률질량함수는 다음과 같다.

$$P(X=x\,,\ Y=y)=\frac{n!}{x!\ y!\ (n-x-y)!}\ p^x\, q^y\, (1-p-q)^{n-x-y}$$

따라서 구하는 확률은

$$
\begin{aligned}
p &= P(X=4, Y=0) + P(X=0, Y=4) + P(X=0, Y=0) \\
&= \frac{4!}{4!0!0!}(0.4)^4(0.4)^0(0.2)^0 + \frac{4!}{0!4!0!}(0.4)^0(0.4)^4(0.2)^0 \\
&\quad + \frac{4!}{0!0!4!}(0.4)^0(0.4)^0(0.2)^4 \\
&= 0.0256 + 0.0256 + 0.0016 = 0.0528
\end{aligned}
$$

이다.

## 3.5 초기하분포

무한모집단에서 표본을 비복원추출하거나 유한모집단에서 복원추출을 하는 경우에는 베르누이 시행의 조건을 만족하므로 이항분포를 사용할 수 있다. 그러나 유한모집단에서 비복원추출을 할 때에는 독립이 아니므로 베르누이 시행의 조건을 만족시키지 못한다. 따라서 이항분포를 이용할 수 없게 되며, 이러한 경우에 초기하분포가 사용된다.

**정의** 초기하분포

크기 $N$인 유한모집단에서 임의의 사상 $A$에 속하는 원소가 $k$개 있다고 하자. 이로부터 $n$개의 표본을 비복원임의추출하였을 때 $x$개가 임의의 사상 $A$에 속한다면 $X$의 확률질량함수는 다음과 같다.

$$
P(X=x) = \frac{\binom{k}{x}\binom{N-k}{n-x}}{\binom{N}{n}}, \qquad (x = 0, 1, 2, \cdots, \min(k, n))
$$

> 이 확률분포를 **초기하분포**(hypergeometric distribution)라고 하고, $H(N, k, n)$로 표기한다.

초기하분포의 평균은 $n\left(\frac{k}{N}\right)$이고 분산은 $n\left(\frac{k}{N}\right)\left(1-\frac{k}{N}\right)\frac{N-n}{N-1}$이다. 평균과 분산에 대한 추가적인 성질은 5장에서 다루기로 한다.

[그림 3.4]는 모수 $N$, $k$, $n$의 변화에 따른 초기하분포의 확률히스토그램을 보여준다.

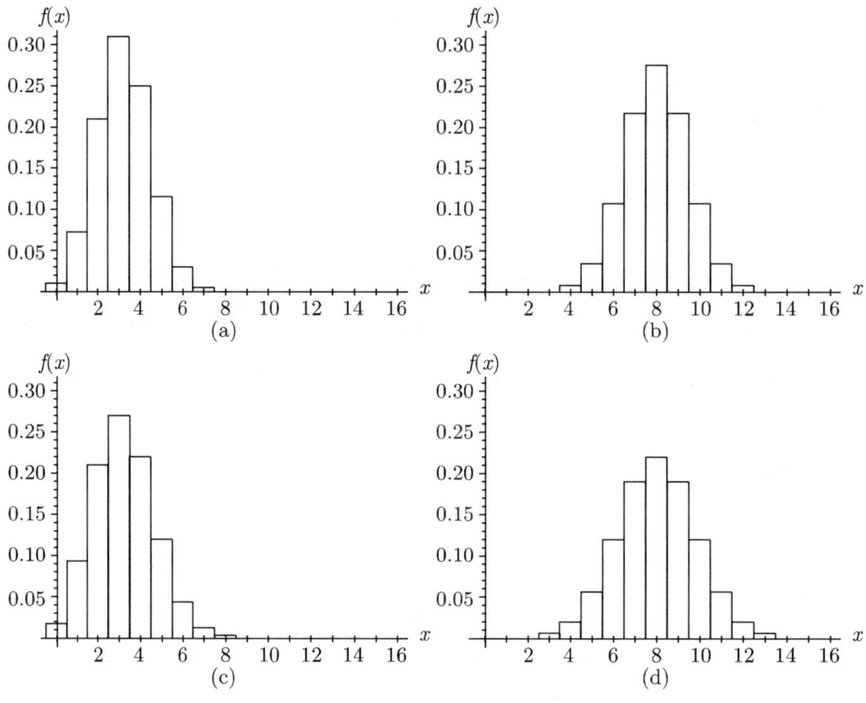


**그림 3.4** 초기하확률 히스토그램: (a) N=40,n=16,k=8, (b) N=32,n=16,k=16
(c) N=72,n=16,k=8, (d) N=80,n=16,k=40

**[예제 3.11]**

초기하분포가 확률질량함수의 성질을 만족함을 보여라.

**| 풀 이 |**

$$P(X=x)=\frac{\binom{k}{x}\binom{N-k}{n-x}}{\binom{N}{n}}\geq 0, \qquad (x=0,1,2,\cdots,\min(k,n))$$

이고,

$$\sum\binom{k}{x}\binom{N-k}{n-x}$$

는 $(1+t)^k(1+t)^{N-k}=(1+t)^N$ 에서 $t^x t^{n-x}=t^n$ 의 계수와 같으므로

$$\sum\binom{k}{x}\binom{N-k}{n-x}=\binom{N}{n}$$

이다. 따라서

$$\sum\frac{\binom{k}{x}\binom{N-k}{n-x}}{\binom{N}{n}}=1$$

이므로, 초기하분포는 확률질량함수의 성질을 만족한다.

**[예제 3.12]**

주머니에 파란색 공 6 개와 붉은색 공 4 개가 들어있다. 1 개의 공을 꺼내서 색깔을 확인한 후 다시 그 공을 주머니 속에 넣지 않는 시행을 다섯 번 실시하였다. 이때 파란색 공이 3 개 나올 확률을 구하여라.

**| 풀 이 |**

$X$를 뽑힌 5개의 공 중 파란색 공의 수라고 하면 $X$는 초기하분포 $H(10,6,5)$을 따른다고 할 수 있다. 따라서 $X$의 확률질량함수는 다음과 같다.

$$f(x)=\frac{\binom{6}{x}\binom{10-6}{5-x}}{\binom{10}{5}}, \qquad (0\le x\le 5)$$

구하는 확률은

$$P(X=3)=\frac{\binom{6}{3}\binom{10-6}{5-3}}{\binom{10}{5}}=\frac{10}{21}=0.476$$

이다.

**[예제 3.13]**

52장으로 구성되어 있는 트럼프로부터 13장의 카드를 임의로 뽑을 때, 뽑힌 카드 안에 스페이드 카드의 수를 $X$라고 하자.

(1) $X=x\,(0\le x\le 13)$일 확률을 구하여라.

(2) $X=0$일 확률을 구하여라.

**|풀 이|**

$X$를 뽑힌 13장의 카드 안에 스페이드 카드의 수,

(1) $f(x)=\dfrac{\binom{13}{x}\binom{52-13}{13-x}}{\binom{52}{13}}=\dfrac{\binom{13}{x}\binom{39}{13-x}}{\binom{52}{13}}, \qquad (0\le x\le 13)$

(2) $P(X=0)=\dfrac{\binom{13}{0}\binom{52-13}{13}}{\binom{52}{13}}=\dfrac{\binom{39}{13}}{\binom{52}{13}}$

초기하분포는 통계적 품질관리 분야에서 주로 나타난다. 예를 들어 동일 조건하에서 생산된 $N$개의 제품에서 $n$개의 표본을 추출하여 그 안에 포함된 불량품의 개수가 미리 정해진 $d$개 이하이면 합격으로 하는 검사 방식이 있다고 할 때, 그 제품이

합격할 확률은

$$\sum_{x=0}^{d} H(N,k,n)$$

이 된다. 이것은 제품의 불량률 $p=\dfrac{k}{N}$의 함수이므로, 이것을 $R(p)$로 나타낼 때, 이 곡선을 OC 곡선(operating characteristic curve)이라고 한다.

예를 들어 $N=1000$, $k=5$, $n=20$일 때

$$P(X=0)=\frac{\binom{5}{0}\binom{995}{20}}{\binom{1000}{20}} \fallingdotseq 0.904$$

와 같이 $(N,k,n)$이 주어질 때, $P(X=x)$의 값을 구할 수 있으나, 흔히 다음 절에서 설명되는 포아송 분포로 근사시키거나, 이항분포로 근사시켜서 이용한다.

다음 정리로부터 초기하분포가 일정한 조건하에서 이항분포로 수렴함을 알 수 있다.

**정리 3.1 초기하분포의 이항분포 근사**

초기하분포 $H(N,k,n)$에서 모집단의 크기 $N$이 충분히 크고 뽑는 것의 개수 $n$이 충분히 작다면 초기하분포는 이항분포에 근사한다.

즉, 모집단의 불량률이 $\dfrac{k}{N}\to p$ (일정)되게 $N\to\infty$로 하면, 다음이 성립된다.

$$H(N,k,n)\to B(n,p)$$

**증명**

$$H(N,k,n)=\frac{\binom{k}{x}\binom{N-k}{n-x}}{\binom{N}{n}}$$

$$=\frac{k!}{x!(k-x)!}\frac{(N-k)!}{(n-x)!\{(N-k)-(n-x)\}!}\frac{n!(N-n)!}{N!}$$

$$=\frac{n!}{x!(n-x)!}\frac{k(k-1)\cdots(k-(x-1))}{N(N-1)\cdots(N-(n-1))}\cdot(N-k)(N-k-1)\cdots(N-k-(n-x-1))$$

$$= \binom{n}{x} \frac{p\left(p-\frac{1}{N}\right)\cdots\left(p-\frac{x-1}{N}\right)(1-p)\left(1-p-\frac{1}{N}\right)\cdots\left(1-p-\frac{n-x-1}{N}\right)}{\left(1-\frac{1}{N}\right)\cdots\left(1-\frac{n-1}{N}\right)}$$

$$\simeq \binom{n}{x} p^x (1-p)^{n-x}, \qquad (N \to \infty)$$

$$= B(n, p)$$

한편, 이항분포는 다음절에서 설명되는 포아송 분포

$$f(x) = \frac{\lambda^x e^{-\lambda}}{x\,!}, \qquad (x = 0, 1, 2, \cdots ;\ \lambda = np)$$

에 근사되므로, 초기하분포는 포아송 분포로 근사된다.

## 3.6 포아송 분포

예를 들어, 어느 하루 동안 잘못 걸려온 전화의 횟수, 어떤 지역에서의 1일 교통사고 사망자 수, 인쇄된 책자의 페이지 당 오자 수, 일정량의 혈액 속에 있는 적혈구의 수 등과 같이 주어진 시간 또는 정해진 영역에서 '성공'의 출현 횟수를 $X$라고 하면 $X$는 포아송 분포를 따른다.

즉, 주어진 시간 혹은 주어진 면적(영역)에서 평균 $\lambda$개의 사건이 발생하는 것이 알려져 있을 때, 단위시간 또는 단위면적당 발생하는 사건의 수를 $X$라고 하면 $X$를 **포아송 확률변수**(Poisson random variable)라고 하고, 그의 분포를 **포아송 분포**(Poisson distribution)라고 하며 $X \sim P(\lambda)$로 표시한다.

**정의 포아송 분포**

확률변수 $X$가 취하는 값이 $0, 1, 2, \cdots$ 이고, $X$의 확률질량함수가

$$f(x) = P(X = x) = \frac{\lambda^x e^{-\lambda}}{x!}, \qquad (x = 0, 1, 2, \cdots ; (\lambda > 0))$$

일 때, $X$는 **포아송 분포**(Poisson distribution)를 한다고 하며 $P(\lambda)$로 표기한다.

포아송분포의 평균은 $\lambda$이고 분산은 $\lambda$이다. 평균과 분산에 대한 추가적인 성질은 5장에서 다루기로 한다.

[그림 3.5]는 모수 $\lambda$의 변화에 따른 포아송 분포의 확률히스토그램을 보여준다.

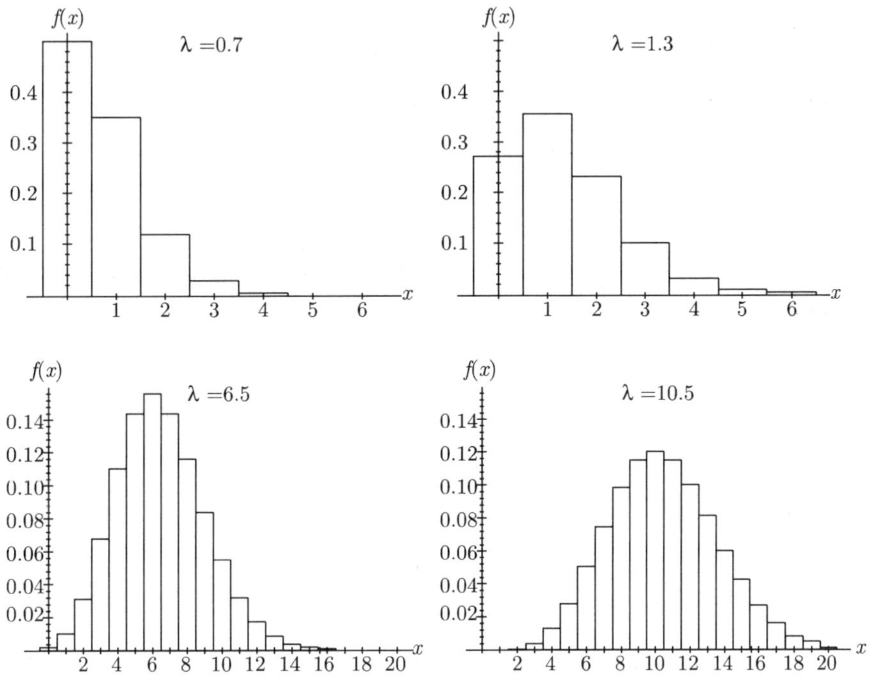


**그림 3.5** 포아송 분포의 확률 히스토그램

포아송 분포의 확률은 부록의 표 2를 이용하여 계산할 수 있다.

**[예제 3.14]**

포아송 분포가 확률질량함수의 성질을 만족함을 보여라.

**|풀 이|**

$$P(X=x)=\frac{\lambda^x e^{-\lambda}}{x!}\ge 0\,,\quad (x=0,1,2,\cdots)$$

이고

$$\sum_{x=0}^{\infty}P(X=x)=\sum_{x=0}^{\infty}\frac{\lambda^x e^{-\lambda}}{x!}=e^{-\lambda}\sum_{x=0}^{\infty}\frac{\lambda^x}{x!}=e^{-\lambda}e^{\lambda}=1$$

이므로, 포아송 분포는 확률질량함수의 성질을 만족함을 알 수 있다.

**[예제 3.15]**

어느 양곡저장창고에서는 한 달 동안 쥐덫에 평균적으로 4.5마리가 잡힌다고 한다. 한 달 동안 정확하게 5마리가 잡힐 확률을 구하여라.

**|풀 이|**

$X$를 한 달 동안 쥐덫에 잡히는 쥐의 수라고 하고 $X$는 $\lambda=4.5$인 포아송 분포를 따른다고 할 수 있다. 따라서 구하고자 하는 확률은

$$P(X=5)=\frac{e^{-4.5}(4.5)^5}{5!}=0.1708$$

이다.

다음 정리로부터 일정한 조건하에서 이항분포 $B(n,p)$가 포아송 분포로 수렴함을 알 수 있다.

**정리 3.2 이항분포의 포아송 분포근사**

이항분포에서 성공 $S$가 일어나는 확률이 $p$ 라면 $np=\lambda>0$ (일정)인 조건에서 $n\to\infty$ 일 때, 이항분포는 포아송 분포에 수렴한다.

**증명**

이항분포에서 만일 $np=\lambda>0$ 이면 $p=\dfrac{\lambda}{n}$ 이고

$$\begin{aligned}\binom{n}{x}p^x(1-p)^{n-x}&=\binom{n}{x}\left(\frac{\lambda}{n}\right)^x\left(1-\frac{\lambda}{n}\right)^{n-x}\\&=\frac{n(n-1)\cdots(n-x+1)}{x!}\left(\frac{\lambda}{n}\right)^x\left(1-\frac{\lambda}{n}\right)^{n-x}\\&=\frac{\lambda^x}{x!}\left(1-\frac{1}{n}\right)\cdots\left(1-\frac{x-1}{n}\right)\left(1-\frac{\lambda}{n}\right)^n\left(1-\frac{\lambda}{n}\right)^{-x}\end{aligned}$$

$e=\lim\limits_{x\to0}(1+x)^{\frac{1}{x}}$ 을 이용하면

$$\begin{aligned}\lim_{n\to\infty}\left(1-\frac{\lambda}{n}\right)^n&=\left\{\lim_{n\to\infty}\left(1+\frac{(-\lambda)}{n}\right)^{\frac{n}{-\lambda}}\right\}^{-\lambda}\\&=e^{-\lambda}\end{aligned}$$

이고

$$\lim_{n\to\infty}\left(1-\frac{1}{n}\right)\cdots\left(1-\frac{x-1}{n}\right)=1,\ \lim_{n\to\infty}\left(1-\frac{\lambda}{n}\right)^{-x}=1$$

이므로

$$\lim_{n\to\infty}B(n,p)=\frac{e^{-\lambda}\lambda^x}{x!}$$

이다.

다시 말하면, 만일 각 시행에서 성공할 확률이 $p$인 $n$번의 독립시행이 실행되면, $n$이 충분히 크고 $np$가 적당한 값이 되도록 $p$가 충분히 작을 때, 성공한 횟수는 근사적으로 모수가 $\lambda = np$인 포아송 확률변수가 된다.

**[예제 3.16]**

어떤 기계에 의해 생산된 제품이 불량품인 확률이 0.1 이라고 한다. 제품 10 개의 표본이 기껏해야 1 개의 불량제품을 포함할 확률을 구하여라.

**|풀 이|**

뽑힌 10개 중 불량품의 수를 $X$라고 하면 $X$는 이항분포 $B(10, 0.1)$을 따른다. 이항분포를 이용하여 구한 정확한 확률은

$$P(X \leq 1) = P(X=0) + P(X=1)$$
$$= \binom{10}{0}(0.1)^0(0.9)^{10} + \binom{10}{1}(0.1)^1(0.9)^9 = 0.736$$

이고, 포아송 근사를 이용하면 $\lambda = np = 10 \cdot 0.1 = 1$이므로 포아송 근사확률은

$$P(X \leq 1) = P(X=0) + P(X=1)$$
$$= \frac{e^{-1}1^0}{0!} + \frac{e^{-1}1^1}{1!} = e^{-1} + e^{-1} \approx 0.736$$

이다.

부록의 표 2를 이용하여 계산하면

$$P(X \leq 1) = 0.736$$

을 얻는다.

**[예제 3.17]**

불량률이 0.001 인 제품을 2,000 개 추출할 때, 3 개 이상의 불량품이 추출될 확률을 구하여라.

**|풀 이|**

$X$를 뽑힌 2000개 중 불량품의 수라고 하면 $X$는 이항분포 $B(2000, 0.001)$를 따른다. $\lambda = 2{,}000 \times 0.001 = 2$ 이고, $X$는 포아송 분포 $P(2)$에 근사한다.
따라서 구하고자 하는 확률은 다음과 같다.

$$
\begin{aligned}
P(X \geq 3) &= 1 - P(X \leqq 2) \\
&= 1 - [P(X=0) + P(X=1) + P(X=2)] \\
&= 1 - \left( \frac{e^{-2}2^0}{0!} + \frac{e^{-2}2^1}{1!} + \frac{e^{-2}2^2}{2!} \right) \\
&= 1 - 5e^{-2} = 1 - 0.67668 = 0.323
\end{aligned}
$$

부록의 표를 이용하여 계산하면

$$P(X \geqq 3) = 1 - P(X \leqq 2) = 1 - 0.677 = 0.323$$

을 얻는다.

## 3.7 기하분포와 음이항분포

확률변수 $X$를 첫 번째 성공이 나올 때까지의 시행횟수라고 정의하고, 시행횟수 $X$에 대한 확률을 생각해 보자. 이것은 $x$ 회의 시행 중 처음 $(x-1)$ 회까지는 실패($F$)이고, 마지막 $x$ 회째가 성공($S$)이므로 그 확률은 다음과 같다.

$$P(X = x) = P(FF \cdots FS), \qquad (x = 1, 2, \cdots)$$

**정의** 기하분포

확률실험에서 성공의 확률이 $P(S)=p$이고, 실패의 확률이 $P(F)=q=1-p$인 반복독립시행에서 확률변수 $X$를 처음으로 성공이 나타날 때까지의 시행횟수라고 하면 $X$의 확률분포는 다음과 같다.

$$f(x)=(1-p)^{x-1}p, \quad (x=1,2,\cdots)$$

이 확률분포를 **기하분포**(geometric distribution)라고 하고, $G(p)$로 표기한다.

기하분포의 평균은 $\frac{1}{p}$이고 분산은 $\frac{q}{p^2}$이다. 평균과 분산에 대한 추가적인 성질은 5장에서 다루기로 한다.

**[예제 3.18]**

기하분포 $f(x)=q^{x-1}p\ (x=1,2,\cdots)$가 확률질량함수의 성질을 만족함을 보여라.

**|풀 이|**

$$P(X=x)=q^{x-1}p \geq 0, \qquad (x=1,2,\cdots)$$

이고,

$$\sum_{x=1}^{\infty} P(X=x)=p\sum_{x=1}^{\infty} q^{x-1}=\frac{p}{1-q}=1$$

이므로, 기하분포는 확률질량함수의 성질을 만족한다.

**[예제 3.19]**

어떤 제품의 제조과정에서 평균적으로 제품 100개 중 2개꼴로 불량품이 나온다고 한다. 불량품이 발견되기까지 5개의 제품을 검사할 확률을 구하여라.

**|풀 이|**

불량률 $p=0.02$이고 양품일 확률은 0.98이므로 확률변수 $X$를 불량품이 발견되기까지의 제품을 검사한 횟수라고 하면, $X$는 기하분포 $G(0.02)$를 따른다고 할 수 있다. 따라서 구하려는 확률은

$$
\begin{aligned}
P(X=5) &= (1-p)^4 p \\
&= (0.98)^4 (0.02) = 0.01845
\end{aligned}
$$

이다.

**[예제 3.20]**

어떤 시행에서 성공할 확률은 $p$ 이다. 이 시행을 독립적으로 반복 시행할 때, 적어도 $k$ 회 시행을 해야 성공할 확률을 구하여라.

**|풀 이|**

$$
\begin{aligned}
P(X \geq k) &= \sum_{x=k}^{\infty} q^{x-1} p \\
&= p(q^{k-1} + q^k + q^{k+1} + \cdots) \\
&= pq^{k-1}(1 + q + q^2 + \cdots) = pq^{k-1} \frac{1}{1-q} = q^{k-1}
\end{aligned}
$$

**[예제 3.21]**

주머니 안에 흰색 공이 $r$ 개, 검은색 공이 $s$ 개 들어있다. 검은색 공이 나올 때까지의 복원추출로 1개씩 추출할 때

(1) $n$ 번째에 검은색 공이 나올 확률을 구하여라.

(2) 적어도 $k$ 회 추출해야 검은색 공이 나올 확률을 구하여라.

**|풀 이|**

(1) $P(X=n) = \left(\dfrac{r}{r+s}\right)^{n-1} \dfrac{s}{r+s} = \dfrac{r^{n-1} s}{(r+s)^n}$

(2) $P(X \geq k) = \sum_{x=k}^{\infty} \left(\frac{r}{r+s}\right)^{x-1} \frac{s}{r+s}$

$$= \frac{s}{r+s} \sum_{x=k}^{\infty} \left(\frac{r}{r+s}\right)^{x-1}$$

$$= \frac{s}{r+s} \frac{\left(\frac{r}{r+s}\right)^{k-1}}{1-\frac{r}{r+s}}$$

$$= \left(\frac{r}{r+s}\right)^{k-1}$$

**[예제 3.22]** 기하분포의 무기억성

확률변수 $X$가 기하분포 $P(X=x)=q^{x-1}p$를 따를 때, 다음의 관계가 성립됨을 보여라.

$$P(X=n+x \mid X>n) = q^{x-1}p$$

**|풀 이|**

$$P(X=n+x \mid X>n) = \frac{P(X=n+x, X>n)}{P(X>n)} = \frac{P(X=n+x)}{P(X>n)}$$

에서

$$P(X=n+x) = q^{n+x-1}p$$

이고

$$P(X>n) = P(X \geqq n+1)$$

$$= \sum_{x=n+1}^{\infty} q^{x-1}p = pq^n(1+q+q^2+\cdots)$$

$$= pq^n \frac{1}{1-q} = q^n$$

이므로

$$P(X=n+x \mid X>n)=\frac{q^{n+x-1}p}{q^n}=q^{x-1}p=P(X=x)$$

이 성립된다.

이제 음이항분포를 정의하고, 기하분포가 음이항분포의 특수한 경우임을 설명하고자 한다.

시행횟수 $n$을 미리 정하지 않고 어떤 주어진 성공의 횟수가 나올 때까지 베르누이 시행을 반복하는 경우를 생각하여 보자.

즉, $k$번째 성공이 나올 때까지의 시행횟수를 $X$라 두면 $X=x$가 될 확률은 실험을 $(x-1)$번 시행한 중에 $k-1$회 성공하고 $x-k$번 실패한 후 맨 마지막에 성공하는 확률을 의미한다.

이상의 순서에 대한 확률은 $p^{k-1}q^{x-k}p=p^kq^{x-k}$이고, $x$번의 시행에서 맨 마지막에 성공하는 시행을 뺀 $x-1$회의 시행에서, $k-1$회는 성공하고 $x-k$회는 실패하는 모든 경우의 수는 다음과 같다.

$$\binom{x-1}{k-1}=\frac{(x-1)!}{(k-1)!(x-k)!}$$

즉, $(x-1)$번 시행에서 $(k-1)$번 성공할 확률은 이항분포로부터

$$\binom{x-1}{k-1}p^{k-1}q^{x-k}, \qquad (k=0,1,\cdots,x-1)$$

와 같다. 따라서 이 분포는 $x-1$회까지 $k-1$회의 성공을 하고, $x$번째에는 성공할 확률로서

$$P(X=x)=\binom{x-1}{k-1}p^{k-1}(1-p)^{x-k}p$$

에서 얻어진 것이다.

위의 결과를 요약하면 음이항분포를 다음과 같이 정의한다.

**정의** 음이항분포

성공할 확률이 $p$ 인 독립시행에서 $k$ 회 성공할 때까지 시행을 반복할 때, $X$를 시행이 요구되는 횟수라고 하면 $X$의 확률분포는 다음과 같다.

$$f(x)=\binom{x-1}{k-1}p^k(1-p)^{x-k}, \qquad (x=k, k+1, \cdots)$$

이 확률분포를 **음이항분포**(negative binomial distribution)라고 하고, $NB(k,p)$로 표기한다.

음이항분포의 평균은 $\dfrac{k}{p}$이고 분산은 $k\left(\dfrac{q}{p^2}\right)$이다. 평균과 분산에 대한 추가적인 성질은 5장에서 다루기로 한다.

[그림 3.6]은 모수 $k$, $p$의 변화에 따른 음이항분포의 확률히스토그램이다.

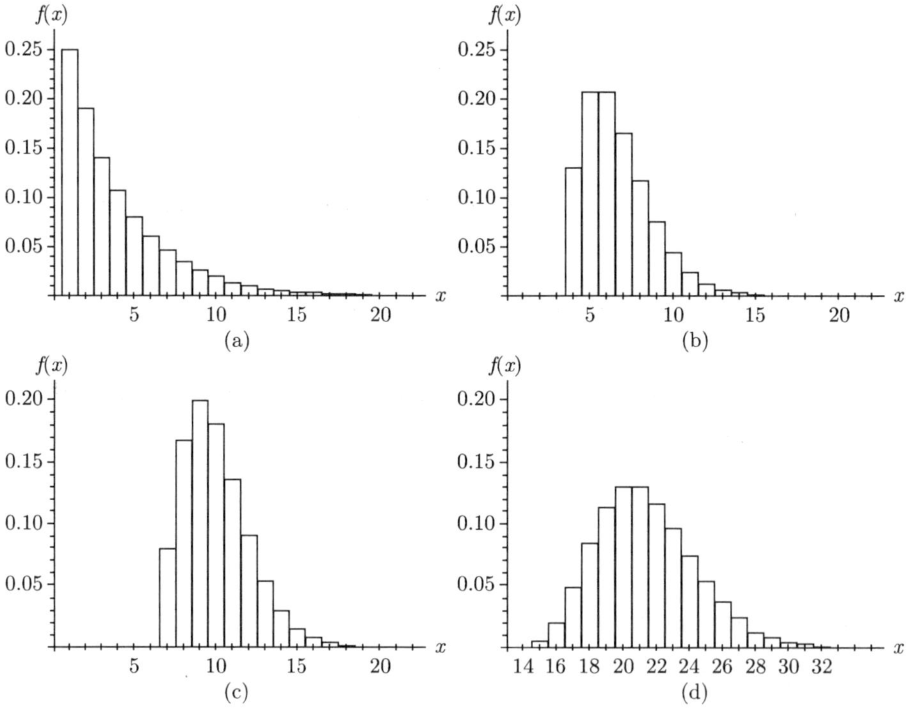

**그림 3.6** 음이항 확률 히스토그램: (a) k=1, p=0.25, (b) k=4, p=0.6, (c) k=7, p=0.7, (d) k=15, p=0.7

**[예제 3.23]**

음이항분포

$$f(x) = \binom{x-1}{k-1} p^k (1-p)^{x-k}, \qquad (x = k, k+1, \cdots)$$

가 확률질량함수의 성질을 만족함을 보여라.

**|풀 이|**

$$P(X=x) = \binom{x-1}{k-1} p^k (1-p)^{x-k} \geq 0, \qquad (x = k, k+1, \cdots)$$

이고,

$$\sum_{x=k}^{\infty} P(X=x) = \sum_{x=k}^{\infty} \binom{x-1}{k-1} p^k (1-p)^{x-k}$$

에서, $i = x - k$ 라 놓으면

$$\begin{aligned}\sum_{x=k}^{\infty} P(X=x) &= p^k \sum_{i=0}^{\infty} \binom{i+k-1}{k-1} (1-p)^i \\ &= p^k \{1-(1-p)\}^{-k} = 1\end{aligned}$$

이 되므로 음이항분포는 확률함수이다.

**[예제 3.24]**

어떤 약을 복용한 환자의 70% 가 효과를 보았다. 이 약을 6 번째 환자까지 복용하여 4명의 환자가 효과를 볼 확률을 구하여라.

**|풀 이|**

4명의 환자가 효과를 볼 때까지 이 약을 복용해야 하는 환자의 수를 $X$라고 하면, $X$는 $x = 6$, $k = 4$, $p = 0.7$ 인 음이항분포 $NB(4, 0.7)$를 따른다고 할 수 있다. 구하고자 하는 확률은 다음과 같다.

$$P(X=6) = \binom{6-1}{4-1}(0.7)^4(0.3)^{6-4} = \binom{5}{3}(0.7)^4(0.3)^2 = 0.216$$

**[예제 3.25]**

성공의 확률이 0.3인 베르누이 시행에서 다음의 확률을 구하여라.

(1) 7번 성공할 때까지 시행횟수 $X$의 확률질량함수를 구하여라.

(2) 7번 성공할 때까지 많아야 10번 시행할 확률을 구하여라.

**|풀 이|**

(1) 7번 성공할 때까지 시행횟수를 $X$라고 하면, $X$는 음이항분포 $NB(7,\ 0.3)$를 따른다고 할 수 있다.

$$f(x) = \binom{x-1}{7-1}(0.3)^7(0.7)^{x-7}, \qquad (x = 7, 8, 9, \cdots)$$

(2) 7번 성공할 때까지 많아야 10번 시행할 확률은 다음과 같다.

$$P(X \leqq 10) = \sum_{x=7}^{10} \binom{x-1}{7-1}(0.3)^7(0.7)^{x-7}.$$

## 3.8 이산확률변수의 합의 분포

이 절에서는 이산확률변수의 합의 분포에 대하여 살펴보고, 예를 들어 설명하고자 한다. $X$와 $Y$가 서로 독립인 이산확률변수일 때, 합 $Z = X + Y$의 분포에 대하여 살펴보자.

$Z = X + Y$가 $t$가 될 확률은

$$P(X+Y=t) = \sum_{x=-\infty}^{\infty} P(X=t-x) \cdot P(Y=x)$$

이 된다. 이때 $X$, $Y$가 음의 값을 취하지 않는 확률변수이면, $X$, $Y$가 음이 될 확률은 0이 되므로 위의 식은 다음과 같이 표현된다.

$$P(X+Y=t)=\sum_{x=0}^{t} P(X=t-x)\cdot P(Y=x)$$

일반적으로 $X$와 $Y$가 정수값을 취하는 확률변수이면 두 확률변수의 합 $Z=X+Y$도 정수값을 취한다. 모든 정수 $k$에 대하여 사상 $Z=k$는 서로 배반인 $X=j$와 $Y=k-j$인 사상의 합사상이다. $f$와 $g$를 $X$와 $Y$의 확률함수라 할 때 $Z$의 확률함수는 다음과 같이 계산된다.

$$h(k)=P(Z=k)=\sum_{j=-\infty}^{\infty} P(X=j,\ Y=k-j)$$

$$=\sum_{j=-\infty}^{\infty} f(j)g(k-j), \qquad (k=0,\pm 1,\pm 2,\cdots)$$

위의 끝 식은 $f$와 $g$의 **중첩**(convolution)이다. 즉 $Z=X+Y$의 확률함수는 $X$의 확률함수 $f$와 $Y$의 확률함수 $g$의 중첩이다.

다음으로 확률변수 $X$가 $t$ 이하인 확률은

$$P(X\le t)=\sum_{x=-\infty}^{t} P(X=x)$$

이므로, $Z$가 $t$ 이하가 될 확률은 $Z$가 $x$가 될 확률을 합함으로써 얻어지며, 그 밖에서 $Z=X+Y$가 $t$ 이하가 되는 것은 $X\le t-x$이고, $Y=x$이므로, $X$가 $t$ 이하가 될 확률을 알면 그것을 써서

$$P(X+Y\le t)=\sum_{x=-\infty}^{t} P(X\le t-x)\cdot P(Y=x)$$

에서 구할 수 있다. 이때 위의 식은 $X$, $Y$가 음의 값을 취하지 않을 때 다음과 같이 표현된다.

$$P(X+Y\le t)=\sum_{x=0}^{t} P(X\le t-x)\cdot P(Y=x)$$

**[예제 3.26]** 이항분포의 재생성

$X$, $Y$가 독립이고, 각각 이항분포 $B(n_1, p)$, $B(n_2, p)$를 따를 때, $Z = X + Y$가 이항분포 $B(n_1 + n_2, p)$를 따름을 보여라.

**|풀 이|**

사상 $\{X + Y = k\}$은 결합사상 $\{X = i, Y = k - i\}$, $0 \le i \le k$의 합사상이다.

$$P(X + Y = k) = \sum_{i=0}^{k} P(X = i,\ Y = k - i)$$

$$= \sum_{i=0}^{k} P(X = i) P(Y = k - i)$$

$$= \sum_{i=0}^{k} \binom{n_1}{i} p^i q^{n_1 - i} \binom{n_2}{k-i} p^{k-i} q^{n_2 - (k-i)}$$

여기서 $q = 1 - p$이고, $j > r$일 때 $\binom{r}{j} = 0$이다.

또한,

$$\binom{n_1 + n_2}{k} = \sum_{i=0}^{k} \binom{n_1}{i} \binom{n_2}{k-i}$$

이므로

$$P(X + Y = k) = p^k q^{n_1 + n_2 - k} \sum_{i=0}^{k} \binom{n_1}{i} \binom{n_2}{k-i} = \binom{n_1 + n_2}{k} p^k q^{n_1 + n_2 - k}$$

이다. 따라서 $X + Y$는 이항분포 $B(n_1 + n_2, p)$를 따른다. 독립인 이항분포의 합은 또한 이항분포를 따른다. 이것을 이항분포의 재생성이라고 한다.

**[예제 3.27]** 포아송 분포의 재생성

$X$, $Y$가 독립이고, 각각 포아송 분포 $P(\lambda_1)$, $P(\lambda_2)$를 따를 때 $X + Y$의 분포를 구하여라.

**|풀 이|**

사상 $\{X+Y=n\}$은 결합사상 $\{X=k, Y=n-k\}$, $0\le k\le n$의 합사상이다. 따라서

$$\begin{aligned}
P(X+Y=n) &= \sum_{k=0}^{n} P(X=k, Y=n-k) \\
&= \sum_{k=0}^{n} P(X=k)P(Y=n-k) \\
&= \sum_{k=0}^{n} e^{-\lambda_1}\frac{\lambda_1^k}{k!} e^{-\lambda_2}\frac{\lambda_2^{n-k}}{(n-k)!} \\
&= e^{-(\lambda_1+\lambda_2)} \sum_{k=0}^{n} \frac{\lambda_1^k \lambda_2^{n-k}}{k!(n-k)!} \\
&= \frac{e^{-(\lambda_1+\lambda_2)}}{n!} \sum_{k=0}^{n} \frac{n!}{k!(n-k)!} \lambda_1^k \lambda_2^{n-k} \\
&= \frac{e^{-(\lambda_1+\lambda_2)}}{n!} (\lambda_1+\lambda_2)^n
\end{aligned}$$

이므로, $Z=X+Y$는 모수가 $\lambda_1+\lambda_2$인 포아송 분포를 따른다. 이것을 포아송 분포의 재생성이라고 한다.

## 연습문제

**1** 한 개의 동전을 던져서 앞면이 나오면 승리하고 뒷면이 나오면 패배한다고 할 때 확률변수 $X$의 확률질량함수를 구하여라.

**2** 20개의 물건 중에서 3개가 불량품이다. 임의로 3개를 뽑을 때, 그중에 불량품의 수를 $X$라고 하고, $X$의 확률분포를 구하여라.

**3** 4개 중 하나를 택하는 선다형문제가 15문항이 있는 시험에서 임의로 답하였을 때, 5개에서 10개 사이의 정답을 맞힐 확률은 얼마인가?

**4** 6개의 공을 3개의 상자 $A$, $B$, $C$에 독립적으로 던진다. 각 공이 한 상자에 들어갈 확률이 $\frac{1}{3}$일 때, $A$ 상자에

(1) 정확히 4개가 들어갈 확률

(2) 적어도 2개가 들어갈 확률

(3) 적어도 5개가 들어갈 확률

을 구하여라.

**5** 비행 중 각 엔진은 독립적으로 $(1-p)$의 확률로 고장이 난다. 이들 엔진의 적어도 50%가 작동되면 비행할 수 있다고 할 때, 4발엔진 비행기가 2발엔진 비행기보다 유리할 확률 $p$의 값을 구하여라.

**6** 4개의 주사위를 독립적으로 던질 때, 1의 눈이 2개, 2의 눈이 1개 나올 확률을 구하여라.

**7** 어떤 과일이 상, 중, 하, 불합격의 4종류로 분류된다. 상은 25%, 중은 40%, 하는 25%, 불합격은 10%의 비율이라 할 때, 임의로 20개를 취하는 경우, 상, 중, 하, 불합격품이 각각 $5, 8, 4, 3$개 포함될 확률을 구하여라.

**8** 어느 생산 공정에서 제작되는 제품의 4%는 $A$형이고, 90%는 $B$형이고, 6%는 $C$형이다. 이들 제품에서 임의로 100개를 추출할 때, $A$형이 $x$개, $B$형이 $y$개, 나머지는 $C$형일 확률을 구하여라.

**9** 양품인 전구 5개와 불량품인 전구 2개가 들어있는 상자에서 3개를 임의로 비복원추출했을 때, 이 중에서 1개의 전구가 불량품일 확률을 구하여라.

**10** 상자 안에 30개의 전구가 들어있고, 그 안에 불량품이 4개 있다. 이 상자 안에서 임의로 5개의 전구를 꺼낼 때, 불량품이 2개 있을 확률을 구하여라.

**11** 어느 회사원 2000명 중에서 흡연자가 20%이다. 이 가운데서 15명을 뽑았을 때 5명이 흡연할 확률을 구하여라.

**12** 종업원 1,000명이 있는 회사에서 결근자의 수가 평균 2.5인 포아송 분포를 한다. 이때 결근자가 한 사람도 없을 확률을 구하여라.

**13** 어떤 교차로에서는 매달 평균 3건의 교통사고가 일어난다. 이 교차로에서 한 달 동안 일어난 교통사고에 대해서 다음 확률을 구하여라.

1) 정확히 5건이 일어날 확률

2) 3건 미만이 일어날 확률

**14** 어떤 제품을 생산할 때, 불량률은 1.5%이다. 이 제품 100개 이상을 한 상자에 넣을 때, 100개 이상의 양품이 있을 확률을 0.8 이상으로 하려면 몇 개를 한 상자에 넣어야 하는가?

**15** 어느 인쇄소에서 제본하는 책 가운데 5%는 제본에 결함이 있다고 한다. 이 인쇄소에서 출판된 100권의 책 가운데 2권의 책에 제본의 결함이 있을 확률을 구하여라.

(1) 이항분포를 이용하여 구하여라.

(2) 포아송 근사를 이용하여 구하여라.

**16** 주사위를 계속해서 던지는 시행에서 1 의 눈이 $x+1$ 번째에 비로소 처음 나올 확률을 구하여라.

**17** $X_1$, $X_2$ 가 동일한 모수 $p$ 를 갖는 독립인 기하확률변수일 때, 다음을 구하여라.

$$P(X_1 = i \mid X_1 + X_2 = n)$$

**18** 어떤 야구선수가 안타를 칠 확률이 0.28이라고 한다. 타석마다 독립을 가정할 때 그가 4타석에서 처음으로 안타를 칠 확률을 구하여라. 또 4타석 이하에서 처음으로 안타를 칠 확률을 구하여라.

**19** 다음 함수가 음이항분포의 확률함수임을 보여라.

$$p(x) = \binom{r+x-1}{r-1} p^r q^x, \quad (x = 0,1,2,\cdots \ ; \ q = 1-p > 0)$$

**20** 어떤 약을 복용한 환자의 60%가 효과를 보았다. 이 약을 7번째 환자까지 복용하여 비로소 5명의 환자가 효과를 볼 확률을 구하여라.

**21** 어느 도시 인구의 30%가 안경을 쓴 사람이다. 이 도시에서 임의추출하여 조사한 10번째 사람이 안경을 쓴 4번째 사람이 될 확률을 구하여라.

**22** $X$와 $Y$가 서로 독립이고, 각각 이항분포 $B\left(2, \frac{1}{4}\right)$, $B\left(3, \frac{1}{4}\right)$를 따를 때, $Z = X + Y$의 확률분포를 구하여라.

제 4 장

# 연속확률분포

4.1 주요 연속확률분포 | 4.2 연속균일분포 | 4.3 정규분포
4.4 지수분포 | 4.5 감마분포 | 4.6 베타분포
4.7 $\chi^2$ 분포, $t$ 분포, $F$ 분포 | 4.8 연속확률변수의 합의 분포

# 4.1 주요 연속확률분포

앞으로 다룰 주요 연속확률분포의 확률밀도함수는 각각 다음과 같다.

**표 4.1** 연속확률분포의 확률밀도함수

| 연속확률분포 | 확률밀도함수 |
|---|---|
| 연속균일분포 | $f(x)=\begin{cases}\dfrac{1}{b-a}, & (a<x<b)\\ 0, & (x\le a \text{ 또는 } x\ge b)\end{cases}$ |
| 정규분포 | $f(x)=\dfrac{1}{\sqrt{2\pi}\,\sigma}e^{-\frac{(x-\mu)^2}{2\sigma^2}}, \quad (-\infty<x<\infty)$ |
| 지수분포 | $f(x)=\begin{cases}\lambda e^{-\lambda x}, & (x\ge 0)\\ 0, & (x<0)\end{cases}$ |
| 감마분포 | $f(x)=\begin{cases}\dfrac{1}{\beta^{\alpha}\Gamma(\alpha)}x^{\alpha-1}e^{-\frac{x}{\beta}}, & (x\ge 0)\\ 0, & (x<0)\end{cases}$ |
| 베타분포 | $f(x)=\begin{cases}\dfrac{1}{B(\alpha,\beta)}x^{\alpha-1}(1-x)^{\beta-1}, & (0<x<1)\\ 0, & (x\le 0 \text{ 또는 } x\ge 1)\end{cases}$ <br> $B(\alpha,\beta)=\int_0^1 x^{\alpha-1}(1-x)^{\beta-1}dx$ |
| $\chi^2$ 분포 | $f(x)=\dfrac{1}{2^{\frac{n}{2}}\Gamma\left(\frac{n}{2}\right)}x^{\frac{n}{2}}e^{-\frac{x}{2}}, \quad (x>0)$ |
| $t$ 분포 | $f(x)=\dfrac{\Gamma\left(\frac{n+1}{2}\right)}{\sqrt{n\pi}\,\Gamma\left(\frac{n}{2}\right)}\left(1+\dfrac{x^2}{n}\right)^{-\frac{(n+1)}{2}}, \quad (-\infty<x<\infty)$ |
| $F$ 분포 | $f(x)=\dfrac{\Gamma\left(\frac{n_1+n_2}{2}\right)}{\Gamma\left(\frac{n_1}{2}\right)\Gamma\left(\frac{n_2}{2}\right)}\left(\dfrac{n_1}{n_2}\right)^{\frac{n_1}{2}}x^{\frac{n_1}{2}-1}\left(1+\dfrac{n_1}{n_2}x\right)^{-\frac{1}{2}(n_1+n_2)}, \quad (x>0)$ |

## 4.2 연속균일분포

이 절에서는 연속균일분포를 정의하여 연속균일분포가 확률밀도함수임을 보이고, 예를 들어 설명하고자 한다.

**정의 연속균일분포**

확률변수 $X$가 두 점 $a, b(a < b)$ 사이에서 균일하게 분포되어 있을 때, $X$의 확률밀도함수 $f(x)$는

$$f(x) = \begin{cases} \dfrac{1}{b-a}, & (a < x < b) \\ 0, & (x \le a \text{ 또는 } x \ge b) \end{cases}$$

이고, 누적분포함수 $F(x)$는

$$F(x) = \begin{cases} 0, & (x \le a) \\ \dfrac{x-a}{b-a}, & (a < x < b) \\ 1, & (x \ge b) \end{cases}$$

이 된다. 이 확률분포를 **연속균일분포**(continuous uniform distribution) 또는 **균등분포**라고 하고, $U(a, b)$로 표기한다.

연속균일분포의 평균은 $\dfrac{a+b}{2}$이고 분산은 $\dfrac{(b-a)^2}{12}$이다. 평균과 분산에 대한 추가적인 성질은 5장에서 다루기로 한다.

연속균일분포의 확률밀도함수와 누적분포함수를 그래프로 표현하면 [그림 4.1]과 같다.

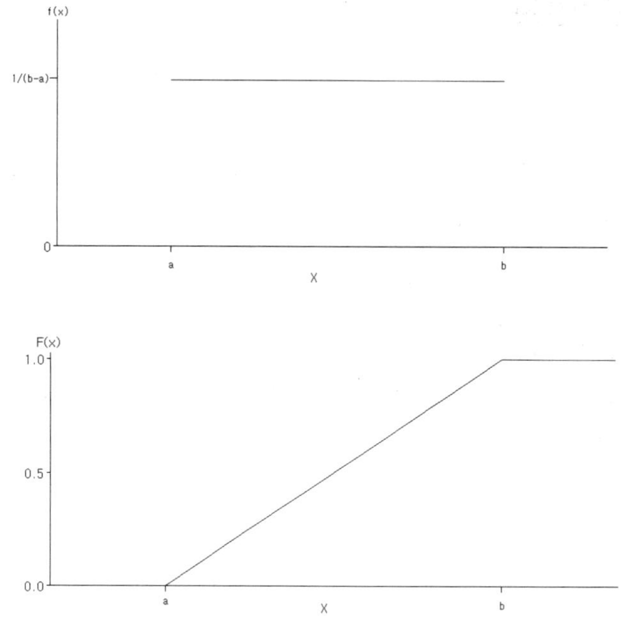


**그림 4.1** 연속균일분포의 확률밀도함수 및 누적분포함수 그래프

**[예제 4.1]**

연속균일분포가 확률밀도함수의 성질을 만족함을 보여라.

**|풀 이|**

$$f(x)=\frac{1}{b-a}\ \geq\ 0, \qquad (a<x<b)$$

이고,

$$\int_a^b f(x)\,dx=\int_a^b \frac{1}{b-a}\,dx=\frac{1}{b-a}[x]_a^b=1$$

이므로, 연속균일분포는 확률밀도함수이다.

**[예제 4.2]**

$X$가 구간 $-2 \leq x \leq 2$ 에서 연속균일분포를 할 때, 다음의 확률을 구하여라.

(1) $P(X < 1)$ (2) $P\left(|X-1| \geq \frac{1}{2}\right)$

**|풀 이|**

구간 $-2 \leq x \leq 2$ 에서의 확률밀도함수는 다음과 같다.

$$f(x) = \begin{cases} \frac{1}{4}, & (-2 \leq x \leq 2) \\ 0, & (\text{그 밖에서}) \end{cases}$$

(1) $P(X < 1) = \int_{-2}^{1} \frac{1}{4} dx = \frac{1}{4}[x]_{-2}^{1} = \frac{3}{4}$

(2) $P\left(|X-1| \geq \frac{1}{2}\right) = P\left(X-1 \geq \frac{1}{2}\right) + P\left(X-1 \leq -\frac{1}{2}\right)$

$$= P\left(X \geq \frac{3}{2}\right) + P\left(X \leq \frac{1}{2}\right)$$

$$= \int_{\frac{3}{2}}^{2} \frac{1}{4} dx + \int_{-2}^{\frac{1}{2}} \frac{1}{4} dx = \frac{1}{4}[x]_{\frac{3}{2}}^{2} + \frac{1}{4}[x]_{-2}^{\frac{1}{2}} = \frac{3}{4}$$

**[예제 4.3]**

$X$의 분포함수가 다음과 같다.

$$F(x) = \begin{cases} 0, & (x < -1) \\ \frac{x+1}{2}, & (-1 \leq x < 1) \\ 1, & (1 \leq x) \end{cases}$$

(1) $X$의 확률밀도함수를 구하여라.

(2) $P\left(-\frac{1}{2} \leq X \leq \frac{1}{2}\right)$를 구하여라.

**|풀 이|**

(1) $F'(x) = f(x) = \frac{1}{2}$ 이므로 $X$의 확률밀도함수는 다음과 같다.

$$f(x) = \begin{cases} \frac{1}{2}, & (-1 \le x \le 1) \\ 0, & (\text{그 밖에서}) \end{cases}$$

(2) $P\left(-\frac{1}{2} \le X \le \frac{1}{2}\right) = \int_{-\frac{1}{2}}^{\frac{1}{2}} \frac{1}{2} dx = \frac{1}{2}[x]_{-\frac{1}{2}}^{\frac{1}{2}} = \frac{1}{2}$

별해 위의 확률은 누적분포수가 주어졌을 때, 누적분포함수를 이용하여 구할 수 있다.

$$P\left(-\frac{1}{2} \le X \le \frac{1}{2}\right) = F(\frac{1}{2}) - F(-\frac{1}{2}) = \frac{1/2+1}{2} - \frac{-1/2+1}{2} = \frac{1}{2}$$

## 4.3 정규분포

정규분포는 통계적 추정과 검정에서 매우 중요한 역할을 할 뿐만 아니라 실제 대부분의 자료가 정규분포의 형태에 가깝고 또한 다음에 다루어질 중심극한정리에 의해 모든 확률분포들이 정규분포로 가정할 수 있기 때문에 실용성이 높다.

이 절에서는 연속확률분포에서 가장 중요한 정규분포와 표준정규분포를 정의하고, 표준정규분포표를 이용하여 확률들을 구해본다.

**정의** 정규분포

확률변수 $X$의 확률밀도함수 $f(x)$가

$$f(x) = \frac{1}{\sqrt{2\pi}\,\sigma} e^{-\frac{(x-\mu)^2}{2\sigma^2}}, \qquad (-\infty < x < \infty)$$

일 때, $X$는 모수 $\mu$와 $\sigma^2$을 갖는 **정규분포**(normal distribution)를 따른다고 하고, $N(\mu, \sigma^2)$으로 표기한다.

정규분포의 평균은 $\mu$이고 분산은 $\sigma^2$이다. 평균과 분산에 대한 추가적인 성질은 5장에서 다루기로 한다.

정규분포의 확률밀도함수와 누적분포함수를 그래프로 표현하면 다음과 같다.

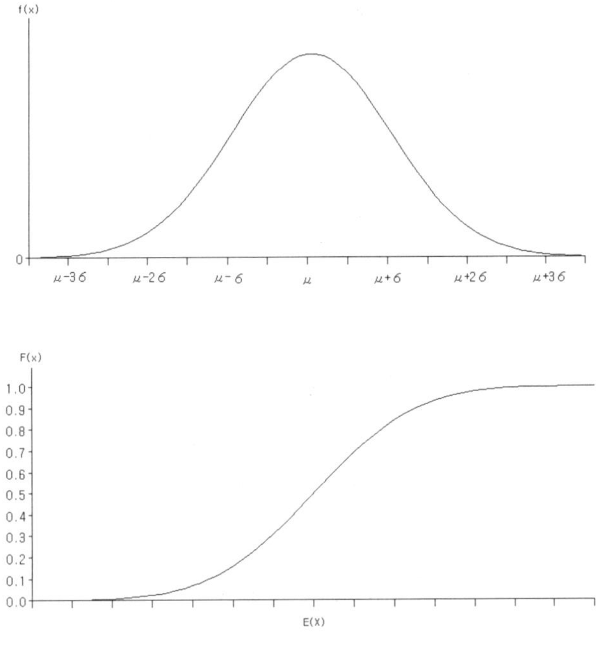


**그림 4.2** 정규분포의 확률밀도함수와 누적분포함수 그래프

정규분포 $N(\mu,\sigma^2)$의 확률밀도함수의 그래프를 정규곡선(normal curve)이라고 하며, 이 정규곡선은 $x=\mu$에 관해 좌우 대칭인 종모양의 곡선형태를 갖는다.

또한, $\mu-\sigma<x<\mu+\sigma$의 구간에서는 아래로 오목(convex)하고, $x<\mu-\sigma$ 및 $x>\mu-\sigma$의 구간에서는 아래로 볼록(concave)한 곡선이다.

정규분포는 키, 체중 등과 같은 물리적인 특성이나 과학적인 실험들에서 측정값들의 오차, 또는 사회과학실험에서 다양한 경제척도, 경제지표 등뿐만 아니라, 사회현상, 자연현상, 산업현장 그리고 다양한 연구분야 등에서 얻어지는 자료들의 분포들이 적절한 정규분포곡선에 의해 잘 적합하기 때문에 매우 유용하다.

경험적으로 정규분포의 확률밀도함수와 형태의 대표적인 범위의 면적을 [그림 4.3]에서와 같이 나타낸다.

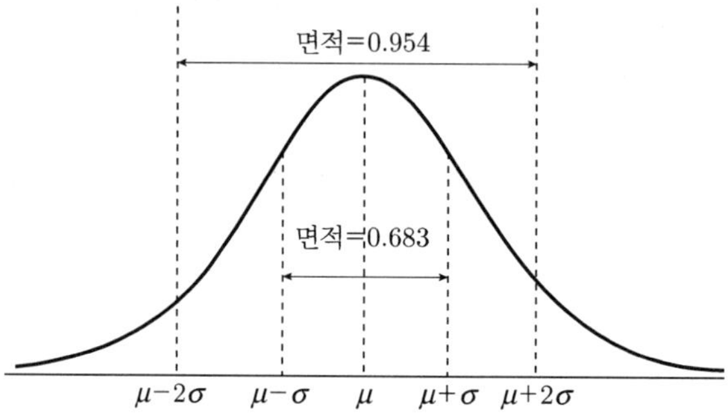


**그림 4.3** 정규분포의 확률밀도 곡선

정규분포는 평균 $\mu$와 분산 $\sigma^2$만 주어지면 결정되며 $\sigma^2$에 의하여 곡선의 모양이 결정되고, $\mu$에 의하여 곡선의 중심의 위치가 결정된다.

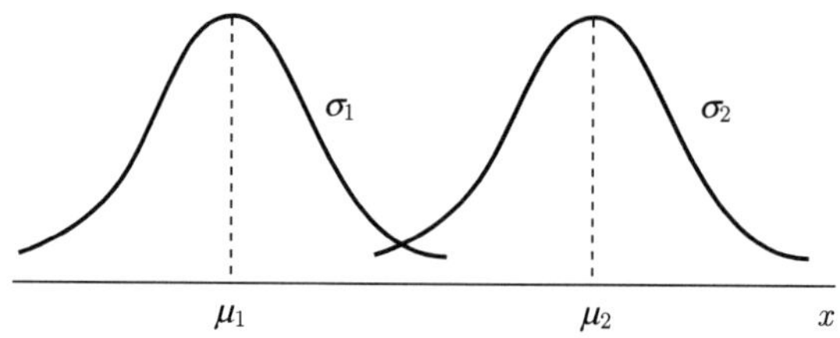


**그림 4.4** 정규곡선들($\sigma_1^2 = \sigma_2^2$, $\mu_1 \neq \mu_2$)

[그림 4.4]는 두 정규분포의 분산은 같고 평균이 다른 경우, 즉 $\sigma_1^2 = \sigma_2^2$, $\mu_1 \neq \mu_2$이며 두 곡선은 동일한 형태이지만 위치는 다르다. [그림 4.5]는 두 정규분포의 평

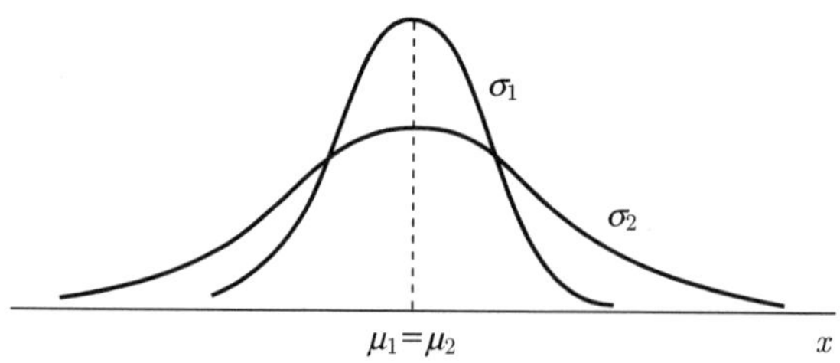


**그림 4.5** 정규곡선들($\mu_1 = \mu_2$, $\sigma_1^2 < \sigma_2^2$ )

균은 같고 분산이 다른 경우, 즉 $\mu_1 = \mu_2$, $\sigma_1^2 < \sigma_2^2$ 이며, 두 곡선의 중심의 위치는 동일점이고, 분산이 크면 낮고 넓게 퍼져 있으며 분산이 작으면 높고 좁게 퍼져 있다. 두 곡선의 넓이는 1이다.

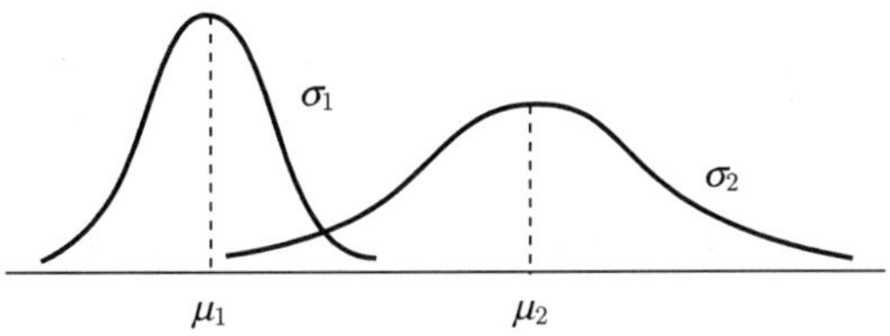


**그림 4.6** 정규곡선들($\sigma_1^2 \neq \sigma_2^2$, $\mu_1 \neq \mu_2$)

[그림 4.6]은 두 정규분포의 평균과 분산이 다른 경우이다. 곡선은 평균이 크면 중심의 위치가 오른쪽으로, 분산이 크면 폭이 넓지만, 넓이는 항상 1이다.

**[예제 4.4]**

정규분포가 확률밀도함수의 성질을 만족함을 보여라.

**|풀 이|**

$f(x)$가 확률밀도함수임을 증명하기 위해서는

$$① \ f(x) \geq 0 \qquad\qquad ② \ \int_{-\infty}^{\infty} f(x)\,dx = 1$$

임을 보여야 한다. 먼저

$$f(x) = \frac{1}{\sqrt{2\pi}\,\sigma} e^{-\frac{(x-\mu)^2}{2\sigma^2}} \geq 0, \quad (-\infty < x < \infty)$$

이다. 다음으로

$$\int_{-\infty}^{\infty} \frac{1}{\sqrt{2\pi}\,\sigma} e^{-\frac{(x-\mu)^2}{2\sigma^2}} dx$$

에서

$$I = \int_{-\infty}^{\infty} e^{-x^2} dx$$

이라 두면

$$I^2 = \int_{-\infty}^{\infty} e^{-x^2} dx \int_{-\infty}^{\infty} e^{-y^2} dy = \int_{-\infty}^{\infty} \int_{-\infty}^{\infty} e^{-(x^2+y^2)} dx dy$$

이다. 이때 $x = r\cos\theta$, $y = r\sin\theta\,(dy\,dx = r\,d\theta\,dr)$인 극좌표로 변수 변환하면

$$I^2 = \int_0^{2\pi} d\theta \int_0^{\infty} re^{-r^2} dr = \pi$$

이므로

$$I = \int_{-\infty}^{\infty} e^{-x^2} dx = \sqrt{\pi}$$

이다. 따라서 $y = \dfrac{x-\mu}{\sqrt{2}\,\sigma}$로 치환하여 적분하면 다음을 얻는다.

$$\int_{-\infty}^{\infty} \frac{1}{\sqrt{2\pi}\,\sigma} e^{-\frac{(x-\mu)^2}{2\sigma^2}} dx = \frac{1}{\sqrt{\pi}} \int_{-\infty}^{\infty} e^{-y^2} dy = \frac{1}{\sqrt{\pi}} \sqrt{\pi} = 1$$

그러므로 정규분포는 확률밀도함수의 성질을 만족한다.

**[예제 4.5]**

$X$가 $N(\mu, \sigma^2)$를 따를 때, $Y = aX + b\ (a > 0)$의 확률밀도함수를 구하여라.

**|풀 이|**

$X$의 확률밀도함수

$$f(x) = \frac{1}{\sqrt{2\pi}\,\sigma} e^{-\frac{(x-\mu)^2}{2\sigma^2}}$$

이 주어졌을 때, $Y$의 분포함수 $F_Y(y)$는 다음과 같다.

$$F_Y(y) = P(Y \leqq y) = P(aX + b \leqq y)$$
$$= P(X \leqq \frac{y-b}{a}) = F_X(\frac{y-b}{a}), \quad (a > 0)$$

$Y$의 확률밀도함수는 $Y$의 분포함수 $F_Y(y)$를 미분하여 얻을 수 있다.

$y = ax + b$의 역함수는 $x = \dfrac{y-b}{a}$ 이므로, $Y$의 확률밀도함수는 다음과 같다.

$$f_Y(y) = \frac{1}{a} f_X\left(\frac{y-b}{a}\right)$$
$$= \frac{1}{a\sqrt{2\pi}\,\sigma} \exp\left[-\frac{\left(\frac{y-b}{a} - \mu\right)^2}{2\sigma^2}\right]$$
$$= \frac{1}{\sqrt{2\pi}\,(a\sigma)} \exp\left[-\frac{\{y - (a\mu + b)\}^2}{2(a\sigma)^2}\right]$$

따라서 $Y$는 모수가 $a\mu + b$와 $(a\sigma)^2$인 정규분포를 따른다. 즉, $Y$는 정규분포 $N(a\mu + b,\ (a\sigma)^2)$를 따른다.

다음은 정규분포의 확률을 구하는 문제를 생각하자. 정규분포의 확률계산은 매우 복잡하여 직접적인 계산이 쉽지 않다.

그러므로 정규분포에서의 확률계산을 편리하게 하기 위해서 평균이 0이고 분산이 1인 표준정규분포를 유도한다.

$$X \sim N(\mu,\ \sigma^2)\text{에서 } Z = \frac{X-\mu}{\sigma}\text{라고 하면}$$

$$E(Z) = E\left[\frac{X-\mu}{\sigma}\right] = \frac{1}{\sigma} E\left[X - \mu\right] = \frac{1}{\sigma} \cdot 0 = 0,$$

$$V(Z) = V\left[\frac{X-\mu}{\sigma}\right] = \frac{1}{\sigma^2} V(X) = \frac{1}{\sigma^2} \cdot \sigma^2 = 1$$

이므로 $Z=\dfrac{X-\mu}{\sigma}$의 평균은 0이고 분산은 1이다.

이와 같이 어떤 정규분포이든 표준화하여 확률을 쉽게 계산할 수 있다.

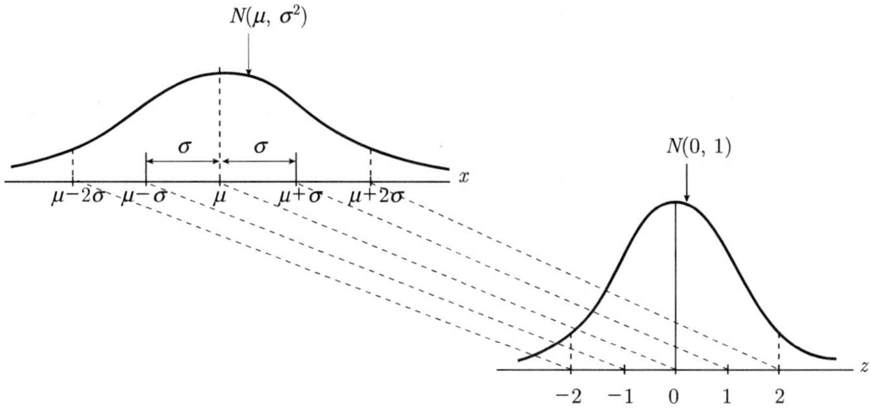


**그림 4.7** $N(\mu,\sigma^2)$과 $N(0,1)$의 변환 관계

**정의 표준정규분포**

$X\sim N(\mu,\ \sigma^2)$일 때 $Z=\dfrac{X-\mu}{\sigma}$이라 하면 $Z$의 확률밀도함수는

$$\phi(z)=\frac{1}{\sqrt{2\pi}}e^{-\frac{z^2}{2}},\qquad (-\infty<z<\infty)$$

이다. $E(Z)=0,\ \ V(Z)=1$이며 확률변수 $Z$는 표준정규분포(standard normal distribution)를 한다고 하며 $Z\sim N(0,1)$로 나타낸다.

표준정규확률변수의 누적분포함수를 일반적으로 $\Phi(z)$로 나타낸다. 즉,

$$\Phi(z)=\frac{1}{\sqrt{2\pi}}\int_{-\infty}^{z}e^{-w^2/2}dw$$

이다. 음인 $z$값에 대해서는 다음과 같이 계산할 수 있다.

$$\Phi(-z)=1-\Phi(z),\qquad (-\infty<z<\infty)$$

이 식은 $Z$가 표준정규확률변수이면,

$$P\{Z \le -z\} = P\{Z > z\}, \qquad (-\infty < z < \infty)$$

임을 의미한다.

$N(0,1)$을 가지는 확률변수 $Z$에 대하여

$$\Phi(z_0) = P(-\infty \le Z \le z_0) = \frac{1}{\sqrt{2\pi}} \int_{-\infty}^{z_0} e^{-\frac{t^2}{2}} dt$$

의 값을 각 $z_0$에 대해 구해서 표로 작성한 것을 **표준정규분포표**라고 하며, 부록의 표 3에 주어져 있다.

**[예제 4.6]**

$X \sim N(50, 10^2)$인 정규분포에서 $P(55 < X < 62)$를 구하여라.

**|풀 이|**

$Z = \dfrac{X-50}{10} \sim N(0,1)$를 이용한다.

$$P(55 < X < 62) = P\left(\frac{55-50}{10} < \frac{X-50}{10} < \frac{62-50}{10}\right) = P(0.5 < Z < 1.2)$$
$$= P(Z < 1.2) - P(Z < 0.5) = 0.8849 - 0.6915 = 0.1934$$

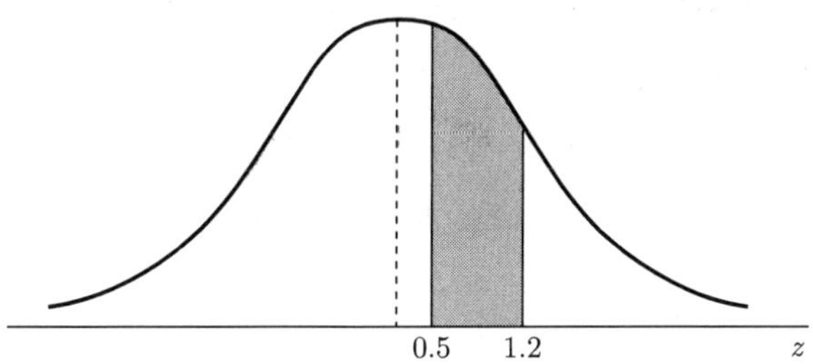

**[예제 4.7]**

$X \sim N(300, 50^2)$인 정규분포에서 $P(X \geq 362)$를 구하여라.

**|풀 이|**

$Z = \dfrac{X-300}{50} \sim N(0,1)$이므로

$$P(X \geq 362) = P\left(\frac{X-300}{50} \geq \frac{362-300}{50}\right) = P(Z \geq 1.24)$$
$$= 1 - P(Z < 1.24) = 1 - 0.8925 = 0.1075$$

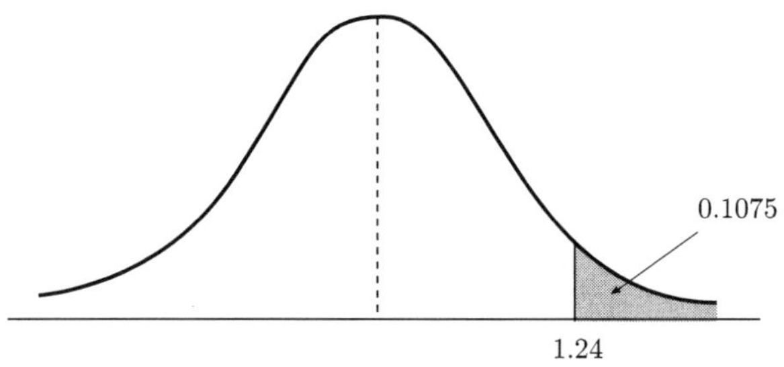


**[예제 4.8]**

어떤 초등학교 한 학급의 학생을 대상으로 $IQ$검사를 하였더니 $IQ$점수는 평균이 100이고 표준편차가 15인 정규분포를 따른다고 한다. 어떤 검사자의 점수가 다음과 같을 확률을 구하여라.

(1) $IQ$점수가 125를 초과할 확률을 구하여라.

(2) $IQ$점수가 90과 110 사이일 확률을 구하여라.

**|풀 이|**

$X$: 학생들의 $IQ$점수라고 하면, $X \sim N(100,\ 15^2)$이다.

(1) $P(X > 125) = P\left(\dfrac{X-100}{15} > \dfrac{125-100}{15}\right) = P\left(Z > \dfrac{25}{15}\right) = 0.0478$

(2) $P(90 < X < 110) = P\left(\frac{90-100}{15} < \frac{X-100}{15} < \frac{110-100}{15}\right)$

$$= P\left(-\frac{10}{15} < Z < \frac{10}{15}\right) = 0.4950$$

**[예제 4.9]**

통계학 시험성적이 평균은 70점이고, 표준편차가 8점인 정규분포를 따른다고 할 때, 상위 10%에 해당하는 점수를 얻으면 $A^+$ 학점을 받을 수 있다고 한다면, $A^+$ 학점을 받을 가장 낮은 성적을 구하여라.

**|풀 이|**

$X$를 통계학 시험성적이라고 하면, $X \sim N(70,\ 8^2)$이다. $A^+$ 학점을 받을 학생 중 최하 성적을 $y$라 하면, $P(X \geq y) = 0.1$이므로 $y$는 $X$의 분포의 제90백분위수이므로, $P(X \leq y) = 0.9$ 이다. 따라서

$$y = 70 + 8z_{0.1} = 70 + 8(1.28)$$
$$= 80.24$$

이므로 $A^+$ 학점을 받을 가장 낮은 성적은 80.24점이다.

**[예제 4.10]**

집에서 학교까지 소요되는 시간은 평균 40분이고 표준편차가 7분인 정규분포를 따른다고 하자. 오전 10시 강의시간에 늦지 않을 것을 95% 확신하고자 한다면 집에서 늦어도 몇 시 몇 분에 출발해야 하는가?

**|풀 이|**

$X$를 집에서 학교까지 소요시간이라고 하면, $X \sim N(40,\ 7^2)$이다. 먼저 $P(X > x) = 0.05$ 인 $x$ 의 값을 구한다.

$$P\left(\frac{X-40}{7} > \frac{x-40}{7}\right) = P(Z > \frac{x-40}{7}) = 0.05$$

이고 또, $P(Z > 1.645) = 0.05$ 이므로,

$$\frac{x-40}{7} = 1.645 \text{에서 } x = 40 + 7 \cdot 1.645 = 51.515$$

이다. 그러므로 9시 8.485분 이전에 집에서 출발해야 한다.

**[예제 4.11]**

$X$가 $N(5, 4^2)$을 따를 때, 다음을 구하여라.

(1) $P(4.5 \le X \le 6.5)$

(2) $P(X \ge x_1) = 0.01$이 되는 $x_1$의 값을 구하여라.

(3) $P(|X-5| \ge x_2) = 0.01$ 이 되는 $x_2$의 값을 구하여라.

**|풀 이|**

(1) $P(4.5 \le X \le 6.5) = P\left(\frac{4.5-5}{4} < \frac{X-5}{4} < \frac{6.5-5}{4}\right)$

$$= P(-0.125 < Z < 0.375) = 0.1959$$

(2) $P(X \ge x_1) = P\left(\frac{X-5}{4} \ge \frac{x_1-5}{4}\right) = 0.01$에서

$\frac{x_1-5}{4} = 2.326$이고, $x_1 = 5 + 4 \cdot 2.326 = 14.30$

(3) $P(|X-5| \ge x_2) = P(X-5 \ge x_2) + P(X-5 \le -x_2)$

$$= P(\frac{X-5}{4} \ge \frac{x_2}{4}) + P(\frac{X-5}{4} \le \frac{-x_2}{4}) = 0.01,$$

즉, $P\left(Z > \frac{x_2}{4}\right) = 0.005$, $\frac{x_2}{4} = 2.575$이다.

따라서 $x_2 = 4 \cdot 2.575 = 10.30$

## 4.4 지수분포

지수분포는 종종 어떤 특정한 사건이 발생할 때까지 걸린 시간의 분포가 된다. 예를 들어, 지금부터 지진이 발생할 때까지의 시간, 새로운 전쟁이 일어날 때까지의 시간, 잘못 걸려온 전화를 받을 때까지의 시간, 부품이나 시스템이 고장날 때까지의 시간 등이 모두 실제로 지수분포를 따르는 확률변수이다.

이 절에서는 지수분포를 정의하여 지수분포의 누적분포함수를 구해보고, 그 관계를 살펴보고자 한다.

**정의 지수분포**

확률변수 $X$의 확률밀도함수 $f(x)$가

$$f(x) = \begin{cases} \lambda e^{-\lambda x}, & (x \ge 0) \\ 0, & (x < 0) \end{cases}$$

로 주어질 때, $X$는 모수가 $\lambda$인 **지수분포**(exponential distribution)를 따른다고 하고 $\text{Exp}(\lambda)$로 표기한다.

지수분포의 평균은 $\frac{1}{\lambda}$이고 분산은 $\frac{1}{\lambda^2}$이다. 평균과 분산에 따라 추가적인 성질은 5장에서 다루기로 한다.

상수 $\lambda$의 변함에 따른 지수분포의 확률밀도함수의 그래프와 누적분포함수의 그래프는 [그림 4.8]과 같다.

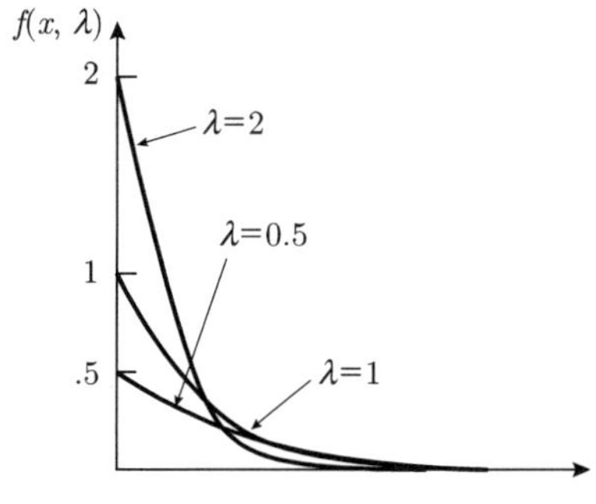


**그림 4.8** 지수분포의 확률밀도함수 그래프

**[예제 4.12]**

지수분포가 확률밀도함수의 성질을 만족함을 보여라.

**|풀 이|**

$$f(x) = \lambda e^{-\lambda x} \geq 0, \quad (x \geq 0)$$

이고,

$$\int_0^\infty \lambda e^{-\lambda x}\, dx = [-e^{-\lambda x}]_0^\infty = 1$$

이므로, 지수분포는 확률밀도함수의 성질을 만족한다.

다음으로 지수분포의 누적분포함수를 유도해보자.

지수분포의 누적분포함수 $F(x)$는

$$\begin{aligned} F(x) &= P(X \leq x) \\ &= \int_0^x \lambda e^{-\lambda t}\, dt \\ &= [-e^{-\lambda t}]_0^x = 1 - e^{-\lambda x} \end{aligned}$$

이므로, $X$ 누적분포함수 $F(x)$는 다음과 같이 표현할 수 있다.

$$F(x) = \begin{cases} 1 - e^{-\lambda x}, & (x \geq 0) \\ 0, & (x < 0) \end{cases}$$

그리고 지수분포의 누적분포함수의 그래프는 [그림 4.9]와 같다.

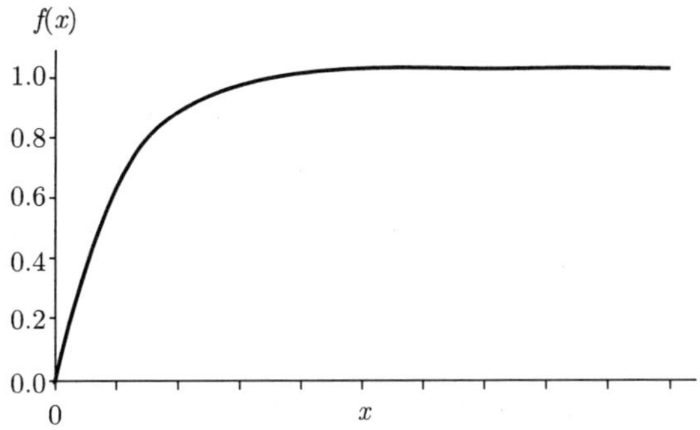


**그림 4.9** 지수분포의 누적분포함수 그래프

**[예제 4.13]**

기계 $A$의 수명분포는 평균이 $\dfrac{1}{\lambda}=1,500$인 지수분포를 한다. 이때 수명이 3,000 시간 이상 될 확률을 구하여라.

**|풀 이|**

기계의 수명시간을 $X$라고 하면, $X$는 $\lambda=\dfrac{1}{1500}$인 지수분포를 하므로 확률밀도함수는

$$f(x)=\frac{1}{1500}e^{-\frac{1}{1500}x},\quad (\text{단},\ x>0)$$

이 된다.

따라서 구하고자 하는 확률은 다음과 같다.

$$P(X>3000)=\int_{3000}^{\infty}\frac{1}{1500}e^{-\frac{1}{1500}x}dx=\left[-e^{-\frac{1}{1500}x}\right]_{3000}^{\infty}$$

$$=-e^{-\infty}+e^{-2}=e^{-2}=0.13534$$

**[예제 4.14]**

어느 가정에서 구입한 $S$회사의 냉장고는 평균 10년 동안 고장이 없다고 한다. 이 냉장고가 고장날 확률이 지수분포를 따를 때, 이 냉장고가 20년 이상 고장이 없을 확률을 구하여라. 또 5년 이내에 고장날 확률을 구하여라.

**|풀 이|**

$X$를 냉장고가 고장날 때까지의 시간이라고 하면, $X$는 $\lambda = \dfrac{1}{10}$인 지수분포를 하므로 확률밀도함수는

$$f(x) = \frac{1}{10}e^{-\frac{1}{10}x}, \qquad (\text{단}, \ x > 0)$$

이 된다. 따라서 구하고자 하는 확률은 다음과 같이 구해진다.

$$P(X \geqq 20) = \int_{20}^{\infty} \frac{1}{10}e^{-\frac{1}{10}x}\,dx = \left[-e^{-\frac{1}{10}x}\right]_{20}^{\infty} = e^{-2} = 0.1354,$$

$$P(X \leqq 5) = \int_{0}^{5} \frac{1}{10}e^{-\frac{1}{10}x}\,dx = \left[-e^{-\frac{1}{10}x}\right]_{0}^{5} = 1 - e^{-\frac{1}{2}} = 1 - 0.604 = 0.396.$$

**[예제 4.15] 지수분포의 무기억성**

$X$가 지수분포를 할 때

$$P(X > x + y \mid X > x) = P(X > y)$$

임을 보여라. 이때 위의 성질을 만족하는 음이 아닌 확률변수 $X$는 무기억성(memoryless property)을 갖는다고 한다.

**|풀 이|**

$$P(X > x + y \mid X > x) = \frac{P(X > x + y, X > x)}{P(X > x)}$$

$$= \frac{P(X > x+y)}{P(X > x)}$$

$$= \frac{\int_{x+y}^{\infty} \lambda e^{-\lambda t}\,dt}{\int_{x}^{\infty} \lambda e^{-\lambda t}\,dt} = \frac{e^{-\lambda(x+y)}}{e^{-\lambda x}}$$

$$= e^{-\lambda y} = P(X > y).$$

**[예제 4.16]**

$H$ 회사의 어느 전기자동차는 배터리가 다하기 전에 주행할 수 있는 거리는 평균 1000km인 지수분포를 따른다고 한다.

이 자동차의 배터리를 사용하여 500km 이상 주행할 수 있는 확률을 구하여라. 또 만일 어떤 사람이 500km 거리의 여행을 계획하고 있다면, 이 사람이 여행 출발 전에 충전 후 이미 $t$(100km) 거리를 주행하였다면 배터리를 교환하지 않고 여행을 마칠 확률은 얼마인가?

**|풀 이|**

배터리의 잔여수명(단위; 100km)을 확률변수 $X$라고 할 때, $X$는 모수가 $\lambda = \frac{1}{10}$ 인 지수분포를 따른다고 할 수 있다.

자동차가 500km 이상 주행할 수 있는 확률은

$$\begin{aligned} P(X > 5) &= 1 - P(X \le 5) \\ &= 1 - (1 - e^{-5\lambda}) = e^{-5\lambda} = e^{-\frac{1}{2}} \approx 0.604 \end{aligned}$$

이다.

또, 여행 출발 전 이미 $t(100km)$ 거리를 주행하였다면 배터리를 교환하지 않고 여행을 마칠 확률은 지수분포의 무기억성에 의해 다음과 같다.

$$P(X > t+5 \mid x > t) = P(X > 5) = e^{-5\lambda} = e^{-\frac{1}{2}} \approx 0.604$$

확률변수 $X$가 부품의 수명이라고 할 때, $X$가

$$\lim_{\Delta x \to 0} \frac{P(x < X \le x + \Delta x \mid X > x)}{\Delta x} = \eta(x),$$

$$P(0 < X) = 1$$

을 만족하면 $\eta(x)$를 **위험률**(hazard rate) 또는 **고장률함수**(failure rate function)라고 한다. 이때 $X$의 확률밀도함수 및 누적분포함수를 $f(x)$, $F(x)$로 나타내면 $X$의 위험률은

$$\eta(x) = \frac{f(x)}{1 - F(x)}$$

와 같다. 예를 들어, $X$가 모수 $\lambda$의 지수분포를 따르면

$$\eta(x) = \frac{\lambda e^{-\lambda x}}{e^{-\lambda x}} = \lambda(\text{일정}), \qquad (x > 0)$$

이 된다. 따라서 지수분포의 고장률함수는 상수 $\lambda$로 일정하다. 즉, 수명분포가 지수분포를 따른다고 하면 무기억성질에 의해 $t$시간 사용한 제품의 잔여수명분포는 새로운 제품의 수명분포와 동일하다.

다음 정리로부터 포아송 분포와 지수분포와의 관계를 알 수 있다.

**정리 4.1**

어떤 사상 $E$의 발생이 모수 $\lambda$의 포아송 분포를 따를 때, 사상이 발생되는 간격 $T$는 모수 $\lambda$의 지수분포를 한다.

**증명**

사상 $\{T > x\}$와 사상 $\{x$시간 내에 $E$가 발생하지 않는다$\}$는 동등한 사상이므로

$$P(T > x) = P[N(0, x) = 0] = e^{-\lambda x}$$

이 성립한다. 여기서 $N(0,x)$는 시간 $0 \sim x$ 사이의 발생 수이며 모수 $\lambda$인 포아송 분포를 따른다.

$T$의 확률밀도함수가 $f(x)$라면 다음과 같이 얻어진다.

$$f(x) = \frac{d}{dx}P(T \le x) = \frac{d}{dx}(1-e^{-\lambda x}) = \lambda e^{-\lambda x}$$

이 정리에서 포아송 분포는 사상의 발생시점에 관계하고, 지수분포는 사상의 이웃하는 발생지점 간의 간격에 관계함을 알 수 있다.

## 4.5 감마분포

감마분포는 지수분포와 마찬가지로 부품이나 시스템의 고장시간에 대한 모형으로서 신뢰성 이론에서 많이 이용되고 있다.

이 절에서는 감마분포를 정의하고, 지수분포가 감마분포의 특수한 경우임을 설명하고자 한다.

**정의 감마분포**

확률변수 $X$가 모수 $(\alpha, \beta)$, $\alpha > 0, \beta > 0$를 가지며 다음 확률밀도함수

$$f(x) = \begin{cases} \dfrac{1}{\beta^\alpha \Gamma(\alpha)} x^{\alpha-1} e^{-\frac{x}{\beta}}, & (x \ge 0) \\ 0, & (x < 0) \end{cases}$$

를 가질 때, $X$는 **감마분포**(gamma distribution)를 따른다고 하고 $G(\alpha, \beta)$로 표기한다.

감마분포의 평균은 $\alpha\beta$이고 분산은 $\alpha\beta^2$이다. 평균과 분산에 대한 추가적인 성질은 5장에서 다루기로 한다.

위의 분포의 정의에서 $\Gamma(\alpha)$는

$$\Gamma(\alpha) = \int_0^\infty e^{-x} x^{\alpha-1} dx$$

와 같은 **감마함수**(gamma function)이며, 부분적분에 의하여

$$\begin{aligned}\Gamma(\alpha) &= \left[-e^{-x}x^{\alpha-1}\right]_0^\infty + \int_0^\infty e^{-x}(\alpha-1)x^{\alpha-2}dx \\ &= (\alpha-1)\int_0^\infty e^{-x}x^{\alpha-2}dx \\ &= (\alpha-1)\Gamma(\alpha-1)\end{aligned}$$

와 같이 된다.

$\alpha$가 정수값, 예를 들면 $\alpha = n$이고 위의 관계식을 반복하여 적용하면, $\Gamma(1) = 1$이므로

$$\begin{aligned}\Gamma(n) &= (n-1)\Gamma(n-1) = (n-1)(n-2)\Gamma(n-2) \\ &\cdots \\ &= (n-1)(n-2)\cdots 3\cdot 2\cdot \Gamma(1) \\ &= (n-1)!\end{aligned}$$

이다.

감마함수의 중요한 성질들은 다음과 같다.

1. 임의의 $\alpha > 1$에 대하여, $\Gamma(\alpha) = (\alpha-1)\cdot\Gamma(\alpha-1)$
2. 임의의 양수 $n$에 대하여 $\Gamma(n) = (n-1)!$
3. $\Gamma\left(\frac{1}{2}\right) = \sqrt{\pi}$

다음 그래프는 감마분포의 확률밀도함수에서 $\alpha$와 $\beta$를 변화시켜가면서 그래프로

표현한 것이다.

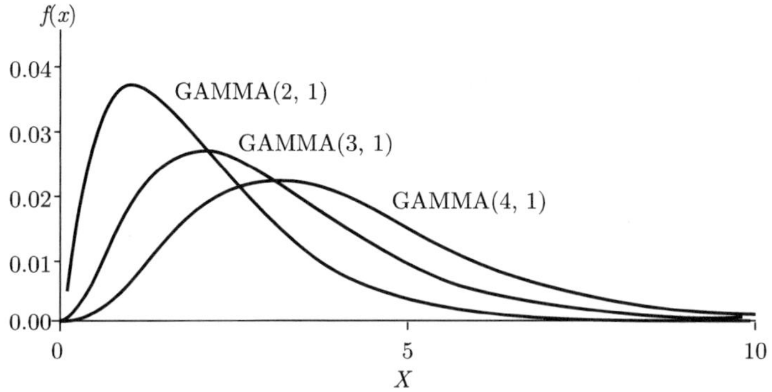


**그림 4.10** 감마분포의 확률밀도함수 그래프

특히, 감마분포의 확률밀도함수 식에서 $\alpha = 1$, $\beta = \frac{1}{\lambda}\left(\lambda = \frac{1}{\beta}\right)$일 때, 지수분포의 확률밀도함수와 일치하므로 지수분포가 감마분포의 특수한 경우임을 알 수 있다.

$\alpha$가 양의 정수, 즉 $\alpha = n$일 때 감마분포 $G(\alpha, \beta)$는 종종 실제로 총 $n$번의 사건이 발생할 때까지 걸린 시간의 분포가 된다. 즉 사건이 무작위로 포아송 과정을 따라서 발생하면 총 $n$번의 사건이 발생할 때까지 기다린 시간은 모수 $(n, \beta)$인 감마분포 $G(n, \beta)$를 따른다.

**[예제 4.17]**

감마분포가 확률밀도함수의 성질을 만족함을 보여라.

**| 풀 이 |**

$$f(x) = \frac{1}{\beta^{\alpha}\Gamma(\alpha)} x^{\alpha - 1} e^{-\frac{x}{\beta}} \geq 0, \quad (x \geq 0)$$

이고,

$$\int_0^{\infty} \frac{1}{\beta^{\alpha}\Gamma(\alpha)} x^{\alpha - 1} e^{-\frac{x}{\beta}} dx = \frac{1}{\Gamma(\alpha)} \int_0^{\infty} \frac{x^{\alpha - 1}}{\beta^{\alpha}} e^{-\frac{x}{\beta}} dx$$

이므로

$$\Gamma(\alpha) = \int_0^\infty e^{-y} y^{\alpha-1} dy$$

에서 $y = \dfrac{x}{\beta}$, $\beta > 0$라 놓으면

$$\Gamma(\alpha) = \int_0^\infty \frac{x^{\alpha-1}}{\beta^{\alpha-1}} e^{-\frac{x}{\beta}} \left| \frac{1}{\beta} \right| dx = \int_0^\infty \frac{x^{\alpha-1}}{\beta^{\alpha}} e^{-\frac{x}{\beta}} dx$$

이다. 따라서

$$\frac{1}{\Gamma(\alpha)} \int_0^\infty \frac{x^{\alpha-1}}{\beta^{\alpha}} e^{-\frac{x}{\beta}} dx = \frac{\Gamma(\alpha)}{\Gamma(\alpha)} = 1$$

이므로 감마분포는 확률밀도함수의 성질을 만족한다.

**[예제 4.18]**

어느 가게는 포아송과정에 따라 시간당 평균 30명의 고객이 방문한다고 한다. 시간의 단위를 분으로 정한다면 $\lambda = 1/2$이다. 처음 두 명의 고객이 방문하기까지 가게 주인이 기다리는 시간이 5분 이상일 확률을 구하여라.

**|풀 이|**

두 번째 고객이 도착할 때까지 기다리는 시간을 $X$라고 한다면, $X$는 $\alpha = 2$, $\beta = \dfrac{1}{\lambda} = 2$를 갖는 감마분포 $G(2, 2)$를 따른다. 따라서 구하는 확률은

$$\begin{aligned} P(X > 5) &= \int_5^\infty \frac{x^{2-1} e^{-x/2}}{\Gamma(2) 2^2} dx \\ &= \int_5^\infty \frac{x\, e^{-x/2}}{4} dx \end{aligned}$$

$$= \frac{1}{4}\left[(-2)x\,e^{-x/2} - 4\,e^{-x/2}\right]_5^\infty$$

$$= \frac{7}{2}e^{-5/2} = 0.287$$

이다.

**[예제 4.19]**

$X$가 모수가 $(3,\ 2)$인 감마분포를 따를 때, $P(1 \le X \le 2)$를 구하여라.

**|풀 이|**

모수가 $(3,2)$인 감마분포 $G(3,\ 2)$의 확률밀도함수는 다음과 같다.

$$f(x) = \frac{1}{2^3\Gamma(3)}x^2 e^{-\frac{x}{2}} = \frac{1}{8 \cdot 2!}x^2 e^{-\frac{x}{2}} = \frac{1}{16}x^2 e^{-\frac{x}{2}}, \qquad (x \ge 0)$$

따라서 구하고자 하는 확률은 다음과 같다.

$$P(1 \le X \le 2) = \frac{1}{16}\int_1^2 x^2 e^{-\frac{x}{2}}\,dx$$

$$\begin{cases} u = x^2, & dv = e^{-\frac{x}{2}}dx \\ du = 2x\,dx, & v = -2e^{-\frac{x}{2}} \end{cases}$$

$$= \frac{1}{16}\left\{\left[x^2\left(-2e^{-\frac{x}{2}}\right)\right]_1^2 - \int_1^2 2x\left(-2e^{-\frac{x}{2}}\right)dx\right\}$$

$$= \frac{1}{16}\left\{4(-2e^{-1}) + 2e^{-\frac{1}{2}} + 4\int_1^2 x\,e^{-\frac{x}{2}}dx\right\}$$

$$= -\frac{1}{2}e^{-1} + \frac{1}{8}e^{-\frac{1}{2}} + \frac{1}{4}\int_1^2 x\,e^{-\frac{x}{2}}dx$$

$$\begin{cases} u = x, & dv = e^{-\frac{x}{2}}dx \\ du = dx, & v = -2e^{-\frac{x}{2}} \end{cases}$$

$$= -\frac{1}{2}e^{-1} + \frac{1}{8}e^{-\frac{1}{2}} + \frac{1}{4}\left\{\left[x\left(-2e^{-\frac{x}{2}}\right)\right]_1^2 - \int_1^2 -2e^{-\frac{x}{2}}dx\right\}$$

$$= -\frac{1}{2}e^{-1} + \frac{1}{8}e^{-\frac{1}{2}} + \frac{1}{4}\left\{2(-2e^{-1}) + 2e^{-\frac{1}{2}} + 2\int_1^2 e^{-\frac{x}{2}}dx\right\}$$

$$= -\frac{1}{2}e^{-1} + \frac{1}{8}e^{-\frac{1}{2}} - e^{-1} + \frac{1}{2}e^{-\frac{1}{2}} + \frac{1}{2}\int_1^2 e^{-\frac{x}{2}}dx$$

$$= -\frac{3}{2}e^{-1} + \frac{5}{8}e^{-\frac{1}{2}} + \frac{1}{2}\left[-2e^{-\frac{x}{2}}\right]_1^2$$

$$= -\frac{3}{2}e^{-1} + \frac{5}{8}e^{-\frac{1}{2}} + \frac{1}{2}\left\{-2e^{-1} + 2e^{-\frac{1}{2}}\right\}$$

$$= -\frac{3}{2}e^{-1} + \frac{5}{8}e^{-\frac{1}{2}} - e^{-1} + e^{-\frac{1}{2}}$$

$$= \frac{13}{8}e^{-\frac{1}{2}} - \frac{5}{2}e^{-1}$$

## 4.6 베타분포

베타분포는 화학물질 속의 불순물의 비율이나 제품의 불량률 또는 총 작업시간 중 유휴상태인 시간의 비율 등과 같은 비율에 관한 모형으로 자주 사용되는 분포이다.

이 절에서는 이항분포와 관계가 깊은 베타분포를 정의하여 베타분포가 확률밀도 함수임을 보이고, 예를 들어 설명하고자 한다.

**정의 베타분포**

확률변수 $X$가 모수 $(\alpha, \beta)$, $\alpha > 0$, $\beta > 0$를 가지며 다음 확률밀도함수

$$f(x) = \begin{cases} \dfrac{1}{B(\alpha, \beta)} x^{\alpha-1}(1-x)^{\beta-1}, & (0 < x < 1) \\ 0, & (x \le 0 \text{ 또는 } x \ge 1) \end{cases}$$

를 가질 때, $X$는 **베타분포**(beta distribution)를 따른다고 하며 $Beta(\alpha, \beta)$로 표기한다. 여기서, $B(\alpha, \beta)$는

$$B(\alpha, \beta) = \int_0^1 x^{\alpha-1}(1-x)^{\beta-1}dx$$

와 같은 **베타함수**(beta function)이다.

베타분포의 평균은 $\dfrac{\alpha}{\alpha+\beta}$이고 분산은 $\dfrac{\alpha\beta}{(\alpha+\beta+1)(\alpha+\beta)^2}$이다. 평균과 분산에 대한 추가적 성질은 5장에서 다루기로 한다.

[그림 4.11]은 베타분포의 확률밀도함수에서 $\alpha$와 $\beta$를 변화시켜가면서 그래프로 표현한 것이다. 베타분포는 $\alpha = \beta$이면 0.5에 대하여 대칭, $\alpha > \beta$이면 왼쪽으로 긴 꼬리모양, $\alpha < \beta$이면 오른쪽으로 긴 꼬리모양을 갖는 특징을 나타낸다.

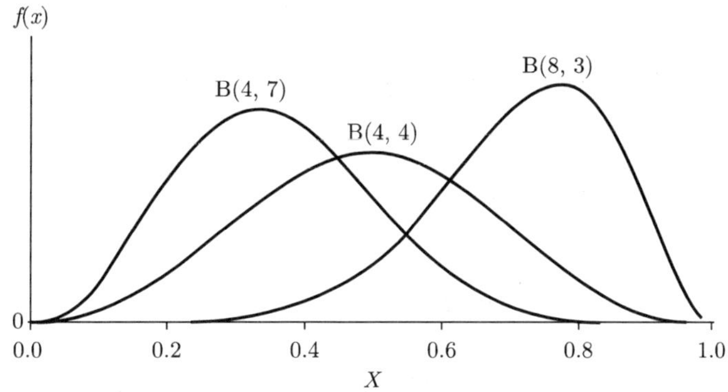


**그림 4.11** 베타분포의 확률밀도함수 그래프

베타함수와 감마함수의 관계를 살펴보면 다음과 같다.

$$B(\alpha, \beta) = \frac{\Gamma(\alpha)\Gamma(\beta)}{\Gamma(\alpha+\beta)}$$

**[예제 4.20]**

베타분포가 확률밀도함수임을 보여라.

**|풀 이|**

$$f(x) = \frac{1}{B(\alpha, \beta)} x^{\alpha-1}(1-x)^{\beta-1} \geq 0, \quad (0 < x < 1)$$

이고,

$$\int_0^1 \frac{1}{B(\alpha, \beta)} x^{\alpha-1}(1-x)^{\beta-1} dx = \frac{1}{B(\alpha, \beta)} \int_0^1 x^{\alpha-1}(1-x)^{\beta-1} dx$$
$$= \frac{B(\alpha, \beta)}{B(\alpha, \beta)} = 1$$

이므로 베타분포는 확률밀도함수이다.

**[예제 4.21]**

$X$가 $\alpha = \beta = 2$인 베타분포에 따를 때, $P(X \leq 0.2)$를 구하여라.

**|풀 이|**

$\alpha = \beta = 2$일 때, 베타분포의 확률밀도함수는 다음과 같다.

$$f(x) = \frac{1}{B(2, 2)} x^{2-1}(1-x)^{2-1}$$
$$= \frac{\Gamma(4)}{\Gamma(2)\Gamma(2)} x(1-x)$$
$$= \frac{3!}{1!1!} x(1-x) = 6x(1-x), \qquad (0 < x < 1)$$

따라서 구하고자 하는 확률은 다음과 같다.

$$P(X \le 0.2) = \int_0^{0.2} 6x(1-x)\,dx$$

$$= 6\left[\frac{x^2}{2} - \frac{x^3}{3}\right]_0^{0.2}$$

$$= 6\left(\frac{0.04}{2} - \frac{0.008}{3}\right) = 0.104$$

## 4.7 $\chi^2$ 분포, $t$ 분포, $F$ 분포

이 절에서는 $\chi^2$ 분포, $t$ 분포, $F$ 분포를 정의하고 각 분포의 성질에 대하여 살펴본다.

정규모집단에서 임의로 추출한 표본으로부터 구한 표본분산 $s^2$ 은 모분산 $\sigma^2$ 의 통계적 추론에 유용하게 사용된다. 표본분산 $s^2$ 과 모분산 $\sigma^2$ 과의 관계를 살펴볼 수 있는 분포로 $\chi^2$ 분포가 있다.

먼저 $\chi^2$ 분포를 정의하고, $\chi^2$ 분포가 감마분포의 특수한 경우임을 설명하고자 한다. 또한 $\chi^2$ 분포와 정규분포의 관계도 살펴보고자 한다.

**정의** $\chi^2$ 분포

감마분포에서 $\alpha = \frac{r}{2}$ ($r$ 은 자연수), $\beta = 2$ 일 때

$$f(x) = \frac{1}{2^{\frac{r}{2}}\Gamma\left(\frac{r}{2}\right)} x^{\frac{r}{2}-1} e^{-\frac{x}{2}}, \quad (x > 0)$$

로 정의되는 함수를 자유도 $r$ 의 **$\chi^2$ 분포**(chi−square distribution)의 확률밀도함수라고 한다.

다음 그래프는 카이제곱분포의 확률밀도함수에서 자유도 $r$을 변화시켜가면서 그래프로 표현한 것이다.

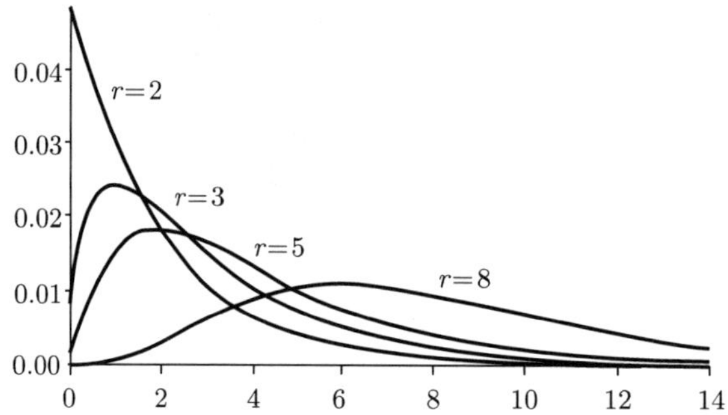


**그림 4.12** 카이제곱분포의 확률밀도함수 그래프

$\chi^2$ 분포는 자유도(degrees of freedom) $r$의 크기에 따라 변하며, 자유도가 커지면 대칭에 가까워지며 여러 집단들 사이의 독립성 검정과 적합성 검정을 하는 데 주로 사용된다.

다음 정리로부터 표준정규분포와 $\chi^2$ 분포의 관계를 알 수 있다.

**정리 4.2**

$X$가 정규분포 $N(\mu, \sigma^2)$를 따르면, $Y = \dfrac{(X-\mu)^2}{\sigma^2} = Z^2$은 자유도 $d.f. = 1$인 카이제곱분포 $\chi^2(1)$를 따른다.

**증명**

$Z = \dfrac{X-\mu}{\sigma}$가 $N(0,1)$을 따르는 확률변수이므로, $Y = Z^2$이라면 임의의 양수 $y$에 대해서 $\sqrt{Y} = Z$이므로,

$$P(0 \le Y \le y) = P(-\sqrt{y} \le Z \le \sqrt{y})$$

$$= \int_{-\sqrt{y}}^{\sqrt{y}} \frac{1}{\sqrt{2\pi}} e^{-\frac{z^2}{2}} dz$$

이다. $z^2 = y$로 두면

$$P(0 \le Y \le y) = \frac{2}{\sqrt{2\pi}} \int_0^z e^{-\frac{y}{2}} \frac{1}{2\sqrt{y}} dy$$

$$= \int_0^z \frac{1}{2^{\frac{1}{2}} \Gamma\left(\frac{1}{2}\right)} y^{\frac{1}{2}-1} e^{-\frac{y}{2}} dy$$

이다. 따라서 $Y$는 자유도 1인 카이제곱 $\chi^2(1)$를 따른다.

**[예제 4.22]**

$X$가 정규분포 $N(\mu, \sigma^2)$를 따를 때, $V^2 = \dfrac{(\overline{X} - \mu)^2}{\sigma^2/n}$이 자유도 1인 $\chi^2$분포를 따름을 보여라.

**|풀 이|**

$V = \dfrac{\overline{X} - \mu}{\dfrac{\sigma}{\sqrt{n}}}$가 $N(0,1)$을 따르므로, $V^2$은 자유도 1인 $\chi^2$분포를 따른다.

카이제곱분포의 확률 계산을 알아보자.

자유도가 5일 때 $\alpha = 0.1$은 부록의 표 5에서 $x^2_{0.1}(5) = 9.236$이고 $\alpha = 0.9$는 역시 $x^2_{0.9}(5) = 1.610$을 찾을 수 있다. 이러한 값들은 [그림 4.13]에서와 같이 나타내어진다.

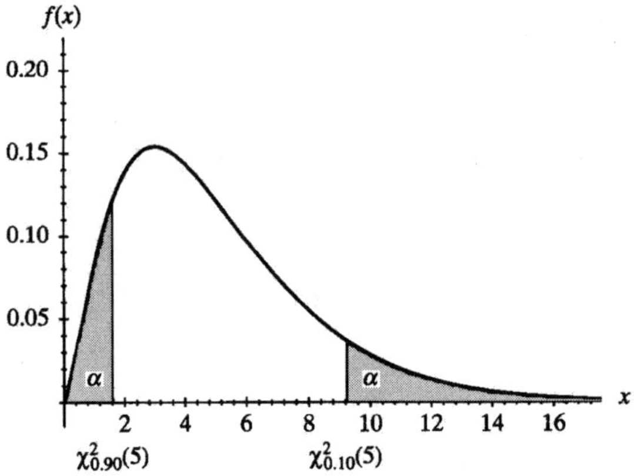


**그림 4.13** 자유도 $r=5$일 때 $\alpha=0.1$의 꼬리 확률

**[예제 4.23]**

$U$가 자유도가 7인 카이제곱분포 $\chi^2(7)$를 따를 때, $a, b, c, d$의 값을 구하여라.

(1) $P(U>a)=0.025$

(2) $P(U>b)=0.50$

(3) $P(c \leq U \leq d)=0.90$

**|풀 이|**

(1) $a=16.0$

(2) $b=6.35$

(3) 양쪽 부분의 면적이 같다면 $c=2.17$, $d=14.1$ 이다.

이제 $t$ 분포를 정의하고, $t$ 분포와 표준정규분포 및 $\chi^2$ 분포와의 관계도 살펴보고자 한다.

앞에서 살펴보았듯이 $Z=\dfrac{\overline{X}-\mu}{\sigma/\sqrt{n}}$ 는 표준정규분포를 따른다는 사실을 알고 있다. 한편, $\sigma^2$을 모르는 경우 표본분산 $s^2$으로 대치하여 얻은 $\dfrac{\overline{X}-\mu}{s/\sqrt{n}}$는 표본의 크기가 클 때($n \geqq 30$), 표준정규분포에 근사하게 된다. 하지만 표본의 크기가 작을 때$(n<30)$ $\dfrac{\overline{X}-\mu}{s/\sqrt{n}}$ 는 표준정규분포를 따른다고 할 수 없게 되며, 이때 사용할 수 있는 분포로 $t$ 분포가 있다. $t$ 분포는 자유도 $n$ 에 따라 그 모양이 변하며, 0 을 중심으로 하는 좌우대칭형으로서 자유도가 $n \to \infty$ 일 때는 표준정규분포와 일치한다. 또한 표본의 크기 $n$ 이 작을 때, 즉 $n<30$ 일 경우에 주로 $t$ 분포를 이용한다.

**정의** $t$ **분포**

$X$ 의 확률밀도함수가

$$f(x)=\frac{\Gamma\left(\frac{n+1}{2}\right)}{\sqrt{n\pi}\,\Gamma\left(\frac{n}{2}\right)}\left(1+\frac{x^2}{n}\right)^{-\frac{(n+1)}{2}}, \qquad (-\infty<x<\infty)$$

일 때 자유도 $n$ 인 $t$ **분포**라고 한다.

다음 그래프는 $t$ 분포의 확률밀도함수에서 자유도 $n$ 을 변화시켜가면서 그래프로 표현한 것이다. 자유도 $n$에 따라 모양이 다르게 나타나며, [그림 4.14]는 자유도 $n$ 이 $n=1,3,7$ 인 경우에 대하여 $t$ 분포의 곡선이 나타나 있으며, 또한 표준정규분포의 곡선이 동시에 비교되어 나타나 있다. 즉, $t$ 분포는 자유도 $n$이 증가함에 따라 표준정규분포에 접근하게 된다.

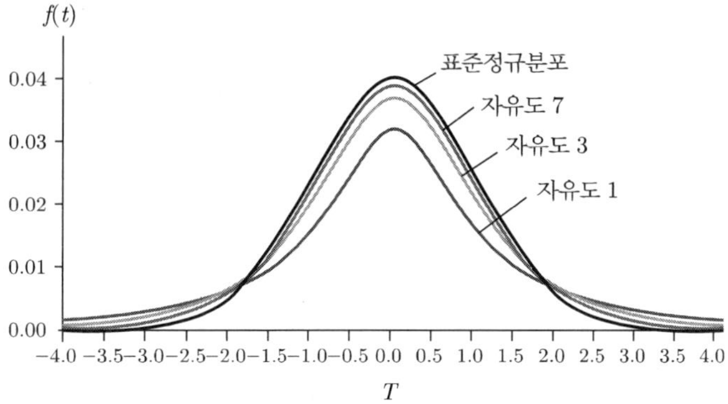


**그림 4.14** $t$ 분포의 확률밀도함수 그래프

**[예제 4.24]**

$t$ 분포가 확률밀도함수의 성질을 만족함을 보여라.

**|풀 이|**

$$f(x) = \frac{\Gamma\left(\frac{n+1}{2}\right)}{\sqrt{n\pi}\,\Gamma\left(\frac{n}{2}\right)}\left(1+\frac{x^2}{n}\right)^{-\frac{(n+1)}{2}} \geq 0$$

이고,

$$\int_{-\infty}^{\infty} \frac{\Gamma\left(\frac{n+1}{2}\right)}{\sqrt{n\pi}\,\Gamma\left(\frac{n}{2}\right)}\left(1+\frac{x^2}{n}\right)^{-\frac{(n+1)}{2}} dx = \frac{\Gamma\left(\frac{n+1}{2}\right)}{\sqrt{n\pi}\,\Gamma\left(\frac{n}{2}\right)}\int_{-\infty}^{\infty}\left(1+\frac{x^2}{n}\right)^{-\frac{(n+1)}{2}} dx$$

이므로,

$$\int_{-\infty}^{\infty}\left(1+\frac{x^2}{n}\right)^{-\frac{(n+1)}{2}} dx = 2\int_{0}^{\infty}\left(1+\frac{x^2}{n}\right)^{-\frac{(n+1)}{2}} dx$$

에서,

$$\left(1+\frac{x^2}{n}\right)^{-1} = t$$

라 놓으면,

$$dx = -\left(\frac{\sqrt{n}}{2}\right)(1-t)^{-\frac{1}{2}}t^{-\frac{3}{2}}dt$$

이다. 따라서

$$2\int_{0}^{\infty}\left(1+\frac{x^2}{n}\right)^{-\frac{(n+1)}{2}} dx = 2\int_{1}^{0}\left(-\frac{\sqrt{n}}{2}\right)t^{\frac{n-2}{2}}(1-t)^{-\frac{1}{2}}dt$$

$$= \sqrt{n}\int_{0}^{1} t^{\frac{n}{2}-1}(1-t)^{\frac{1}{2}-1}dt$$

$$= \sqrt{n}\, B\left(\frac{n}{2}, \frac{1}{2}\right) = \sqrt{n} \frac{\Gamma\left(\frac{n}{2}\right)\Gamma\left(\frac{1}{2}\right)}{\Gamma\left(\frac{n+1}{2}\right)} = \sqrt{n\pi} \frac{\Gamma\left(\frac{n}{2}\right)}{\Gamma\left(\frac{n+1}{2}\right)}$$

이다. 그러므로

$$\int_{-\infty}^{\infty} f(x)dx = \frac{\Gamma\left(\frac{n+1}{2}\right)}{\sqrt{n\pi}\,\Gamma\left(\frac{n+1}{2}\right)} \cdot \frac{\sqrt{n\pi}\,\Gamma\left(\frac{n+1}{2}\right)}{\Gamma\left(\frac{n+1}{2}\right)} = 1$$

임을 알 수 있다.

다음 정리로부터 $t$ 분포와 표준정규분포 및 $\chi^2$ 분포의 관계를 알 수 있다.

**정리 4.3**

확률변수 $U$, $V$가 서로 독립이고, $U$는 표준정규분포 $N(0,1)$를 따르고, $V$는 자유도 $n$의 $\chi^2$ 분포를 따를 때, 확률변수

$$T = \frac{U}{\sqrt{\frac{V}{n}}}$$

는 자유도 $n$인 $t$ 분포를 따른다.

자유도가 $n$인 $t$ 분포를 $t(n)$으로 나타내며, 자유도 $n$인 $t$ 분포에서

$$P[T > t_{\alpha}(n)] = \alpha$$

인 $t_{0.1}(7)$ 값이 [그림 4.15]에 나타나 있다.

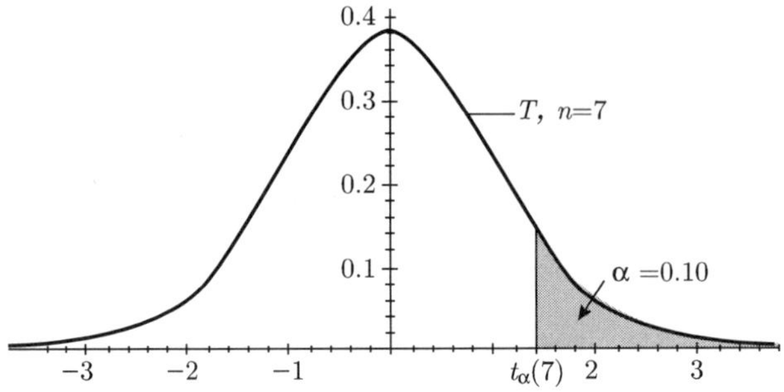


**그림 4.15** 자유도 $n=7$, $\alpha=0.1$인 $t$ 분포

**[예제 4.25]**

$T$는 자유도가 7인 $t$ 분포를 가진다고 하자. 부록의 표 4에서

$$P(T \le 1.415) = 0.90$$

이므로

$$P(T \le -1.415) = 1 - P(T < 1.415) = 0.10$$

이다.

**[예제 4.26]**

자유도 10의 $t$ 분포에서 다음의 $t_0$ 의 값을 구하여라.

(1) $P(T \le t_0) = 0.99$

(2) $P(|T| \le t_0) = 0.99$

**|풀 이|**

(1) $t_0 = 2.764$

(2) $t_0 = 3.169$

마지막으로, 두 정규모집단에서 임의로 추출한 표본으로부터 구한 두 표본분산 $s_1^2$, $s_2^2$과 두 모분산 $\sigma_1^2$, $\sigma_2^2$과의 관계를 이용하여 두 모분산 비를 추론하는 데 사용하는 분포로 $F$분포가 있다.

따라서 $F$분포를 정의하고, $t$ 분포와 $F$분포의 관계를 살펴보고자 한다.

**정의 $F$ 분포**

$X$의 확률밀도함수가

$$f(x)=\frac{\Gamma\left(\frac{n_1+n_2}{2}\right)}{\Gamma\left(\frac{n_1}{2}\right)\Gamma\left(\frac{n_2}{2}\right)}\left(\frac{n_1}{n_2}\right)^{\frac{n_1}{2}}x^{\frac{n_1}{2}-1}\left(1+\frac{n_1}{n_2}x\right)^{-\frac{1}{2}(n_1+n_2)}, \qquad (x>0)$$

인 분포를 자유도 $(n_1, n_2)$인 $F$**분포**라고 하고, $F(n_1, n_2)$로 표기한다.

[그림 4.16]은 $F$분포의 확률밀도함수에서 자유도 $n_1$과 $n_2$를 변화시켜가면서 그래프로 표현한 것이다.

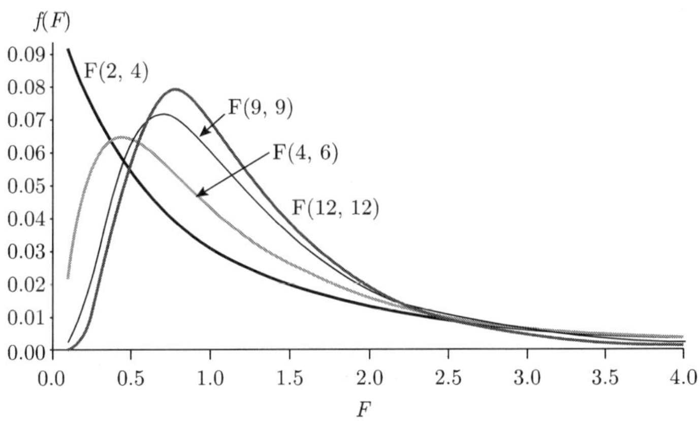


**그림 4.16** $F$ 분포의 확률밀도함수 그래프

다음 정리로부터 $\chi^2$ 분포와 $F$분포와의 관계를 알 수 있다.

**정리 4.4**

확률변수 $U$, $V$가 서로 독립이고, 각각 자유도가 $n_1$과 $n_2$인 $\chi^2$분포를 따를 때, 확률변수

$$F = \frac{U/n_1}{V/n_2}$$

는 자유도 $(n_1, n_2)$인 $F$분포 $F(n_1, n_2)$를 따른다.

또한, 다음 정리로부터 $t$분포와 $F$분포와의 관계를 알 수 있다.

**정리 4.5**

확률변수 $T$가 자유도 $n$인 $t$분포를 따를 때, $T^2$은 자유도 $(1, n)$인 $F$분포 $F(1, n)$를 한다.

부록의 표 6을 이용하여 $F$분포에 대한 여러 가지 확률들을 계산하는 데 이용할 수 있다. [그림 4.17]은 $\alpha$에 대한 $F_\alpha(n_1, n_2)$값을 나타낸다.

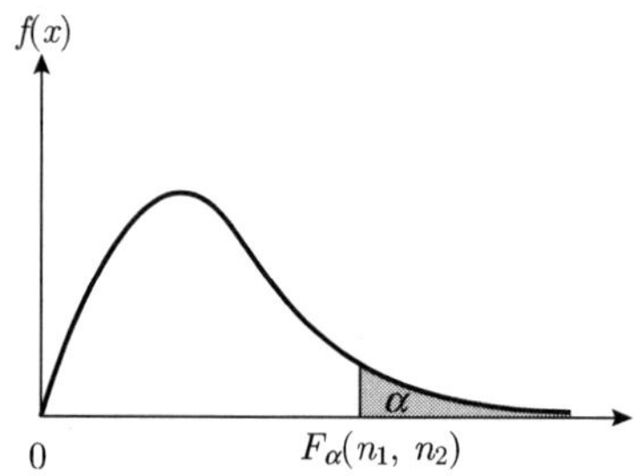


**그림 4.17** $F_\alpha(n_1, n_2)$의 분포

자유도 $(n_1, n_2)$인 $F$분포의 $\alpha$점을 $F(n_1, n_2, \alpha)$로 나타낼 때, 다음의 관계식이 성립한다.

$$F_{1-\alpha}(n_1, n_2) = \frac{1}{F_\alpha(n_2, n_1)}$$

**[예제 4.27]**

확률변수 $F$가 자유도 (7, 8)인 $F$분포를 따를 때

$$P[F \geq f] = 0.05$$

인 $f$의 값을 구하여라.

**|풀 이|**

부록의 표 6에서 자유도 $n_1 = 7$, $n_2 = 8$, $\alpha = 0.05$인 경우이므로

$$P[F \geq 3.50] = 0.05$$

를 만족하는 $f = 3.50$의 값을 얻는다.

**[예제 4.28]**

$F(6, 10,\ 0.05) = 3.22$일 때 $F(10, 6,\ 0.95)$를 구하여라.

**|풀 이|**

$$F(10, 6,\ 0.95) = \frac{1}{F(6, 10,\ 0.05)} = \frac{1}{3.22} = 0.310.$$

## 4.8 연속확률변수의 합의 분포

이 절에서는 연속확률변수의 합의 분포에 대하여 살펴보고, 예를 들어 설명하고자 한다.

앞에서 다룬 내용을 기초로 $X$와 $Y$가 서로 독립인 연속확률변수일 때, $X+Y$의

확률밀도함수에 대하여 살펴보자.

$X$와 $Y$가 독립이고 절대 연속인 확률변수로서 $f, g$를 각각 $X$, $Y$의 확률밀도함수라고 할 때, $Z = X + Y$의 확률밀도함수 $h(z)$는

$$h(z) = \int_{-\infty}^{\infty} g_Y(z-x) f_X(x)\, dx\ , \qquad (-\infty < z < \infty)$$

로 주어지며, $h$를 $f$와 $g$의 **중첩**(convolution)이라고 하며 $f * g$로 표기한다.

한편, 중첩의 성질

$$f * g = g * f$$

에 의하여, 즉 $x, y$의 역할이 바뀌어도 같은 결과를 얻는다. 따라서 $h(z)$는 다음과 같이 표현되기도 한다.

$$h(z) = \int_{-\infty}^{\infty} f_X(z-y) g_y(y)\, dy$$

**[예제 4.29]**

$X$와 $Y$가 각각 0과 1 사이에서 독립인 연속균일분포를 따를 때, $Z = X + Y$의 확률밀도함수를 구하여라.

**|풀 이|**

$U = X$라면, $x = u$, $y = z - u$이고

$$J = \frac{\partial(x,y)}{\partial(z,u)} = \begin{vmatrix} 0 & 1 \\ 1 & -1 \end{vmatrix} = -1$$

이므로

$$\begin{aligned} g(z,u) &= f(x,y) \left| \frac{\partial(x,y)}{\partial(z,u)} \right| \\ &= f(x)f(y) \mid -1 \mid \\ &= f(u)f(z-u) = f(z-u) (\because f(u) \sim u(0,1)) \end{aligned}$$

이 된다.

따라서 $z$의 확률밀도함수 $h(z)$는 결합확률밀도함수 $g(z,u)$의 $z$에 관한 주변확률밀도함수이므로 다음과 같이 구한다.

$$h(z) = \int_{-\infty}^{\infty} f(z-u)du$$

$$= \int_{-\infty}^{\infty} f(z-x)dx = \int_0^1 f(z-x)dx$$

$0 < x < 1$이므로 $z-1 < z-x < z$이다.

① $0 < z < 1$, 즉 $z-1 < 0$이면 $z-1 < 0 < z-x < z$이다.

$$h(z) = \int_0^z 1\,dx = [x]_0^z = z$$

② $1 < z < 2$, 즉 $0 < z-1 < 1$이면 $0 < z-1 < z-x < 1 < z$이다.

$$h(z) = \int_{z-1}^1 1\,dx = [x]_{z-1}^1 = 2-z$$

③ $z < 0$ 또는 $z-1 > 1$, 즉 $z > 2$이면 $h(z) = 0$이다.

①, ②, ③으로부터 $h(z)$를 다음과 같이 얻는다.

$$h(z) = \begin{cases} 0, & (z < 0,\ z > 2) \\ z, & (0 < z < 1) \\ 2-z, & (1 < z < 2) \end{cases}$$

**[예제 4.30]**

$X$와 $Y$가 서로 독립이고 모두 정규분포 $N(0,1^2)$를 따를 때, $Z = X + Y$의 확률밀도함수를 구하여라.

**|풀 이|**

$X$, $Y$의 확률밀도함수를 $f(x)$, $g(y)$라고 하면

$$f(x)=\frac{1}{\sqrt{2\pi}}e^{-\frac{1}{2}x^2}, \qquad (-\infty < x < \infty)$$

이고, $f(x)=g(y)$이므로

$$g(z-x)f(x)=\frac{1}{2\pi}e^{[-\frac{1}{2}(z-x)^2-\frac{1}{2}x^2]}=\frac{1}{2\pi}e^{[-\frac{1}{4}z^2-(x-\frac{z}{2})^2]}$$

$$h(z)=\frac{1}{2\sqrt{\pi}}e^{-\frac{z^2}{4}}\int_{-\infty}^{\infty}\frac{1}{\sqrt{\pi}}e^{-(x-\frac{z}{2})^2}dx$$

이다. 여기서,

$$\frac{1}{\sqrt{\pi}}e^{-(x-\frac{z}{2})^2} \sim N\left(\frac{z}{2}, \frac{1}{\sqrt{2}}\right)$$

이므로

$$\int_{-\infty}^{\infty}\frac{1}{\sqrt{\pi}}e^{-(x-\frac{z}{2})^2}dx=1$$

이다. 따라서 $z$의 확률밀도함수는 다음과 같다.

$$h(z)=\frac{1}{2\sqrt{\pi}}e^{-\frac{z^2}{4}}$$

이것은 평균이 0, 분산이 2인 경우의 정규밀도함수이다. 즉, $X+Y$는 정규분포 $N(0, 2^2)$인 분포를 따른다.

**[예제 4.31]**

$X$와 $Y$가 서로 독립이고 모두 평균 $\frac{1}{\lambda}$의 지수분포를 따를 때, $X+Y$의 확률밀도함수를 구하여라.

**|풀 이|**

$X$와 $Y$의 확률밀도함수는 각각

$$f(x) = \lambda e^{-\lambda x},$$
$$g(y) = \lambda e^{-\lambda y}$$

이므로, $Z = X + Y$의 확률밀도함수 $h(z)$는 다음과 같이 구해진다.

$$\begin{aligned} h(z) &= \int_{-\infty}^{\infty} g(z-x) f(x)\, dx \\ &= \int_0^z \lambda e^{-\lambda(z-x)} \lambda e^{-\lambda x}\, dx \\ &= \lambda^2 e^{-\lambda z} \int_0^z dx = \lambda^2 z e^{-\lambda z} \end{aligned}$$

즉, $X+Y$는 감마분포 $G(2, \lambda)$를 따른다.

## 연습문제

**1** $X$가 구간 $(0, 10)$에서 연속균일분포를 하는 확률변수일 때, 다음 확률을 구하여라.

(1) $P(X < 3)$ (2) $P(X > 6)$ (3) $P(3 < X < 8)$

**2** 버스가 정류소 $A$에서 7시 15분, 7시 30분, 7시 45분에 정차한다. 어떤 승객이 7시~7시 30분 사이의 임의의 시간에 정류소 $A$에 도착한다.

(1) 버스를 5분 미만 기다릴 확률을 구하여라.

(2) 버스를 10분 이상 기다려야 할 확률을 구하여라.

**3** $X$가 $N(0, 1)$을 따를 때, 다음 조건을 만족하는 $x_i$를 구하여라.

(1) $P(X \geq x_1) = 0.02$

(2) $P(X \leq x_2) = 0.02$

(3) $P(|X| \geq x_3) = 0.02$

**4** (1) $X$가 $N(0, 1)$를 따를 때, $P(-3 \leq X \leq 3)$을 구하여라.

(2) $X$가 $N(2, 25)$를 따를 때, $P(-3 \leq X \leq 8)$을 구하여라.

**5** 어느 학교 중학교 1학년 남학생의 신장이 평균 170cm, 표준편차 4cm인 정규분포를 한다고 한다. 다음을 구하여라.

(1) 신장이 165~170cm일 확률

(2) 신장이 175cm 이상일 확률

**6** 어떤 종류의 배터리의 수명은 평균 3.0년, 표준편차 0.5년이다. 배터리의 수명이 정규분포에 따른다고 하면 주어진 배터리의 수명이 2.3년 이하일 확률을 구하여라.

**7** 어느 중소기업의 계약직 2000명의 노동자 월 기본급 임금의 분포는 1개월 평균 100만 원, 표준편차 15만 원의 정규분포에 따른다고 한다. 월 기본급 임금이 65만 원 이하인 노동자는 몇 명인가?

**8** $X$는 평균이 12이고 분산이 4인 정규분포 $N(12,4^2)$를 따른다고 할 때 $P(X\geq c)=0.10$을 만족하는 값 $c$를 구하여라.

**9** 전화통화시간(분)은 $\lambda=\frac{1}{10}$인 지수분포를 한다.

(1) 10분 이상 통화할 확률을 구하여라.

(2) 10분 이상 20분 이하 통화할 확률을 구하여라.

**10** 어떤 기계를 수리하는 데 걸린 시간은 모수가 $\lambda=1/2$인 지수분포를 따른다.

(1) 수리시간이 2시간을 초과할 확률은 얼마인가?

(2) 수리시간이 9시간을 초과했다고 할 때, 수리시간이 적어도 10시간 소요될 조건부 확률을 구하여라.

**11** $X$가 모수가 $(3,2)$인 감마분포를 따를 때, $P(X\leq 1)$를 구하여라.

**12** 어느 상점에 고객이 들어오는 것은 시간당 평균 30명의 포아송 과정을 따라 방문한다고 한다. 시간의 단위를 분으로 정한다면 $\lambda=\frac{1}{2}$이다. 처음 두 명의 고객이 상점에 방문하기까지 상점 주인이 5분 이상 기다릴 확률을 구하여라.

**13** 다음 자유도에 대한 $\chi^2$분포에서 오른쪽 면적의 부분이 0.05가 되는 $\chi_0^2$ 값을 구하여라.

(1) 자유도 15　　(2) 자유도 21　　(3) 자유도 50

**14** 다음 자유도에 대한 $\chi^2$분포에서 중위수를 구하여라.

(1) 자유도 9　　(2) 자유도 28　　(3) 자유도 40

**15** $X$가 자유도 $r=10$인 $\chi^2$분포를 따른다고 할 때,

(1) $P(X>\chi_0^2)=0.05$를 만족하는 $\chi_0^2$를 구하여라.

(2) $P(X>\chi_0^2)=0.025$를 만족하는 $\chi_0^2$를 구하여라.

**16** $t$분포에서 자유도가 17일 때, $P(X>t_0)=0.025$를 만족하는 $t_0$를 구하여라.

**17** 스터링(Stirling)의 공식 $x!\sim\sqrt{2\pi}\,x^{x+\frac{1}{2}}e^{-x}(\to\infty)$을 써서 다음이 성립함을 보여라.

$$\lim_{n\to\infty}\frac{\Gamma\left(\frac{n+1}{2}\right)}{\sqrt{n}\,\Gamma\left(\frac{n}{2}\right)}=\frac{1}{\sqrt{2}}$$

**18** $X$가 자유도 $n_1=5,\ n_2=10$인 $F$분포 $F(5,10)$ 분포를 따른다고 할 때, 다음을 구하여라.

(1) $F_{0.05}(5,10)$ (2) $F_{0.95}(5,10)$ (3) $F_{0.90}(10,5)$

**19** $X$와 $Y$가 서로 독립이고, 각각 균일분포 $U(0,1)$, $U(0,2)$를 따를 때, $Z=X+Y$의 확률밀도함수를 구하여라.

**20** 서로 독립인 확률변수 $X$, $Y$가 각각 감마분포 $G(1,\lambda)$, $G(1,\lambda)$일 때 $U=X+Y$는 감마분포 $G(2,\lambda)$을 따름을 확인하여라.

**21** 서로 독립인 확률변수 $X$, $Y$가 각각 정규분포 $N(5,0.25)$, $N(1.5,0.16)$를 따를 때, 확률 $P(X+Y>8)$를 구하여라.

**22** $X$와 $Y$가 독립인 확률변수로서 그의 확률밀도함수가 각각

$$f(x) = \begin{cases} 2e^{-2x}, & (x \geq 0) \\ 0, & (x < 0) \end{cases}$$

$$g(y) = \begin{cases} 3e^{-3y}, & (y \geq 0) \\ 0, & (y < 0) \end{cases}$$

일 때, $Z = X + Y$의 확률밀도함수를 구하여라.

**23** $X$와 $Y$가 서로 독립이고 다음과 같은 분포를 따를 때,

$$f(x) = 1, \quad (0 \leq x \leq 1)$$
$$f(y) = 1, \quad (0 \leq y \leq 1)$$

$Z = X - Y$의 확률밀도함수를 구하여라.

제 5 장

# 기댓값과 분산

5.1 기댓값의 정의 | 5.2 주요 확률분포들의 기댓값
5.3 확률변수의 함수의 기댓값 | 5.4 분산과 공분산
5.5 주요 확률분포들의 분산 | 5.6 상관계수 | 5.7 조건부기댓값

## 5.1 기댓값의 정의

확률론에서 가장 중요한 개념 중의 하나가 확률변수의 기댓값이다. 이 절에서는 확률변수의 기댓값(평균)을 정의하고, 예를 들어 설명하고자 한다.

**정의** 기댓값

확률변수 $X$의 기댓값(expected value)을 다음과 같이 정의한다.

$$E(X)=\begin{cases}\sum_i x_i f(x_i), & (\text{이산형})\\ \int_{-\infty}^{\infty} xf(x)\,dx, & (\text{연속형})\end{cases}$$

**[예제 5.1]**

$X$가 0과 1만 취하는 확률변수이고,

$$f(0)=f(1)=\frac{1}{2}$$

이다. 이때 $X$의 기댓값을 구하여라.

**|풀 이|**

$$E(X)=0\left(\frac{1}{2}\right)+1\left(\frac{1}{2}\right)=\frac{1}{2}$$

**[예제 5.2]**

$X$의 확률밀도함수 $f(x)$가

$$f(x)=\begin{cases} \dfrac{x}{2}, & (0<x<2) \\ 0, & (\text{그 밖에서}) \end{cases}$$

일 때, $E(X)$를 구하여라.

**|풀 이|**

$$E(X)=\int_0^2 x\,\frac{x}{2}dx=\frac{1}{2}\left[\frac{x^3}{3}\right]_0^2=\frac{4}{3}$$

## 5.2 주요 확률분포들의 기댓값

이 절에서는 주요 이산확률분포들과 연속확률분포들의 기댓값을 구해보고자 한다. 우선적으로 다루고자 하는 주요 이산확률분포들의 기댓값은 다음과 같다.

**표 5.1** 이산확률분포들의 기댓값

| 이산확률분포 | 기댓값 |
|---|---|
| 이산균일분포 | $E(X)=\frac{k+1}{2}$ |
| 베르누이 분포 | $E(X)=p$ |
| 이항분포 | $E(X)=np$ |
| 초기하분포 | $E(X)=\frac{nk}{N}=n\left(\frac{k}{N}\right)$ |
| 포아송 분포 | $E(X)=\lambda$ |
| 기하분포 | $E(X)=\frac{1}{p}$ |
| 음이항분포 | $E(X)=\frac{k}{p}$ |

이산균일분포, 베르누이 분포, 이항분포, 초기하분포, 포아송 분포, 기하분포, 음이항분포의 기댓값을 구해보기로 하자.

**[예제 5.3]** 이산균일분포의 기댓값

$X$가 이산균일분포를 따를 때, $X$의 기댓값이

$$E(X)=\frac{k+1}{2}$$

임을 보여라.

**|풀 이|**

이산균일분포의 확률질량함수는

$$f(x) = \frac{1}{k},\ x=x_1, x_2, \cdots, x_k$$

이다. 따라서

$$\begin{aligned} E(X) &= \sum_{x=1}^{k} x\left(\frac{1}{k}\right) \\ &= \frac{1}{k}\sum_{x=1}^{k} x \\ &= \frac{1}{k}\,\frac{k(k+1)}{2} = \frac{k+1}{2} \end{aligned}$$

와 같이 얻어진다.

**[예제 5.4]** 베르누이 분포의 기댓값

$X$가 모수 $p$를 갖는 베르누이 분포를 따를 때, $X$의 기댓값이

$$E(X)=p$$

임을 보여라.

**| 풀 이 |**

베르누이 분포의 확률함수는

$$P(X=x)=p^x(1-p)^{1-x}, \qquad (x=0,1)$$

이다. 따라서

$$E(X)=\sum_{x=0}^{1} x\,p^x(1-p)^{1-x}=0\times(1-p)+1\times p=p$$

와 같이 얻어진다.

**[예제 5.5]** 이항분포의 기댓값

$X$가 모수 $n$과 $p$를 갖는 이항분포를 따를 때, $X$의 기댓값이

$$E(X)=np$$

임을 보여라.

**| 풀 이 |**

이항분포의 확률함수는

$$P(X=x)=\binom{n}{x}p^x(1-p)^{n-x}, \qquad (x=0,1,2,\cdots,n)$$

이다. 따라서

$$\begin{aligned} E(X) &= \sum_{x=0}^{n} x\binom{n}{x}p^x(1-p)^{n-x} \\ &= \sum_{x=0}^{n} x\,\frac{n!}{x!(n-x)!}\,p^x(1-p)^{n-x} \end{aligned}$$

$$= \sum_{x=1}^{n} \frac{n!}{(x-1)!(n-x)!} p^x (1-p)^{n-x}$$

$$= np \sum_{x=1}^{n} \frac{(n-1)!}{(x-1)!(n-x)!} p^{x-1} (1-p)^{n-x}$$

$$= np \sum_{x=1}^{n} \binom{n-1}{x-1} p^{x-1} (1-p)^{n-x}$$

$$= np \sum_{k=0}^{n-1} \binom{n-1}{k} p^k (1-p)^{(n-1)-k}, \qquad (k = x-1)$$

$$= np\{p + (1-p)\}^{n-1} = np$$

와 같이 얻어진다.

**[예제 5.6]** 초기하분포의 기댓값

$X$가 모수 $(N,k,n)$를 갖는 초기하분포를 따를 때, $X$의 기댓값이

$$E(X) = \frac{nk}{N} = n\left(\frac{k}{N}\right)$$

임을 보여라.

**|풀 이|**

초기하분포의 확률함수는

$$P(X = x) = \frac{\binom{k}{x}\binom{N-k}{n-x}}{\binom{N}{n}}, \qquad (x = 0, 1, 2, \cdots, \min(k, n))$$

이다. 따라서

$$E(X) = \sum_{x=0}^{k} x \frac{\binom{k}{x}\binom{N-k}{n-x}}{\binom{N}{n}}$$

$$= \sum_{x=0}^{k} \frac{x \dfrac{k!}{x!(x-k)!} \binom{N-k}{n-x}}{\binom{N}{n}}$$

$$= \sum_{x=0}^{k} \frac{x \dfrac{k(k-1)!}{x(x-1)!(x-k)!} \binom{N-k}{n-x}}{\binom{N}{n}}$$

$$= \frac{k}{\binom{N}{n}} \sum_{x=1}^{k} \binom{k-1}{x-1} \binom{N-k}{n-x}$$

이다. 이때

$$\sum_{x=1}^{k} \binom{k-1}{x-1} \binom{N-k}{n-x}$$

는

$$(1+t)^{k-1}(1+t)^{N-k} = (1+t)^{N-1}$$

에서

$$t^{x-1} t^{n-x} = t^{n-1} \text{의 계수 } \binom{N-1}{n-1}$$

과 같으므로

$$E(X) = \frac{k\binom{N-1}{n-1}}{\binom{N}{n}} = \frac{nk}{N} = n\left(\frac{k}{N}\right)$$

와 같이 얻어진다.

만일 $\dfrac{k}{N} = p$ 이면 이항분포의 기댓값과 동일하다.

**[예제 5.7]** 포아송 분포의 기댓값

$X$가 모수 $\lambda$를 갖는 포아송 분포를 따를 때, $X$의 기댓값이

$$E(X) = \lambda$$

임을 보여라.

**|풀 이|**

포아송 분포의 확률함수는

$$P(X = x) = \frac{\lambda^x e^{-\lambda}}{x!}, \qquad (x = 0, 1, 2, \cdots ; \lambda > 0)$$

이다. 따라서

$$\begin{aligned} E(X) &= \sum_{x=0}^{\infty} x \frac{\lambda^x e^{-\lambda}}{x!} \\ &= \lambda e^{-\lambda} \sum_{x=1}^{\infty} \frac{\lambda^{x-1}}{(x-1)!} \\ &= \lambda e^{-\lambda} \sum_{k=0}^{\infty} \frac{\lambda^k}{k!} \ (let\ k = x-1) \\ &= \lambda e^{-\lambda} e^{\lambda} = \lambda \end{aligned}$$

와 같이 얻어진다.

**[예제 5.8]** 기하분포의 기댓값

$X$가 모수 $p$를 갖는 기하분포를 따를 때, $X$의 기댓값이

$$E(X) = \frac{1}{p}$$

임을 보여라.

**|풀 이|**

기하분포의 확률함수는

$$P(X=x)=q^{x-1}p, \qquad (x=1,2,\cdots\ ;\ q=1-p)$$

이다. 따라서

$$\begin{aligned} E(X) &= \sum_{x=1}^{\infty} x\,q^{x-1}p \\ &= p\sum_{x=1}^{\infty} x\,q^{x-1} \\ &= p\sum_{x=1}^{\infty}\frac{d}{dq}(q^x) \\ &= p\frac{d}{dq}\left(\sum_{x=1}^{\infty} q^x\right) \\ &= p\frac{d}{dq}\left(\frac{q}{1-q}\right) \\ &= p\left[\frac{(1-q)+q}{(1-q)^2}\right]=\frac{p}{(1-q)^2}=\frac{1}{p} \end{aligned}$$

과 같이 얻어진다. 즉, 성공할 확률이 $p$인 독립시행을 처음 성공할 때까지 실행하면, 그때 필요한 시행횟수의 기댓값은 $\frac{1}{p}$이다.

**[예제 5.9]** 음이항분포의 기댓값

$X$가 모수 $k$와 $p$를 갖는 음이항분포를 따를 때, $X$의 기댓값이

$$E(X)=\frac{k}{p}$$

임을 보여라.

**|풀 이|**

음이항분포의 확률함수는

$$P(X=x)=\binom{x-1}{k-1}p^k(1-p)^{x-k}, \qquad (x=k, k+1, \cdots)$$

이다. 따라서

$$E(X)=\sum_{x=k}^{\infty}x\binom{x-1}{k-1}p^k(1-p)^{x-k}$$

에서, $i=x-k$라고 하면

$$\binom{x-1}{k-1}=\binom{x-1}{x-k}=\binom{x-1}{i}$$

이므로,

$$E(X)=\sum_{i=0}^{\infty}(i+k)\binom{(i+k)-1}{i}p^k(1-p)^i$$

$$=\sum_{i=0}^{\infty}k\binom{i+k}{i}p^k(1-p)^i$$

으로 표현되며, 일반적인 음이항 확장식

$$\sum_{i=0}^{\infty}\binom{n+i-1}{i}t^i=(1-t)^{-n}$$

으로부터 $n=k+1$과 $t=1-p$일 때,

$$E(X)=p^k k\sum_{i=0}^{\infty}\binom{i+k}{i}(1-p)^i$$

$$=p^k k[1-(1-p)]^{-(k+1)}=\frac{k}{p}$$

와 같이 얻어진다.



다음으로 다루고자 하는 주요 연속확률분포들의 기댓값은 다음과 같다.

**표 5.2** 연속확률분포들의 기댓값

| 연속확률분포 | 기댓값 |
|---|---|
| 연속균일분포 | $E(X)=\frac{a+b}{2}$ |
| 정규분포 | $E(X)=\mu$ |
| 지수분포 | $E(X)=\frac{1}{\lambda}$ |
| 감마분포 | $E(X)=\alpha\beta$ |
| 베타분포 | $E(X)=\frac{\alpha}{\alpha+\beta}$ |
| $\chi^2$ 분포 | $E(X)=n$ |
| $t$ 분포 | $E(X)=0$ |
| $F$분포 | $E(F)=\frac{n_2}{n_2-2}$,  $(n_2>2)$ |

연속균일분포, 정규분포, 지수분포, 감마분포, 베타분포, $\chi^2$ 분포, $t$ 분포, $F$분포의 기댓값을 구해보기로 하자.

**[예제 5.10]** 연속균일분포의 기댓값

$X$가 구간 $(a, b)$에서 연속균일분포를 따를 때, $X$의 기댓값이

$$E(X)=\frac{a+b}{2}$$

임을 보여라.

**|풀 이|**

연속균일분포의 확률밀도함수는

$$f(x) = \begin{cases} \dfrac{1}{b-a}, & (a < x < b) \\ 0, & (x \le a \text{ 또는 } x \ge b) \end{cases}$$

이다. 따라서

$$\begin{aligned} E(X) &= \int_a^b x \frac{1}{b-a} dx \\ &= \frac{1}{b-a} \left[ \frac{1}{2} x^2 \right]_a^b \\ &= \left( \frac{1}{b-a} \right) \left( \frac{b^2 - a^2}{2} \right) \\ &= \frac{(b-a)(b+a)}{2(b-a)} = \frac{a+b}{2} \end{aligned}$$

와 같이 얻어진다.

**[예제 5.11]** 정규분포의 기댓값

$X$가 모수 $(\mu, \sigma^2)$를 갖는 정규분포를 따를 때, $X$의 기댓값이

$$E(X) = \mu$$

임을 보여라.

**|풀 이|**

정규분포의 확률밀도함수는

$$f(x) = \frac{1}{\sqrt{2\pi}\,\sigma} e^{-\frac{(x-\mu)^2}{2\sigma^2}}, \quad (-\infty < x < \infty)$$

이다. 따라서

$$E(X)= \frac{1}{\sqrt{2\pi}\,\sigma}\int_{-\infty}^{\infty} xe^{-\frac{(x-\mu)^2}{2\sigma^2}}dx$$

이므로, 이때 $x=(x-\mu)+\mu$로 두면

$$E(X)=\frac{1}{\sqrt{2\pi}\,\sigma}\int_{-\infty}^{\infty}(x-\mu)e^{-\frac{(x-\mu)^2}{2\sigma^2}}dx+\mu\frac{1}{\sqrt{2\pi}\,\sigma}\int_{-\infty}^{\infty}e^{-\frac{(x-\mu)^2}{2\sigma^2}}dx$$

와 같다. 이때 $y=x-\mu$로 놓으면

$$E(X)= \frac{1}{\sqrt{2\pi}\,\sigma}\int_{-\infty}^{\infty} ye^{-\frac{y^2}{2\sigma^2}}dy+\mu\int_{-\infty}^{\infty} f(x)\,dx$$

이며, 여기서 $f(x)$는 정규분포 $N(\mu,\sigma^2)$의 확률밀도함수이다. 첫 번째 항의 적분은 대칭성에 의하여 0이 되므로

$$E(X)=\mu\int_{-\infty}^{\infty} f(x)\,dx=\mu$$

인 것을 확인할 수 있다.

**[예제 5.12]** 지수분포의 기댓값

$X$가 모수 $\lambda$를 갖는 지수분포를 따를 때, $X$의 기댓값이

$$E(X)=\frac{1}{\lambda}$$

임을 보여라.

**|풀 이|**

지수분포의 확률밀도함수는

$$f(x) = \begin{cases} \lambda e^{-\lambda x}, & (x \geq 0) \\ 0, & (x < 0) \end{cases}$$

이다. 따라서

$$E(X) = \int_0^\infty x\,\lambda e^{-\lambda x}\,dx$$

$$\begin{cases} u = x,\ dv = \lambda e^{-\lambda x}dx \\ du = dx,\ v = -e^{-\lambda x} \end{cases}$$

$$= [-xe^{-\lambda x}]_0^\infty - \int_0^\infty (-e^{-\lambda x})\,dx$$

$$= \int_0^\infty e^{-\lambda x}\,dx$$

$$= \left[-\frac{1}{\lambda}e^{-\lambda x}\right]_0^\infty = \frac{1}{\lambda}$$

과 같이 얻어진다.

**[예제 5.13]** 감마분포의 기댓값

$X$가 모수 $(\alpha, \beta)$인 감마분포를 따를 때, $X$의 기댓값이

$$E(X) = \alpha\beta$$

임을 보여라.

**|풀 이|**

감마분포의 확률밀도함수는

$$f(x) = \begin{cases} \dfrac{1}{\beta^\alpha \Gamma(\alpha)} x^{\alpha-1} e^{-\frac{x}{\beta}}, & (x \geq 0) \\ 0, & (x < 0) \end{cases}$$

이다. 따라서

$$E(X) = \int_0^\infty x \frac{1}{\beta^\alpha \Gamma(\alpha)} x^{\alpha-1} e^{-\frac{x}{\beta}} dx$$

$$= \int_0^\infty \frac{1}{\beta^\alpha \Gamma(\alpha)} x^{\alpha} e^{-\frac{x}{\beta}} dx$$

이므로, 이때 $\frac{x}{\beta} = t \, (dx = \beta dt)$로 두고 적분하면

$$E(X) = \frac{\beta}{\Gamma(\alpha)} \int_0^\infty t^\alpha e^{-t} dt$$

$$= \frac{\beta}{\Gamma(\alpha)} \Gamma(\alpha+1) = \frac{\beta}{\Gamma(\alpha)} \alpha \Gamma(\alpha) = \alpha \beta$$

와 같이 얻어진다.

**[예제 5.14] 베타분포의 기댓값**

$X$가 모수 $(\alpha, \beta)$인 베타분포를 따를 때, $X$의 기댓값이

$$E(X) = \frac{\alpha}{\alpha+\beta}$$

임을 보여라.

**|풀 이|**

베타분포의 확률밀도함수는

$$f(x) = \frac{1}{B(\alpha, \beta)} x^{\alpha-1} (1-x)^{\beta-1}, \quad (0 < x < 1)$$

이다. 따라서

$$\begin{aligned} E(X) &= \int_0^1 x \frac{1}{B(\alpha, \beta)} x^{\alpha-1}(1-x)^{\beta-1} dx \\ &= \frac{1}{B(\alpha, \beta)} \int_0^1 x^{\alpha}(1-x)^{\beta-1} dx \\ &= \frac{1}{B(\alpha, \beta)} B(\alpha+1, \beta) \\ &= \frac{\Gamma(\alpha+\beta)}{\Gamma(\alpha)\Gamma(\beta)} \frac{\Gamma(\alpha+1)\Gamma(\beta)}{\Gamma(\alpha+\beta+1)} = \frac{\alpha}{\alpha+\beta} \end{aligned}$$

와 같이 얻어진다.

$\chi^2$ 분포의 기댓값은 다음과 같다.

**정리 5.1 $\chi^2$ 분포의 기댓값**

$X$가 자유도 $n$인 $\chi^2$ 분포를 따를 때, $X$의 기댓값은

$$E(X) = n$$

이다.

$t$ 분포의 기댓값은 다음과 같다.

**정리 5.2 $t$ 분포의 기댓값**

$X$가 자유도 $n$인 $t$ 분포를 따를 때, $X$의 기댓값은

$$E(X) = 0$$

이다.

$F$ 분포의 기댓값은 다음과 같다.

**정리 5.3　$F$ 분포의 기댓값**

확률변수 $U$, $V$가 서로 독립이고, 각각 자유도가 $n_1$과 $n_2$인 $\chi^2$ 분포를 따를 때, 확률변수

$$F = \frac{U/n_1}{V/n_2}$$

는 자유도 $(n_1, n_2)$인 $F$분포를 따른다. 이때 $F$의 기댓값은

$$E(F) = \frac{n_2}{n_2 - 2},\ n_2 > 2$$

이다.

## 5.3 확률변수의 함수의 기댓값

확률변수 $X$ 의 함수 $g(X)$ 도 확률변수로서 확률분포를 갖는다. 따라서 이 절에서는 확률변수의 함수의 기댓값을 정의하고, 간단한 예와 몇 가지 정리들을 살펴보고자 한다.

**정의　확률변수의 함수의 기댓값**

이산확률변수 $X$의 확률함수가 $f(x)$라면, 모든 실수값의 함수 $g(X)$에 대하여 기댓값을 정의하면 다음과 같다.

$$E[g(X)] = \sum_x g(x) f(x)$$

또한, 연속확률변수 $X$의 확률밀도함수가 $f(x)$라면, 모든 실수값 함수 $g(X)$에 대하여 기댓값을 정의하면 다음과 같다.

$$E[g(X)] = \int_{-\infty}^{\infty} g(x) f(x)\, dx$$

$X$ 의 확률함수가

$$P(X=0) = \frac{1}{4},\ P(X=1) = \frac{1}{2},\ P(X=2) = \frac{1}{4}$$

일 때, $Y = X^2$ 의 기댓값을 구해보자.

$Y$ 의 값은 0, 1, 4이므로 $Y$ 의 확률분포는

$$P(Y=0) = P(X=0) = \frac{1}{4}$$

$$P(Y=1) = P(X=1) = \frac{1}{2}$$

$$P(Y=4) = P(X=2) = \frac{1}{4}$$

로 주어진다. 따라서 $Y$의 기댓값 $E(Y)$는

$$E(X^2) = E(Y) = 0\left(\frac{1}{4}\right) + 1\left(\frac{1}{2}\right) + 4\left(\frac{1}{4}\right) = \frac{3}{2}$$

이다.

특히 여기서,

$$\frac{3}{2} = E(X^2) \neq [E(X)]^2 = 1$$

임에 유의해야 한다.

확률변수 $X$ 의 기댓값 $E(X)$ 를 $X$ 의 평균(mean) 또는 1차 적률(first moment) 이라고도 한다. $E(X^n)$, $n \geq 1$을 $X$ 의 $n$ 차 적률이라고 한다. 정리에 의해

$$E(X^n) = \begin{cases} \displaystyle\sum_{x:p(x)>0} x^n f(x), & (X\text{가 이산일 때}) \\ \displaystyle\int_{-\infty}^{\infty} x^n f(x)dx, & (X\text{가 연속일 때}) \end{cases}$$

이다.

위의 정의를 이용하여 확률변수 $X$의 확률질량함수가

$$f(0) = 0.2,\ f(1) = 0.5,\ f(2) = 0.3$$

일 때, $X^2$의 기댓값을 구해보면 다음과 같다.

$$\begin{aligned} E(X^2) &= 0^2 f(0) + 1^2 f(1) + 2^2 f(2) \\ &= 0 \times 0.2 + 1 \times 0.5 + 4 \times 0.3 = 1.7 \end{aligned}$$

또 다른 간단한 예로 연속인 경우를 고려하자.

$X$가 구간 $(0, 1)$에서 균일분포를 한다면

$$f(x) = \begin{cases} 1, & (0 < x < 1) \\ 0, & (\text{그 밖에서}) \end{cases}$$

이므로, $X^3$의 기댓값은 다음과 같다.

$$E(X^3) = \int_0^1 x^3 \cdot 1dx = \frac{1}{4}$$

**[예제 5.15]**

$X$가 구간 $(0, 1)$에서 연속균일분포를 할 때, $E(e^X)$를 구하여라.

**| 풀 이 |**

$X$의 확률밀도함수가

$$f(x) = 1, \qquad (0 < x < 1)$$

이므로, $e^X$의 기댓값을 구하면 다음과 같다.

$$E(e^X) = \int_0^1 e^x \cdot 1dx = e - 1$$

다음으로 기댓값에 대한 몇 가지 정리들을 살펴보자.

**정리 5.4**

임의의 상수 $a, b$에 대하여 다음이 성립한다.

$$E(aX+b) = aE(X) + b$$

**증명**

① $X$가 이산형 확률변수이면

$$\begin{aligned} E(aX+b) &= \sum_x (ax+b)f(x) \\ &= a\sum_x xp(x) + b\sum_x f(x) \\ &= aE(X) + b \end{aligned}$$

가 성립된다.

② $X$가 연속형 확률변수이면

$$\begin{aligned} E(aX+b) &= \int_{-\infty}^{\infty} (ax+b)f(x)dx \\ &= a\int_{-\infty}^{\infty} xf(x)dx + b\int_{-\infty}^{\infty} f(x)dx \\ &= aE(X) + b \end{aligned}$$

가 성립된다.

**정리 5.5**

$X, Y$가 확률변수이고 독립일 때, $X, Y$의 함수 $g(X)$, $h(Y)$에 대하여

$$E[g(X)h(Y)] = E[g(X)]E[h(Y)]$$

이 성립한다.

**증명**

$X, Y$가 연속이고 독립일 때

$$\begin{aligned} E[g(X)h(Y)] &= \int_{-\infty}^{\infty}\int_{-\infty}^{\infty} g(x)h(y)f(x,y)\,dxdy \\ &= \int_{-\infty}^{\infty}\int_{-\infty}^{\infty} g(x)h(y)f_X(x)f_Y(y)\,dxdy \\ &= \int_{-\infty}^{\infty} g(x)f_X(x)\,dx \int_{-\infty}^{\infty} h(y)f_Y(y)\,dy \\ &= E[g(X)]E[h(Y)] \end{aligned}$$

여기서 $f(x,y)$는 $X, Y$의 결합확률밀도함수이고, $f_X(x)$, $f_Y(y)$는 각각 $X, Y$의 확률밀도함수이다.

이산형인 경우도 유사하게 증명된다.

**[예제 5.16]**

$X$의 분산이 $\sigma^2$이고, $E(X) = \mu$일 때, $Y = \dfrac{X-\mu}{\sigma}$의 기댓값이 $E(Y) = 0$임을 보여라.

**|풀 이|**

$$E(Y) = E\left(\frac{X-\mu}{\sigma}\right) = \frac{1}{\sigma}E(X-\mu) = \frac{1}{\sigma}[E(X)-\mu] = 0$$

다음으로 결합확률변수의 기댓값을 정의하면 다음과 같다.

**정의　결합확률함수의 기댓값**

$X, Y$가 이산형 확률변수이고, $g$가 $X, Y$의 함수라고 하자. 이때 $X, Y$의 결합확률질량함수가 $f(x, y)$이면, $g(X, Y)$의 기댓값은 다음과 같다.

$$E[g(X, Y)] = \sum_y \sum_x g(x, y) f(x, y)$$

또한 연속형 확률변수 $X, Y$의 결합확률밀도함수가 $f(x, y)$이면, $g(X, Y)$의 기댓값은 다음과 같다.

$$E[g(X, Y)] = \int_{-\infty}^{\infty} \int_{-\infty}^{\infty} g(x, y) f(x, y)\, dx dy$$

특히 $X, Y$의 함수가 $g(X, Y) = X + Y$이고, 연속형이면

$$\begin{aligned} E(X+Y) &= \int_{-\infty}^{\infty} \int_{-\infty}^{\infty} (x+y) f(x, y)\, dx dy \\ &= \int_{-\infty}^{\infty} \int_{-\infty}^{\infty} x f(x,y) dy dx + \int_{-\infty}^{\infty} \int_{-\infty}^{\infty} y f(x,y) dx dy \\ &= \int_{-\infty}^{\infty} x f_X(x)\, dx + \int_{-\infty}^{\infty} y f_Y(y)\, dy \\ &= E(X) + E(Y) \end{aligned}$$

와 같이 된다.

일반적으로 $E(X_i),\ i = 1, 2, \cdots, n$이 유한이면

$$E(X_1 + X_2 + \cdots + X_n) = E(X_1) + E(X_2) + \cdots + E(X_n)$$

가 성립한다.

**[예제 5.17]**

주사위를 독립적으로 10 회 던질 때, 나오는 눈의 합의 기댓값을 구하여라.

**|풀 이|**

$i$ 번째 던진 주사위의 눈의 수를 $X_i$ 라고 하면

$$X = X_1 + X_2 + \cdots + X_{10}$$

는 주사위를 10 회 독립적으로 던졌을 때의 눈의 합을 나타낸다. 이때

$$E(X_1) = E(X_2) = \cdots = E(X_{10}) = \frac{7}{2}$$

이므로

$$E(X) = E(X_1) + \cdots + E(X_{10}) = 10\left(\frac{7}{2}\right) = 35$$

이다.

**[예제 5.18]**

$X$ 의 확률밀도함수가

$$f(x) = \begin{cases} e^{-x}, & (x \ge 0) \\ 0, & (\text{그 밖에서}) \end{cases}$$

일 때, 다음을 구하여라.

(1) $E(3X-2)$ (2) $E(X^2)$ (3) $E[(X-1)^2]$

**|풀 이|**

(1) $E(X) = \int_0^\infty x e^{-x} dx$

$$\begin{cases} \text{부분적분법을 이용하면 } u = x, dv = e^{-x}dx \\ du = dx, \ v = -e^{-x} \end{cases}$$

$$= [x \cdot e^{-x}]_0^\infty - \int_0^\infty -e^{-x}dx$$

$$= 0 + \int_0^\infty e^{-x}dx = \Big[-e^{-x}\Big]_0^\infty = 1$$

이므로

$$E(3X-2) = 3E(X) - 2 = 3 - 2 = 1$$

이다.

(2) $E(X^2) = \int_0^\infty x^2 e^{-x}\,dx$

$$\begin{cases} \text{부분적분법을 이용하면 } u = x^2, dv = e^{-x}dx \\ du = 2xdx,\ v = -e^{-x} \end{cases}$$

$$= [x^2(-e^{-x})]_0^\infty - \int_0^\infty -e^{-x} \cdot 2x\,dx$$

$$= 0 + 2\int_0^\infty xe^{-x}dx = 2$$

(3) $E[(X-1)^2] = E(X^2 - 2X + 1)$

$$= E(X^2) - 2E(X) + 1 = 2 - 2 \cdot 1 + 1 = 1$$

## 5.4 분산과 공분산

$X$가 그것의 평균 $E(X)$ 주위의 값을 취할 것으로 기대되므로, $X$의 가능한 변이를 측정하는 적절한 방법은 $X$가 평균적으로 그 평균으로부터 얼마나 떨어져 있는가를 살펴보는 것이다. 이 값을 측정하는 한 가지 방법으로 $X$의 평균이 $\mu$일 때 $E(|X-\mu|)$를 생각할 수 있으나, 수학적으로 이 값을 계산하는 것이 용이하지 않

다. 따라서 좀 더 취급하기 쉬운 척도로 $X$와 그것의 평균과의 차이의 제곱에 대한 기댓값을 생각하는 것이 일반적이다.

이 절에서는 분산과 공분산을 정의하고, 그 내용을 살펴보고자 한다.

**정의 분산**

$X$는 기댓값이 $E(X)=\mu$인 확률변수일 때, $X$의 **분산**(variance)을 $Var(X)$로 나타내며, 다음과 같이 정의한다.

$$Var(X)=E[(X-\mu)^2]$$

분산 $Var(X)$의 정의식을 전개하면 다음과 같이 된다.

$$\begin{aligned} Var(X) &= E[(X-\mu)^2] \\ &= E[X^2-2\mu X+\mu^2] \\ &= E(X^2)-E(2\mu X)+E(\mu^2) \\ &= E(X^2)-2\mu E(X)+\mu^2 \\ &= E(X^2)-\mu^2 \end{aligned}$$

따라서 다음과 같은 분산의 계산 공식을 얻는다.

$$Var(X)=E(X^2)-[E(X)]^2$$

**[예제 5.19]**

$X$는 $E[(X-1)^2]=10$, $E[(X-2)^2]=6$인 확률변수이다. 이때 $Var(X)$를 구하여라.

**|풀 이|**

$E[(X-1)^2]=10$으로부터

$$E(X^2)-2E(X)+1=10$$

이고, $E[(X-2)^2]=6$ 로부터

$$E(X^2)-4E(X)+4=6$$

이므로 이들로부터 $E(X)=\frac{7}{2}$, $E(X^2)=16$ 을 얻을 수 있다. 따라서

$$Var(X)=E(X^2)-[E(X)]^2=16-\left(\frac{7}{2}\right)^2=\frac{15}{4}$$

이다.

다음 정리로부터 분산의 성질을 알 수 있다.

**정리 5.6**

임의의 상수 $a, b$에 대하여 다음이 성립한다.

$$Var(aX+b)=a^2\,Var(X)$$

**증명**

$$E(aX+b)=aE(X)+b$$

이므로

$$\begin{aligned}Var(aX+b)&=E[\{aX+b-(aE(X)+b)\}^2]\\&=E[(aX-aE(X))^2]\\&=E[a^2(X-E(X))^2]\\&=a^2E[(X-E(X))^2]\\&=a^2\,Var(X)\end{aligned}$$

가 성립된다.

**[예제 5.20]**

$a=\mu=E(X)$ 일 때, $E[(X-a)^2]$ 이 최소가 됨을 보여라.

**|풀 이|**

$$
\begin{aligned}
E[(X-a)^2] &= E[\{(X-\mu)+(\mu-a)\}^2] \\
&= E[(X-\mu)^2+2(X-\mu)(\mu-a)+(\mu-a)^2] \\
&= E[(X-\mu)^2]+2(\mu-a)E(X-\mu)+(\mu-a)^2 \\
&= E[(X-\mu)^2]+(\mu-a)^2
\end{aligned}
$$

따라서 $a=\mu=E(X)$ 일 때, 최솟값 $E[(X-\mu)^2]$ 을 갖는다.

**정의 공분산**

확률변수 $X$와 $Y$의 **공분산**(covariance)을 $Cov(X, Y)$로 나타내며, 다음과 같이 정의한다.

$$Cov(X, Y)=E[(X-E(X))(Y-E(Y))]$$

위의 공분산 정의 식을 전개하면

$$
\begin{aligned}
Cov(X, Y) &= E[XY-E(X)Y-XE(Y)+E(X)E(Y)] \\
&= E(XY)-E(X)E(Y)-E(X)E(Y)+E(X)E(Y) \\
&= E(XY)-E(X)E(Y)
\end{aligned}
$$

이 된다. 특히, $X$와 $Y$가 독립이면 정의 식에서

$$
\begin{aligned}
Cov(X, Y) &= E[(X-E(X))(Y-E(Y))] \\
&= E[(X-E(X))]\cdot E[(Y-E(Y))] \\
&= 0\times 0=0
\end{aligned}
$$

이 된다.

공분산이 나타내는 의미는 다음과 같다. $X$가 $\mu_X$보다 클 때 $Y$도 $\mu_Y$보다 큰 경향이 있거나 또는 $X$가 $\mu_X$보다 작을 때 $Y$도 $\mu_Y$도 작은 경향이 있으면 $Cov(X, Y)$는 양의 값을 갖고 [그림 5.1]의 (a)와 같이 나타내어지며, 반대로 $X$가 $\mu_X$보다 클 때 $Y$가 $\mu_Y$보다 작은 경향이 있거나 또는 $X$가 $\mu_X$보다 작을 때 $Y$가 $\mu_Y$보다 큰 경향이 있으면 $Cov(X, Y)$는 음의 값을 갖고 [그림 5.1]의 (b)와 같이 나타내어진다. 또 $Cov(X, Y)$의 값이 양 또는 음으로 크면 상관의 정도가 크다고 하고 0에 가까우면 상관의 정도가 작다고 하여 (c)와 같이 나타내어진다.

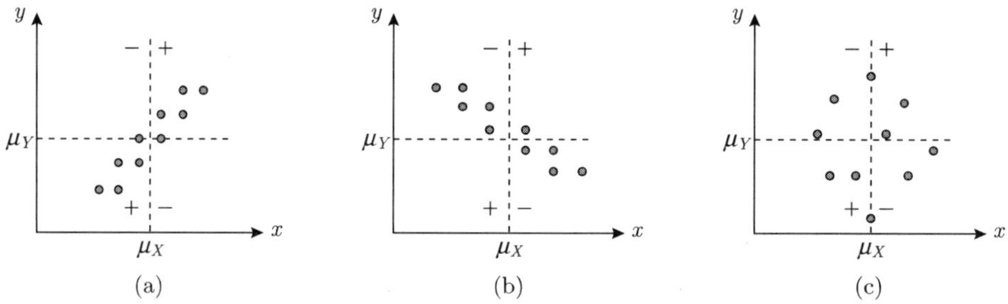


**그림 5.1** 공분산의 예

공분산이 두 확률변수 사이의 결합의 방향을 측정하는 반면에, 결합의 강도를 측정하는 값으로는 상관계수가 있다. 상관계수에 대하여는 다음 절에서 자세히 다루기로 한다.

2개의 확률변수 $X$, $Y$의 합의 분산을 구하는 식은 다음과 같다.

$$
\begin{aligned}
Var(X+Y) &= E[(X+Y-E(X+Y))^2] \\
&= E[(X+Y-E(X)-E(Y))^2] \\
&= E[((X-E(X))+(Y-E(Y))^2] \\
&= E[(X-E(X))^2+(Y-E(Y))^2+2(X-E(X))(Y-E(Y))] \\
&= E(X-E(X))^2+E(Y-E(Y))^2+2E[(X-E(X))(Y-E(Y))] \\
&= Var(X)+Var(Y)+2\,Cov(X, Y)
\end{aligned}
$$

유사하게 $X$와 $Y$의 차에 대한 분산을 구하는 식은 다음과 같다.

$$Var(X-Y) = Var(X) + Var(Y) - 2\,Cov(X, Y)$$

마찬가지 방법으로 다음과 같이 확장된 식을 얻을 수 있다.

$$Var\left(\sum_{i=1}^{n} X_i\right) = \sum_{i=1}^{n} Var(X_i) + 2\sum_{i<j}\sum Cov(X_i, X_j)$$

만일 $X_1, X_2, \cdots, X_n$ 이 독립이면, 위의 식은 다음과 같이 된다.

$$Var\left(\sum_{i=1}^{n} X_i\right) = \sum_{i=1}^{n} Var(X_i)$$

특히, $X_1, X_2, \cdots, X_n$ 이 독립이고, $a_1, a_2, \cdots, a_n$ 및 $b$가 실수이면

$$\begin{aligned} &Var(a_1 X_1 + a_2 X_2 + \cdots + a_n X_n + b) \\ &= a_1^2 Var(X_1) + a_2^2 Var(X_2) + \cdots + a_n^2 Var(X_n) \end{aligned}$$

와 같이 됨을 쉽게 알 수 있다.

**[예제 5.21]**

$E(X) = 10$, $E(Y) = 15$, $E(XY) = 200$ 일 때 공분산 $Cov(X, Y)$를 구하여라.

**|풀 이|**

$$Cov(X, Y) = E(XY) - E(X)E(Y) = 200 - 10 \times 15 = 50$$

**[예제 5.22]**

$a, b, c, d$가 상수일 때, 공분산의 다음 공식이 성립됨을 보여라.

$$Cov(aX+b, cY+d) = ac\,Cov(X, Y)$$

**|풀 이|**

$$Cov(aX+b, cY+d) = E[\{(aX+b) - E(aX+b)\}\{(cY+d) - E(cY+d)\}]$$

$$= E[\{aX + b - aE(X) - b)\}\{cY + d - cE(Y) - d)\}]$$

$$= E[\{a(X - E(X))\}\{c(Y - E(Y))\}]$$

$$= ac E[(X - E(X))(Y - E(Y))]$$

$$= ac\, Cov(X, Y)$$

## 5.5 주요 확률분포들의 분산

이 절에서는 주요 이산확률분포들과 연속확률분포들의 분산을 구해보고자 한다. 우선적으로 다루고자 하는 주요 이산확률분포들의 분산은 다음과 같다.

**표 5.3** 이산확률분포들의 분산

| 이산확률분포 | 분산 |
|---|---|
| 이산균일분포 | $Var(X) = \frac{k^2 - 1}{12}$ |
| 베르누이 분포 | $Var(X) = p(1-p)$ |
| 이항분포 | $Var(X) = np(1-p)$ |
| 초기하분포 | $Var(X) = n\left(\frac{k}{N}\right)\left(1 - \frac{k}{N}\right)\frac{N-n}{N-1}$ |
| 포아송 분포 | $Var(X) = \lambda$ |
| 기하분포 | $Var(X) = \frac{q}{p^2}, \qquad (q = 1-p)$ |
| 음이항분포 | $Var(X) = k\left(\frac{q}{p^2}\right), \qquad (q = 1-p)$ |

이산균일분포, 베르누이 분포, 이항분포, 초기하분포, 포아송 분포, 기하분포, 음이항분포의 분산을 구해보기로 하자.

**[예제 5.23]** 이산균일분포의 분산

확률변수 $X$가 이산균일분포를 따를 때, $X$의 분산을 구하여라.

**| 풀 이 |**

$$E(X^2) = \sum_{x=1}^{k} x^2 \left(\frac{1}{k}\right)$$

$$= \frac{1}{k}\sum_{x=1}^{k} x^2$$

$$= \frac{1}{k}\,\frac{k(k+1)(2k+1)}{6} = \frac{(k+1)(2k+1)}{6}$$

이므로, $X$의 분산은

$$Var(X) = E(X^2) - [E(X)]^2$$

$$= \frac{(k+1)(2k+1)}{6} - \left(\frac{k+1}{2}\right)^2$$

$$= \frac{k^2-1}{12}\ .$$

**[예제 5.24]** 베르누이 분포의 분산

확률변수 $X$가 모수 $p$인 베르누이 분포 $B(1, p)$를 따를 때, $X$의 분산을 구하여라.

**| 풀 이 |**

$$E(X^2) = \sum_{x=0}^{1} x^2 p^x (1-p)^{1-x} = 0^2 \times (1-p) + 1^2 \times p = p$$

와 같이 되며, $E(X) = p$이므로

$$Var(X) = E(X^2) - [E(X)]^2 = p - p^2 = p(1-p)$$

을 얻는다.

**[예제 5.25]** 이항분포의 분산

확률변수 $X$가 모수 $n$과 $p$인 이항분포 $B(n,p)$를 따를 때, $X$의 분산을 구하여라.

**|풀 이|**

먼저 $E(X^2)$을 구한다.

$$E(X^2)=\sum_{x=0}^{n} x^2 \binom{n}{x} p^x (1-p)^{n-x}$$

$x^2 = x(x-1)+x$를 이용하여 $E(X^2)$을 구하면

$$E(X^2)=E[X(X-1)+X]=E[X(X-1)]+E(X)$$

에서

$$\begin{aligned} E[X(X-1)] &= \sum_{x=0}^{n} x(x-1)\binom{n}{x} p^x (1-p)^{n-x} \\ &= n(n-1)p^2 \sum_{x=2}^{n} \binom{n-2}{x-2} p^{x-2}(1-p)^{n-x} \\ &= n(n-1)p^2 \sum_{i=0}^{n-2} \binom{n-2}{i} p^i (1-p)^{n-2-i} \\ &= n(n-1)p^2\{p+(1-p)\}^{n-2} \quad (\text{이항정리에 의해}) \\ &= n(n-1)p^2 \end{aligned}$$

과 같이 되며, $E(X)=np$이므로

$$E(X^2)=E[X(X-1)]+E(X)=n(n-1)p^2+np$$

이다. 따라서

$$\begin{aligned} Var(X) &= E(X^2)-[E(X)]^2 \\ &= n(n-1)p^2+np-n^2p^2 = np(1-p) \end{aligned}$$

을 얻는다.

**[예제 5.26]** 초기하분포의 분산

초기하분포

$$f(x)=\frac{\binom{k}{x}\binom{N-k}{n-x}}{\binom{N}{n}},\qquad (x=0,1,2,\cdots,\min(k,n))$$

의 분산을 구하여라.

**|풀 이|**

$$E(X^2)=\sum_{x=0}^{k}x^2\frac{\binom{k}{x}\binom{N-k}{n-x}}{\binom{N}{n}}$$

$$=\frac{1}{\binom{N}{n}}\left[\sum_{x=0}^{k}x(x-1)\binom{k}{x}\binom{N-k}{n-x}+\sum_{x=0}^{k}x\binom{k}{x}\binom{N-k}{n-x}\right]$$

$$=\frac{1}{\binom{N}{n}}\left[k(k-1)\sum_{x=2}^{k}\binom{k-2}{x-2}\binom{(N-2)-(k-2)}{(n-2)-(x-2)}+k\sum_{x=1}^{k}\binom{k-1}{x-1}\binom{N-k}{n-x}\right]$$

$$=\frac{1}{\binom{N}{n}}\left[k(k-1)\binom{N-2}{n-2}+k\binom{N-1}{n-1}\right]$$

$$=\frac{nk}{N}\left[(k-1)\frac{n-1}{N-1}+1\right]$$

과 같이 되며, $E(X)=\dfrac{nk}{N}$ 이므로

$$\begin{aligned}Var(X)&=E(X^2)-[E(X)]^2\\&=\frac{nk}{N}\left[(k-1)\frac{n-1}{N-1}+1\right]-\left(\frac{nk}{N}\right)^2\\&=\frac{nk}{N}\left[1+(k-1)\frac{n-1}{N-1}-\frac{nk}{N}\right]\end{aligned}$$

이 된다. 이때

$$1+(k-1)\frac{n-1}{N-1}-\frac{nk}{N}=\frac{1}{N(N-1)}(N^2-kN-nN+nk)$$
$$=\frac{N(N-n)}{N(N-1)}-\frac{k(N-n)}{N(N-1)}$$
$$=\left(1-\frac{k}{N}\right)\frac{N-n}{N-1}$$

이므로

$$Var(X)=\frac{nk}{N}\left(1-\frac{k}{N}\right)\frac{N-n}{N-1}=n\left(\frac{k}{N}\right)\left(1-\frac{k}{N}\right)\frac{N-n}{N-1}$$

을 얻는다.

**[예제 5.27] 포아송 분포의 분산**

포아송 분포

$$f(x)=\frac{\lambda^x e^{-\lambda}}{x!}, \qquad (x=0,1,2,\cdots)$$

의 분산을 구하여라.

**|풀 이|**

$$E(X^2)=\sum_{x=0}^{\infty}x^2\frac{\lambda^x e^{-\lambda}}{x!}$$
$$=e^{-\lambda}\left[\sum_{x=0}^{\infty}x(x-1)\frac{\lambda^x}{x!}+\sum_{x=0}^{\infty}x\frac{\lambda^x}{x!}\right]$$
$$=e^{-\lambda}\left[\lambda^2\sum_{x=2}^{\infty}\frac{\lambda^{x-2}}{(x-2)!}+\lambda\sum_{x=1}^{\infty}\frac{\lambda^{x-1}}{(x-1)!}\right]$$
$$=e^{-\lambda}(\lambda^2e^{\lambda}+\lambda e^{\lambda})=\lambda^2+\lambda$$

와 같이 되며, $E(X)=\lambda$ 이므로

$$Var(X) = E(X^2) - [E(X)]^2 = \lambda^2 + \lambda - \lambda^2 = \lambda$$

을 얻는다.

**[예제 5.28]** 기하분포의 분산

$X$가 기하분포

$$f(x) = q^{x-1}p, \qquad (x \geq 1\ ;\ q = 1-p)$$

를 따를 때, $X$의 분산을 구하여라.

**|풀 이|**

$x^2 = x(x-1) + x$를 이용하여 $E[X(X-1)]$을 구하면

$$\begin{aligned} E[(X(X-1)] &= \sum_{x=1}^{\infty} x(x-1)q^{x-1}p = pq\sum_{x=1}^{\infty} x(x-1)q^{x-2} \\ &= pq\sum_{x=1}^{\infty}\frac{d^2}{dq^2}q^x \\ &= pq\frac{d^2}{dq^2}\sum_{x=1}^{\infty}q^x \\ &= pq\frac{d^2}{dq^2}\frac{q}{(1-q)} = pq\frac{2}{(1-q)^3} = \frac{2q}{p^2} \end{aligned}$$

와 같이 되며, $E(X) = \dfrac{1}{p}$이므로

$$\begin{aligned} E(X^2) &= E[X(X-1)] + E(X) \\ &= \frac{2q}{p^2} + \frac{1}{p} \end{aligned}$$

이다. 따라서

$$Var(X) = E(X^2) - [E(X)]^2$$

$$= \frac{2q}{p^2} + \frac{1}{p} - \frac{1}{p^2} = \frac{q}{p^2}$$

을 얻는다.

**[예제 5.29]** 음이항분포의 분산

음이항분포

$$f(x) = \binom{x-1}{k-1} p^k (1-p)^{x-k}, \qquad (x = k, k+1, \cdots)$$

의 분산을 구하여라.

**|풀 이|**

(방법 1)

$X_1, X_2, \cdots, X_k$가 각각 모수 $p$이며 독립인 기하확률변수라고 하면

$$X = X_1 + X_2 + \cdots + X_k$$

는 모수 $k, p$인 음이항분포를 따른다.

그러므로

$$Var(X) = Var(X_1 + X_2 + \cdots + X_k)$$

$$= Var(X_1) + Var(X_2) + \cdots + Var(X_k)$$

$$= \frac{q}{p^2} + \frac{q}{p^2} + \cdots + \frac{q}{p^2} = \frac{qk}{p^2}$$

(방법 2)

$x^2 = x(x+1) - x$를 이용하여 $E[X(X+1)]$을 구하면

$$E[X(X+1)] = \sum_{x=k}^{\infty} x(x+1) \binom{x-1}{k-1} p^k (1-p)^{x-k}$$

에서, $i = x - k$ 라고 하면

$$\binom{x-1}{k-1} = \binom{x-1}{x-k} = \binom{x-1}{i}$$

이므로,

$$E[X(X+1)] = \sum_{i=0}^{\infty} (i+k)(i+k+1)\binom{i+k-1}{i} p^k (1-p)^i$$

$$= \sum_{i=0}^{\infty} k(k+1)\binom{i+k+1}{i} p^k (1-p)^i$$

으로 표현되며, 일반적인 음이항급수의 확장식

$$\sum_{i=0}^{\infty} \binom{n+i-1}{i} t^i = (1-t)^{-n}$$

으로부터 $n = k+2$ 과 $t = 1-p$ 일 때,

$$E[X(X+1)] = p^k k(k+1) \sum_{i=0}^{\infty} \binom{i+k+1}{i} (1-p)^i$$

$$= p^k k(k+1)[1-(1-p)]^{-(k+2)}$$

$$= \frac{k(k+1)}{p^2}$$

이다. 따라서

$$E(X^2) = E[X(X+1)] - E(X)$$

$$= \frac{k(k+1)}{p^2} - \frac{k}{p} = \frac{k(k+1-p)}{p^2}$$

이므로

$$Var(X) = E(X^2) - [E(X)]^2$$

$$= \frac{k(k+1-p)}{p^2} - \frac{k^2}{p^2} = \frac{k(1-p)}{p^2}$$

$$= k\left(\frac{q}{p^2}\right)$$

을 얻는다.

다음으로 다루고자 하는 주요 연속확률분포들의 분산은 다음과 같다.

**표 5.4** 연속확률분포들의 분산

| 연속확률분포 | 분산 |
|---|---|
| 연속균일분포 | $Var(X) = \frac{(b-a)^2}{12}$ |
| 정규분포 | $Var(X) = \sigma^2$ |
| 지수분포 | $Var(X) = \frac{1}{\lambda^2}$ |
| 감마분포 | $Var(X) = \alpha\beta^2$ |
| 베타분포 | $Var(X) = \frac{\alpha\beta}{(\alpha+\beta+1)(\alpha+\beta)^2}$ |
| $\chi^2$ 분포 | $Var(X) = 2n$ |
| $t$ 분포 | $Var(X) = \frac{n}{n-2}$ |
| $F$분포 | $Var(X) = \frac{2n_2^2(n_1+n_2-2)}{n_1(n_2-2)^2(n_2-4)}, \quad (n_2 > 4)$ |

연속균일분포, 정규분포, 지수분포, 감마분포, 베타분포, $\chi^2$ 분포, $t$ 분포, $F$분포의 분산을 구해보기로 하자.

**[예제 5.30]** 연속균일분포의 분산

$X$가 구간 $(a, b)$에서 연속균일분포를 할 때, $X$의 분산을 구하여라.

**|풀 이|**

$$E(X^2) = \int_a^b x^2 \frac{1}{b-a} dx$$

$$= \frac{1}{b-a}\left[\frac{1}{3}x^3\right]_a^b$$

$$= \left(\frac{1}{b-a}\right)\left(\frac{b^3-a^3}{3}\right)$$

$$= \frac{(b-a)(b^2+ab+a^2)}{3(b-a)}$$

$$= \frac{b^2+ab+a^2}{3}$$

과 같이 되며, $E(X) = \dfrac{a+b}{2}$ 이므로

$$Var(X) = E(X^2) - [E(X)]^2$$

$$= \frac{b^2+ab+a^2}{3} - \left(\frac{a+b}{2}\right)^2 = \frac{(b-a)^2}{12}$$

을 얻는다.

**[예제 5.31]** 정규분포의 분산

$X$가 $N(\mu, \sigma^2)$를 따를 때, $X$의 분산을 구하여라.

**|풀 이|**

$$E(X^2) = \frac{1}{\sqrt{2\pi}\,\sigma}\int_{-\infty}^{\infty} x^2 e^{-\frac{(x-\mu)^2}{2\sigma^2}} dx$$

이므로, 이때 $y = \dfrac{x-\mu}{\sigma}$ 로 두면

$$E(X^2)=\frac{1}{\sqrt{2\pi}\,\sigma}\int_{-\infty}^{\infty}(\sigma y+\mu)^2 e^{-\frac{y^2}{2}}dy$$

$$=\frac{\sigma^2}{\sqrt{2\pi}}\int_{-\infty}^{\infty}y^2 e^{-\frac{y^2}{2}}dy+\mu^2(\because \text{표준정규분포의 기댓값은 } 0)$$

$$=\frac{\sigma^2}{\sqrt{2\pi}}\left\{\left[-ye^{-\frac{y^2}{2}}\right]_{-\infty}^{\infty}+\int_{-\infty}^{\infty}e^{-\frac{y^2}{2}}dy\right\}+\mu^2$$

$$=\sigma^2\frac{1}{\sqrt{2\pi}}\int_{-\infty}^{\infty}e^{-\frac{y^2}{2}}dy+\mu^2(\because \text{표준정규분포의 } pdf \text{ 성질 이용})$$

과 같이 되며, $E(X)=\mu$이므로

$$Var(X)=E(X^2)-[E(X)]^2=\sigma^2+\mu^2-\mu^2=\sigma^2$$

을 얻는다.

**[예제 5.32]** **지수분포의 분산**

$X$가 모수가 $\lambda$인 지수분포를 따를 때, $X$의 분산을 구하여라.

**|풀 이|**

$$E(X^2)=\int_0^{\infty}x^2\lambda e^{-\lambda x}dx$$

$$=\lambda\int_0^{\infty}x^2 e^{-\lambda x}dx$$

$$\begin{cases} u=x^2,\ dv=e^{-\lambda x}dx \\ du=2x\,dx,\ v=-\frac{1}{\lambda}e^{-\lambda x} \end{cases}$$

$$=\lambda\left\{\left[x^2\left(-\frac{1}{\lambda}e^{-\lambda x}\right)\right]_0^{\infty}-\int_0^{\infty}\left(-\frac{1}{\lambda}e^{-\lambda x}\cdot 2x\right)dx\right\}$$

$$= \lambda \frac{2}{\lambda} \int_0^\infty x e^{-\lambda x} dx = 2 \int_0^\infty x e^{-\lambda x} dx$$

$$= \frac{2}{\lambda} \int_0^\infty x \lambda e^{-\lambda x} dx = \frac{2}{\lambda} E(X) = \frac{2}{\lambda^2}$$

와 같이 되며, $E(X) = \frac{1}{\lambda}$ 이므로

$$Var(X) = E(X^2) - [E(X)]^2 = \frac{2}{\lambda^2} - \left(\frac{1}{\lambda}\right)^2 = \frac{1}{\lambda^2}$$

을 얻는다.

**[예제 5.33]** 감마분포의 분산

$X$가 모수가 $(\alpha, \beta)$인 감마분포를 따를 때, $X$의 분산을 구하여라.

**|풀 이|**

$$E(X^2) = \int_0^\infty x^2 \frac{1}{\beta^\alpha \Gamma(\alpha)} x^{\alpha-1} e^{-\frac{x}{\beta}} dx$$

$$= \int_0^\infty \frac{1}{\beta^\alpha \Gamma(\alpha)} x^{\alpha+1} e^{-\frac{x}{\beta}} dx$$

이므로, 이때 $\frac{x}{\beta} = t \ (dx = \beta dt)$로 두면

$$E(X^2) = \frac{\beta^{\alpha+1}\beta}{\beta^\alpha \Gamma(\alpha)} \int_0^\infty t^{\alpha+1} e^{-t} dt$$

$$= \frac{\beta^2}{\Gamma(\alpha)} \Gamma(\alpha+2)$$

$$= \frac{\beta^2}{\Gamma(\alpha)} (\alpha+1)\alpha\Gamma(\alpha) = \beta^2(\alpha+1)\alpha$$

와 같이 되며, $E(X) = \alpha\beta$ 이므로

$$\begin{aligned} Var(X) &= E(X^2) - [E(X)]^2 \\ &= \beta^2(\alpha+1)\alpha - (\alpha\beta)^2 = \alpha\beta^2 \end{aligned}$$

을 얻는다.

**[예제 5.34]** 베타분포의 분산

$X$가 모수가 $(\alpha, \beta)$인 베타분포를 따를 때, $X$의 분산을 구하여라.

**|풀 이|**

$$\begin{aligned} E(X^2) &= \int_0^1 x^2 \frac{1}{B(\alpha, \beta)} x^{\alpha-1}(1-x)^{\beta-1}dx \\ &= \frac{1}{B(\alpha, \beta)} \int_0^1 x^{\alpha+1}(1-x)^{\beta-1}dx \\ &= \frac{1}{B(\alpha, \beta)} B(\alpha+2, \beta) \\ &= \frac{\Gamma(\alpha+\beta)}{\Gamma(\alpha)\Gamma(\beta)} \frac{\Gamma(\alpha+2)\Gamma(\beta)}{\Gamma(\alpha+\beta+2)} \\ &= \frac{(\alpha+1)\alpha}{(\alpha+\beta+1)(\alpha+\beta)} \end{aligned}$$

와 같이 되며, $E(X) = \dfrac{\alpha}{\alpha+\beta}$ 이므로

$$\begin{aligned} Var(X) &= E(X^2) - [E(X)]^2 \\ &= \frac{(\alpha+1)\alpha}{(\alpha+\beta+1)(\alpha+\beta)} - \left(\frac{\alpha}{\alpha+\beta}\right)^2 \\ &= \frac{\alpha\beta}{(\alpha+\beta+1)(\alpha+\beta)^2} \end{aligned}$$

을 얻는다.

$\chi^2$ 분포의 분산은 다음과 같다.

**정리 5.7** $\chi^2$ **분포의 분산**

$X$가 자유도가 $n$인 $\chi^2$ 분포를 따를 때, $X$의 분산은

$$Var(X) = E(X^2) - [E(X)]^2 = n^2 + 2n - n^2 = 2n$$

이다.

$t$ 분포의 분산은 다음과 같다.

**정리 5.8** $t$ **분포의 분산**

$X$가 자유도가 $n$인 $t$ 분포를 따를 때, $X$의 분산은

$$Var(X) = E(X^2) - [E(X)]^2 = \frac{n}{n-2} - 0^2 = \frac{n}{n-2}$$

이다.

$F$ 분포의 분산은 다음과 같다.

**정리 5.9** $F$ **분포의 분산**

확률변수 $U$, $V$가 서로 독립이고, 각각 자유도가 $n_1$과 $n_2$인 $\chi^2$ 분포를 따를 때, 확률변수

$$X = \frac{U/n_1}{V/n_2}$$

는 자유도 $(n_1, n_2)$인 $F$분포를 따른다. 이때, $X$의 분산은

$$Var(X) = \frac{2n_2^2(n_1 + n_2 - 2)}{n_1(n_2-2)^2(n_2-4)}, \qquad (n_2 > 4)$$

이다.

## 5.6 상관계수

이 절에서는 $X$와 $Y$ 사이의 선형관계의 정도를 나타내는 측도인 상관계수를 정의하고, 몇 가지 정리를 다루어보고자 한다.

**정의** 상관계수

확률변수 $X, Y$의 2차 적률이 유한이면, $X$와 $Y$의 **상관계수**(correlation coefficient) $\rho$는 다음과 같이 정의한다.

$$\rho(X, Y) = \frac{Cov(X, Y)}{\sigma_X \cdot \sigma_Y}$$

여기서 $\sigma_X > 0$, $\sigma_Y > 0$는 각각 $X, Y$의 표준편차이고 $Cov(X, Y)$는 $X$와 $Y$의 공분산이다.

다음 정리로부터 상관계수의 범위를 알 수 있다.

**정리 5.10**

상관계수 $\rho$가 갖는 값의 범위는 다음과 같다.

$$-1 \leq \rho(X, Y) \leq 1$$

**증명**

$X$와 $Y$의 분산을 각각 $\sigma_X^2$와 $\sigma_Y^2$이라고 하자.

$$\begin{aligned} 0 &\leq Var\left(\frac{X}{\sigma_X} + \frac{Y}{\sigma_Y}\right) \\ &= \frac{Var(X)}{\sigma_X^2} + \frac{Var(Y)}{\sigma_Y^2} + \frac{2Cov(X, Y)}{\sigma_X \sigma_Y} \\ &= 2[1 + \rho(X, Y)] \end{aligned}$$

에서

$$-1 \leq \rho(X, Y)$$

를 얻는다. 한편

$$\begin{aligned} 0 \leq \; & Var\left(\frac{X}{\sigma_X} - \frac{Y}{\sigma_Y}\right) \\ & = \frac{Var(X)}{\sigma_X^2} + \frac{Var(Y)}{\sigma_Y^2} - \frac{2Cov(X, Y)}{\sigma_X \sigma_Y} \\ & = 2[1 - \rho(X, Y)] \end{aligned}$$

에서

$$\rho(X, Y) \leq 1$$

인 관계를 얻는다. 따라서 두 결과 식으로부터 다음을 얻는다.

$$-1 \leq \rho(X, Y) \leq 1$$

위의 정리에서 $\rho = 1$ 이기 위한 조건은

$$Y - E(Y) = \alpha(X - E(X))$$

가 되는 양수 $\alpha$ 가 존재하는 것이고, $\rho = -1$ 이 되기 위한 조건은

$$Y - E(Y) = \beta(X - E(X))$$

가 되는 음수 $\beta$ 가 존재하는 것이다. 즉 등호의 한쪽이 성립하기 위한 필요충분조건은

$$Y - E(Y) = \gamma(X - E(X))$$

가 되는 상수 $\gamma$ 가 존재하는 것이다.

특히, $X$ 와 $Y$ 가 독립이면 $Cov(X, Y) = 0$ 이므로 $\rho = 0$ 이 된다.

상관계수는 $X$ 와 $Y$ 사이의 선형정도를 나타내는 측도이다. $\rho(X, Y)$ 의 값이

$+1$ 이나 $-1$ 에 가까우면 $X$ 와 $Y$ 사이에 선형정도가 높음을 의미하는 반면, 0 에 가까운 값이면 선형관계에 있지 않음을 의미한다. 또한 $\rho(X, Y)$의 양의 값은 $X$ 가 증가할 때 $Y$ 도 증가하는 경향이 있음을 의미하며, 음의 값은 $X$ 가 증가할 때 $Y$ 는 감소하는 경향이 있음을 의미한다. 만일 $\rho(X, Y)$ 이 0 이면, $X$ 와 $Y$ 는 **무상관** (uncorrelated)이라고 한다.

**[예제 5.35]**

확률변수 $X$, $Y$에 대하여 $Var(Y-aX)$를 최소로 하는 상수 $a$ 의 값을 구하여라.

**|풀 이|**

$$
\begin{aligned}
Var(Y-aX) &= Var(Y) - 2a\,Cov(X, Y) + a^2\,Var(X) \\
&= \sigma_Y^2 - 2a\sigma_X\sigma_Y\rho + a^2\sigma_X^2 \\
&= (a\sigma_X - \rho\sigma_Y)^2 - \rho^2\sigma_Y^2 + \sigma_Y^2 \\
&= (a\sigma_X - \rho\sigma_Y)^2 + (1-\rho^2)\sigma_Y^2
\end{aligned}
$$

따라서 $a\sigma_X - \rho\sigma_Y = 0$, 즉 $a = \dfrac{\sigma_Y}{\sigma_X}$ 일 때, 최솟값 $(1-\rho^2)\sigma_Y^2$ 이다.

**[예제 5.36]**

$Y = aX(a \neq 0)$ 일 때, $X$, $Y$의 상관계수 $\rho$를 구하여라.

**|풀 이|**

$$
Var(Y) = a^2\,Var(X), \qquad (a \neq 0)
$$

이므로

$$
\sqrt{Var(Y)} = |a|\sqrt{Var(X)}
$$

가 된다. 또한,

$$\begin{aligned} Cov(X, Y) &= E(XY) - E(X)E(Y) \\ &= E(aX^2) - E(X)E(aX) \\ &= aE(X^2) - a[E(X)]^2 \\ &= a\,Var(X) \end{aligned}$$

이므로, 상관계수 $\rho$는 다음과 같다.

$$\begin{aligned} \rho &= \frac{a\,Var(X)}{\sqrt{Var(X)}\,|a|\,\sqrt{Var(X)}} \\ &= \frac{a}{|a|} \\ &= \begin{cases} 1, & (a > 0) \\ -1, & (a < 0) \end{cases} \end{aligned}$$

다음 정리로부터 상관계수의 성질을 알 수 있다.

**정리 5.11**

임의의 상수 $a, b, c, d$에 대하여 다음 식이 성립한다.

$$\rho(aX+b, cY+d) = \rho(X, Y), \qquad (a, c > 0)$$

**증명**

$$U = aX + b, \quad V = cY + d$$

라고 하고,

$$Var(X) = \sigma_X^2, \quad Var(Y) = \sigma_Y^2$$

이라면,

$$E(U) = aE(X) + b, \quad E(V) = cE(Y) + d$$

이다. 따라서

$$\begin{aligned} Cov(U, V) &= E[(U-E(U))(V-E(V))] \\ &= ac\,E[(X-E(X))(Y-E(Y))] \\ &= ac\,Cov(X, Y) \end{aligned}$$

이다. 또한

$$\sigma_U^2 = Var(U) = a^2\sigma_X^2,\ \sigma_V^2 = Var(V) = c^2\sigma_Y^2$$

이고,

$$\sigma_U = a\sigma_X,\ \sigma_V = c\sigma_Y$$

이므로

$$\begin{aligned} \rho(aX+b,\ cY+d) = \rho(U, V) &= \frac{Cov(U, V)}{\sigma_U\sigma_V} \\ &= \frac{ac\,Cov(X, Y)}{ac\sigma_X\sigma_Y} = \frac{Cov(X, Y)}{\sigma_X\sigma_Y} = \rho(X, Y) \end{aligned}$$

가 성립된다.

$g(X, Y) = XY$이고, $X$와 $Y$가 독립일 때

$$\begin{aligned} E(XY) &= \int_{-\infty}^{\infty}\int_{-\infty}^{\infty} xy\, f(x, y)\, dxdy \\ &= \int_{-\infty}^{\infty} x\, f_X(x)dx \int_{-\infty}^{\infty} y\, f_Y(y)\, dy \\ &= E(X)E(Y) \end{aligned}$$

이 되며, 일반적으로 $X_1, X_2, \cdots, X_n$이 독립인 확률변수이면

$$E(X_1 X_2 \cdots X_n) = E(X_1)E(X_2) \cdots E(X_n)$$

이 성립한다.

## 5.7 조건부기댓값

이 절에서는 $X$와 $Y$의 결합확률(밀도)함수에서 $Y=y$가 주어졌을 때, $X$의 조건부기댓값과 $X=x$가 주어진 $Y$의 조건부기댓값을 정의하고, 몇 가지 예를 들어보고자 한다.

> **정의** 이산확률변수의 조건부기댓값
>
> $X$와 $Y$가 이산결합확률변수일 때, $Y=y$가 주어졌을 때 $X$의 조건부기댓값(conditional expectation)은 다음과 같다.
>
> $$\begin{aligned} E(X \mid Y=y) &= \sum_x xP(X=x \mid Y=y) \\ &= \sum_x x f_{X \mid Y}(x \mid y) \end{aligned}$$

특히 $X$, $Y$가 독립이면

$$\begin{aligned} f(x \mid y) &= P(X=x \mid Y=y) \\ &= \frac{P(X=x, Y=y)}{P(Y=y)} \\ &= \frac{P(X=x)P(Y=y)}{P(Y=y)} = P(X=x) \end{aligned}$$

이므로 $X$, $Y$가 독립인 경우 $Y=y$가 주어졌을 때 $X$의 조건부기댓값은

$$E(X \mid Y=y)=\sum_{x} x P(X=x)$$

와 같다.

마찬가지로, $X=x$가 주어졌을 때, $Y$의 조건부기댓값은 다음과 같다.

$$E(Y \mid X=x)=\sum_{y} y f_{Y \mid X}(y \mid x)$$

**[예제 5.37]**

$X$, $Y$가 서로 독립이며, 동일한 모수 $n, p$를 가지는 이항분포를 하는 확률변수일 때, $X+Y=m$인 조건에서 $X$의 조건부기댓값을 구하여라.

**|풀 이|**

$$\begin{aligned} P(X=k \mid X+Y=m) &= \frac{P(X=k,\, Y=m-k)}{P(X+Y=m)} \\ &= \frac{P(X=k)P(Y=m-k)}{P(X+Y=m)} \\ &= \frac{\binom{n}{k} p^{k}(1-p)^{n-k} \binom{n}{m-k} p^{m-k}(1-p)^{n-m+k}}{\binom{2n}{m} p^{m}(1-p)^{2n-m}} \\ &= \frac{\binom{n}{k}\binom{n}{m-k}}{\binom{2n}{m}} \end{aligned}$$

로서 $X+Y=m$인 조건에서 $X$의 조건부분포는 초기하분포를 하므로

$$E(X \mid X+Y=m)=\frac{mn}{2n}=\frac{m}{2}$$

을 얻는다.

**[예제 5.38]**

$X$가 0과 1 사이에서 이산균일분포를 한다. $X=p$이면 앞면이 나올 확률이 $p$인 동전을 $n$회 던지는 경우 앞면이 나타난 경우의 수를 $Y$라고 할 때, $Y$의 기댓값을 구하여라.

**|풀 이|**

$X=p$가 주어지고, $Y=k$인 값을 취할 확률은

$$P(Y=k \mid X=p)=\binom{n}{k}p^k(1-p)^{n-k}$$

이고, $E(Y \mid X=x)$는 성공할(앞면이 나오는) 확률이 $p$인 $n$회의 베르누이 시행에서 성공(앞면이 나오는)하는 이항분포의 평균이므로

$$E(Y \mid X=x)=\sum_k kp(y \mid x)=np$$

이다.

**[예제 5.39]**

주머니 속에 흰색 공이 3개, 검은색 공이 5개, 붉은색 공이 6개 들어 있다. 주머니로부터 6개의 공을 임의로 꺼낼 때, 흰색 공의 수를 $X$라고 하고, 검은색 공의 수를 $Y$라고 하자.

(1) $P(X \mid Y=3)$을 구하여라.

(2) $E(X \mid Y=1)$을 구하여라.

**|풀 이|**

확률함수는

$$f(x,y)=\frac{\binom{3}{x}\binom{5}{y}\binom{6}{6-x-y}}{\binom{14}{6}},\ x=0,1,2,3,\ y=0,1,2,3,4,5,$$
$$x+y\le 6$$

이다.

(1) $P(X \mid Y=3) = \dfrac{P(X=x, Y=3)}{P(Y=3)}$ 에서

$$P(X \mid Y=3) = \begin{cases} \dfrac{5}{21}, & (x=0) \\ \dfrac{15}{28}, & (x=1) \\ \dfrac{3}{14}, & (x=2) \\ \dfrac{1}{84}, & (x=3) \end{cases}$$

이다.

(2) $P(X \mid Y=1) = \dfrac{P(X=x, Y=1)}{P(Y=1)}$ 에서

$$P(X \mid Y=1) = \begin{cases} \dfrac{1}{21}, & (x=0) \\ \dfrac{5}{14}, & (x=1) \\ \dfrac{10}{21}, & (x=2) \\ \dfrac{5}{42}, & (x=3) \end{cases}$$

이므로

$$E(X \mid Y=1) = 0 \times \frac{1}{21} + 1 \times \frac{15}{14} + 2 \times \frac{10}{21} + 3 \times \frac{5}{42} = \frac{50}{21}$$

이다.

**정의** 연속확률변수의 조건부기댓값

확률변수 $X$, $Y$가 결합확률밀도함수 $f(x, y)$를 갖고, $X$가 주어졌을 때 $Y$의 조건부밀도함수는

$$f_{Y|X}(y \mid x) = \frac{f(x,y)}{f_X(x)}$$

이다. 여기서, $f_X(x)$는 $X$의 주변확률밀도함수이다. 이때, $X$가 주어졌을 때 $Y$의 조건부기댓값(conditional expectation)은 다음과 같다.

$$E(Y \mid X = x) = \int_{-\infty}^{\infty} y\, f_{Y|X}(y \mid x)\, dy$$

여기서, $X = x$는 연속인 경우 $x < X \le x + dx$로 해석되는 것이다.

마찬가지로

$$f_{X|Y}(x \mid y) = \frac{f(x,y)}{f_Y(y)}, \qquad (f_Y(y) > 0)$$

이므로, $Y = y$가 주어졌을 때 $X$의 조건부기댓값은

$$E(X \mid Y = y) = \int_{-\infty}^{\infty} x\, f_{X|Y}(x \mid y)\, dx$$

로 정의한다.

**[예제 5.40]**

$X$와 $Y$가 서로 독립인 연속확률변수일 때, 모든 $y$에 대하여

$$E(X \mid Y = y) = E(X)$$

임을 보여라.

**|풀 이|**

$$E(X \mid Y = y) = \int_{-\infty}^{\infty} x f_{X|Y}(x \mid y)\, dx$$

$$= \int_{-\infty}^{\infty} x \frac{f(x, y)}{f_Y(y)} dx$$

$$= \int_{-\infty}^{\infty} x \frac{f_X(x) f_Y(y)}{f_Y(y)} dx$$

$$= \int_{-\infty}^{\infty} x f_X(x) dx = E(X)$$

**[예제 5.41]**

$X$, $Y$의 결합확률밀도함수가

$$f(x, y) = \begin{cases} 6xy(2-x-y), & (0 < x < 1,\ 0 < y < 1) \\ 0, & (\text{그 밖에서}) \end{cases}$$

일 때, $E(X \mid Y = y)$를 구하여라.

**|풀 이|**

$Y$의 주변확률밀도함수는

$$f_Y(y) = \int_0^1 6xy(2 - x - y) dx$$

$$= y(4 - 3y)$$

이므로 $Y = y$가 주어진 $X$의 조건부밀도함수는

$$f_{X \mid Y}(x \mid y) = \frac{f(x, y)}{f_Y(y)} = \frac{6xy(2 - x - y)}{y(4 - 3y)}$$

$$= \frac{6x(2 - x - y)}{4 - 3y}$$

이다.

따라서 $Y = y$가 주어졌을 때의 조건부기댓값은

$$E(X \mid Y=y) = \int_0^1 x \frac{6x(2-x-y)}{4-3y}\,dx$$

$$= \frac{1}{4-3y}\int_0^1 6x^2(2-x-y)\,dx$$

$$= \frac{1}{4-3y}\left[\frac{1}{4}x^3 - \frac{3}{2}x^4 - 2x^3y\right]_0^1$$

$$= \frac{1}{4-3y}\left(\frac{1}{4} - \frac{3}{2} - 2y\right) = \frac{5-4y}{8-6y}$$

이다.

**[예제 5.42]**

$X$와 $Y$의 결합확률밀도함수가 다음과 같다.

$$f(x,y) = \frac{e^{-\frac{x}{y}}e^{-y}}{y}, \qquad (0 < x < \infty,\ 0 < y < \infty)$$

이때, $E(X \mid Y=y)$을 구하여라.

**|풀 이|**

$Y$의 주변확률밀도함수는

$$f_Y(y) = \int_0^\infty \frac{e^{-\frac{x}{y}}e^{-y}}{y}\,dx$$

$$= e^{-y}\int_0^\infty \left(\frac{1}{y}\right)e^{-\frac{x}{y}}\,dx$$

$$= e^{-y}\left[-e^{-\frac{x}{y}}\right]_0^\infty = e^{-y}$$

이므로, $Y=y$가 주어진 $X$의 조건부밀도함수는

$$f_{X \mid Y}(x \mid y) = \frac{f(x, y)}{f_Y(y)} = \frac{\left(\frac{1}{y}\right) e^{-\frac{x}{y}} e^{-y}}{e^{-y}} = \left(\frac{1}{y}\right) e^{-\frac{x}{y}}$$

이다. 따라서

$$E(X \mid Y = y) = \int_0^{\infty} x \left(\frac{1}{y}\right) e^{-\frac{x}{y}} dx = y$$

가 된다.

**[예제 5.43]**

$X$가 구간 $(0,1)$에서 연속균일분포를 한다. $E(X \mid X < \frac{1}{2})$를 구하여라.

**|풀 이|**

$$P(X \mid X < \frac{1}{2}) = \frac{f(x)}{\int_0^{\frac{1}{2}} f(x)\,dx} = \frac{1}{[x]_0^{\frac{1}{2}}} \cdot \frac{}{}$$

이므로

$$E(X \mid X < \frac{1}{2}) = \int_0^{\frac{1}{2}} 4x\,dx = [2x^2]_0^{\frac{1}{2}} = \frac{1}{2}$$

이다.

**[예제 5.44]**

$X$가 평균이 $\frac{1}{\lambda}$인 지수분포를 따를 때, $E(X \mid X > 1)$을 구하여라.

| 풀 이 |

$$P(X \mid X>1) = \frac{\lambda e^{-\lambda x}}{\int_1^\infty \lambda e^{-\lambda x}\,dx} = \frac{\lambda e^{-\lambda x}}{[-e^{-\lambda x}]_1^\infty} = \frac{\lambda e^{-\lambda x}}{e^{-\lambda}}$$

이므로

$$\begin{aligned} E(X \mid X>1) &= \frac{1}{e^{-\lambda}}\int_1^\infty \lambda e^{-\lambda x}\,dx \\ &= \frac{1}{e^{-\lambda}}\left\{[-xe^{-\lambda x}]_1^\infty + \int_1^\infty e^{-\lambda x}\,dx\right\} \\ &= \frac{1}{e^{-\lambda}}\left\{e^{-\lambda} + \left[-\frac{1}{\lambda}e^{-\lambda x}\right]_1^\infty\right\} \\ &= \frac{1}{e^{-\lambda}}\left\{e^{-\lambda} + \frac{1}{\lambda}e^{-\lambda}\right\} = 1 + \frac{1}{\lambda} \end{aligned}$$

가 된다.

조건부확률이 일반적인 확률의 모든 성질을 만족하는 것과 마찬가지로 조건부기댓값 역시 일반적인 기댓값의 성질을 만족한다.

**정의 함수의 조건부기댓값**

$X$, $Y$가 확률변수이고, $X$의 함수 $g(X)$도 확률변수일 때, $Y$가 주어졌을 때 $g(X)$의 조건부기댓값은 다음과 같이 정의한다.

$$E(g(X) \mid Y=y) = \begin{cases} \sum_x g(x) f_{X \mid Y}(x \mid y), & (\text{이산형}) \\ \int_{-\infty}^{\infty} g(x) f_{X \mid Y}(x \mid y)\,dx, & (\text{연속형}) \end{cases}$$

그리고

$$E\left[\sum_{i=1}^{n} X_i \mid Y=y\right] = \sum_{i=1}^{n} E[X_i \mid Y=y]$$

가 성립된다. 사실상 $Y=y$가 주어졌을 때의 조건부기댓값은 단지 $Y=y$인 결과로 구성된 축소 표본공간에서의 일반적인 기댓값으로 생각할 수 있다.

이제 조건부기댓값의 중요한 성질들을 살펴보기로 하자. $E(X \mid Y=y)$를 $E(X \mid Y)$로 나타내면, 이것은 하나의 확률변수이다. 다음은 조건부기댓값의 매우 중요한 성질이다. 모든 확률변수 $X, Y$에 대하여 다음이 성립한다.

**정리 5.12**

$$E(X) = E[E(X \mid Y)]$$

**증명**

$Y$가 이산확률변수이면

$$E(X) = \sum_{y} E(X \mid Y=y) P(Y=y)$$

이며, $Y$가 연속형으로 그 확률밀도함수가 $f_Y(y)$이면

$$E(X) = \int_{-\infty}^{\infty} E(X \mid Y=y) f_Y(y)\,dy$$

이다. $X, Y$가 이산형일 때, 위의 정리가 성립함을 밝혀 보자.

$$\begin{aligned}
\sum_{y} E(X \mid Y=y) P(Y=y) &= \sum_{y}\sum_{x} x P(X=x \mid Y=y) P(Y=y) \\
&= \sum_{y}\sum_{x} x \frac{P(X=x, Y=y)}{P(Y=y)} P(Y=y) \\
&= \sum_{y}\sum_{x} x P(X=x,\ Y=y) \\
&= \sum_{x} x \sum_{y} P(X=x,\ Y=y)
\end{aligned}$$

$$= \sum_{x} xP(X=x)$$

$$= E(X)$$

앞의 정리는 각 항에 $Y=y$가 주어졌을 때 $X$의 조건부기댓값 $E(X \mid Y=y)$에서 조건으로 주어진 사상의 확률이 가중된 조건부기댓값의 가중평균으로 $E(X)$를 계산할 수 있음을 의미한다. 이 사실은 종종 어떤 적당한 확률변수값을 조건으로 하여 기댓값을 쉽게 계산할 수 있는 매우 유용한 결과이다.

다음은 조건부기댓값을 이용한 확률계산을 살펴보자. $E$를 임의의 사상이라고 하고, 확률변수 $X$가 다음과 같이 정의되었다고 하자.

$$X = \begin{cases} 1, & (E\text{가 발생한다.}) \\ 0, & (E\text{가 발생하지 않는다.}) \end{cases}$$

그러면, $X$의 정의로부터 다음을 얻는다.

$$E(X) = P(E)$$

$$E(X \mid Y=y) = P(E \mid Y=y), \text{ (임의의 확률변수 } Y\text{에 대하여)}$$

그러므로 $E$의 확률은 다음과 같다.

$$P(E) = \sum_{y} P(E \mid Y=y)P(Y=y), \quad (Y\text{가 이산형})$$

$$= \int_{-\infty}^{x} P(E \mid Y=y) f_Y(y)\,dy, \quad (Y\text{가 연속형})$$

**[예제 5.45]**

$A$상점에 오는 손님이 $B$상품을 구입할 확률은 $p$이다. $A$상점에 오는 손님은 평균이 $\lambda$인 포아송 분포를 따른다고 할 때,

(1) $A$상점이 상품 $B$를 팔지 못할 확률을 구하여라.

(2) $A$상점이 상품 $B$를 $k$개 팔 확률을 구하여라.

**|풀 이|**

(1) $X$를 구입할 상품 $B$의 개수라고 하고, $N$을 상점에 들어오는 손님수라고 하자. $N$에 관한 포아송 조건에 의하여

$$P(X=0)=\sum_{n=0}^{\infty}P(X=0 \mid N=n)P(N=n)$$

$$=\sum_{n=0}^{\infty}P(X=0 \mid N=n)\frac{\lambda^n e^{-\lambda}}{n!}$$

이다. 손님 $n$명이 상점에 들어와서, $B$상품을 하나도 사지 않을 확률은 $(1-p)^n$이다. 즉, $P(X=0 \mid N=n)=(1-p)^n$이다.

따라서 구하고자 하는 확률은 다음과 같다.

$$P(X=0)=\sum_{n=0}^{\infty}\frac{(1-p)^n\lambda^n e^{-\lambda}}{n!}$$

$$=e^{-\lambda}\sum_{n=0}^{\infty}\frac{\{\lambda(1-p)\}^n}{n!}=e^{-\lambda}e^{\lambda(1-p)}=e^{-\lambda p}$$

(2)

$$P(X=k)=\sum_{n=0}^{\infty}P(X=k \mid N=n)\frac{\lambda^n e^{-\lambda}}{n!}$$

이므로, $N=n$이 주어지고 $X$가 모수 $n, p$인 이항분포를 하므로

$$P(X=k \mid N=n)=\begin{cases}\binom{n}{k}p^k(1-p)^{n-k}, & (n\geq k)\\ 0, & (n<0)\end{cases}$$

이다. 따라서

$$P(X=k)=\sum_{n=k}^{\infty}\binom{n}{k}\frac{p^k(1-p)^{n-k}\lambda^n e^{-\lambda}}{n!}$$

$$=\sum_{n=k}^{\infty}\frac{n!}{(n-k)!\,k!}\frac{(\lambda p)^k(\lambda(1-p))^{n-k}e^{-\lambda}}{n!}$$

$$= \frac{(\lambda p)^k e^{-\lambda}}{k!} \sum_{n=k}^{\infty} \frac{(\lambda(1-p))^{n-k}}{(n-k)!}$$

$$= \frac{(\lambda p)^k e^{-\lambda}}{k!} \sum_{i=0}^{\infty} \frac{(\lambda(1-p))^{i}}{i!} = \frac{(\lambda p)^k e^{-\lambda}}{k!} e^{\lambda(1-p)}$$

$$= \frac{(\lambda p)^k e^{-\lambda p}}{k!}$$

가 된다. 이것은 $X$가 평균이 $\lambda p$ 인 포아송 분포를 함을 나타낸다.

## 연습문제

**1** 이산확률변수 $X$의 확률함수 $f(x)$가

$$f(x) = \left(\frac{1}{2}\right)^x, \qquad (x = 1, 2, \cdots)$$

일 때, $X$의 평균 $E(X)$를 구하여라.

**2** $X$의 확률밀도함수가 다음과 같을 때, 확률변수 $X$의 기댓값을 구하여라.

$$f(x) = \begin{cases} 2xe^{-2x}, & (x > 0) \\ 0, & (x \leq 0) \end{cases}$$

**3** $X$의 확률밀도함수가 다음과 같을 때, 확률변수 $X$의 기댓값을 구하여라.

$$f(x) = \begin{cases} \dfrac{x}{2}, & (0 < x < 2) \\ 0, & (\text{그 밖에서}) \end{cases}$$

**4** 확률변수 $X$가 다음과 같은 확률함수를 가질 때, $X$의 기댓값 $E(X)$를 구하여라.

$$P(X = x) = \binom{25}{x}\left(\frac{4}{5}\right)^x\left(\frac{1}{5}\right)^{25-x}, \qquad (x = 0, 1, 2, \cdots, 25)$$

**5** $E(X) = 4$, $E(Y) = 5$일 때 다음 기댓값을 구하여라.

(1) $E(2X + 5Y)$

(2) $E(X - 2Y + 5)$

**6** 주사위를 한 개 던져 나온 수의 제곱의 점수를 얻을 때, 제곱점수의 기댓값을 구하여라.

**7** 어떤 학급에서 시험을 본 결과 평균이 40점이었다. 성적이 나빠 학급의 모든 학생에게 성적을 2배하여 10점을 더하여 주었다. 이때 이 학급의 평균을 구하여라.

**8** 어느 기계에서 생산되는 7개의 제품 중 불량품의 수가 4개, 양품의 수가 3개 있다. 이 중에서 임의로 3개를 뽑을 때 불량품의 수를 $X$라고 하자. 확률변수 $X$의 분산을 구하여라.

**9** 확률변수 $X$의 pdf.가 다음과 같을 때 $g(X)=(X-\mu)^2$의 기댓값과 $h(X)=2X+1$의 기댓값을 구하여라.

$$f(x)=\begin{cases} 2x, & (0<x<1) \\ 0, & (\text{그 밖에서}) \end{cases}$$

**10** 확률변수 $X$의 확률분포는 아래와 같다. $g(X)=2X+3$의 평균과 분산을 구하여라.

| $x$ | 0 | 1 | 2 | 3 | 합계 |
|---|---|---|---|---|---|
| $f(x)$ | $\frac{2}{8}$ | $\frac{1}{8}$ | $\frac{4}{8}$ | $\frac{1}{8}$ | 1 |

**11** 주사위를 던져서 나오는 눈의 수를 $X$라고 할 때, $X$의 분산을 구하여라.

**12** $Var(X)=4$, $Var(Y)=9$일 때 다음 분산을 구하여라. (여기서 $X$, $Y$는 독립)

(1) $Var(5X)$

(2) $Var(2X-5)$

(3) $Var(X+2Y)$

**13** $X$, $Y$의 결합확률밀도함수가

$$f(x, y) = \begin{cases} cxy, & (0 < x < 1, 0 < y < 1) \\ 0, & (\text{그 밖에서}) \end{cases}$$

일 때, $E(X^2 + Y^2)$을 구하여라.

**14** $X$는 초록색 주사위를 던져서 나오는 눈의 수, $Y$는 흰색 주사위를 던져서 나오는 눈의 수일 때 $2X+Y$의 기댓값과 분산을 구하여라.

**15** $X$, $Y$의 결합확률밀도함수가 다음과 같이 주어졌다. $X$, $Y$의 주변 pdf, 기댓값, 분산 및 공분산, 즉 $f_1(x), f_2(y), \mu_x, \mu_y, \sigma_x^2, \sigma_y^2$ 및 $Cov(X, Y)$를 구하여라.

$$f(x,y) = \begin{cases} 4xy, & 0 \le x \le 1, 0 \le y \le 1 \\ 0, & \text{그 밖에서} \end{cases}$$

**16** $X$가 이항분포 $B(n, p)$를 따를 때, 확률변수 $\frac{X}{n}$의 평균이 $p$임을 보여라.

**17** 확률변수 $X$가 이항분포 $B(100, 0.3)$를 따를 때, $E(X)$와 $Var(X)$를 구하여라.

**18** $X_1, X_2, \cdots, X_k$가 모수 $n$, $p_i\,(i = 1, 2, \cdots, k)$인 다항분포를 따를 때, $X_i$의 기댓값과 분산을 구하여라.

**19** 주사위 1의 눈금이 4번 나올 때까지 던져야 할 시행횟수의 기댓값과 분산을 구하여라.

**20** 확률변수 $X$가 정규분포 $N(\mu, \sigma^2)$를 따를 때, 다음을 만족하는 $k$를 구하여라.

$$P(\mu - k\sigma \le X \le \mu + k\sigma) = 0.95$$

**21** 어떤 장난감 자동차가 작동된 지 1시간 이내에 고장 날 확률은 $p=0.01$ 이다. 이 장난감 자동차가 2시간 동안 작동할 확률을 구하여라.

**22** $\Gamma\left(\frac{1}{2}\right)=\sqrt{\pi}$ 임을 보여라.

**23** 두 변수 $X$와 $Y$에서 $X$의 표준편차가 4이고, $Y$의 표준편차가 3이며, 두 변수의 공분산이 10일 때 상관계수를 구하여라.

**24** 어떤 승용차의 값이 연도가 지남에 따라 그 값의 가격이 떨어지는데, 이때 승용차의 값과 연도 사이에는 어떠한 상관관계가 존재한다고 할 수 있겠는가?

**25** $X$와 $Y$의 결합확률함수 $f(x,y)$가 다음과 같다.

$$f(1,1)=\frac{1}{9},\ f(2,1)=\frac{1}{3},\ f(3,1)=\frac{1}{9}$$

$$f(1,2)=\frac{1}{9},\ f(2,2)=0,\ f(3,2)=\frac{1}{18}$$

$$f(1,3)=0,\ f(2,3)=\frac{1}{6},\ f(3,3)=\frac{1}{9}$$

(1) $E(X \mid Y=i),\ i=1,2,3$를 구하여라.

(2) $X$와 $Y$는 독립인가?

**26** 주사위를 계속 던지는 시행에서 6의 눈이 나타날 때까지의 시행횟수를 $X$라고 하고, 5의 눈이 나타날 때까지의 시행횟수를 $Y$라고 하자.

(1) $E(X)$를 구하여라.

(2) $E(X \mid Y=1)$을 구하여라.

(3) $E(X \mid Y=5)$을 구하여라.

**27** $X$, $Y$의 결합확률밀도함수가

$$f(x, y) = \begin{cases} 8xy, & (0 \le x \le 1,\ 0 \le y \le x) \\ 0, & (\text{그 밖에서}) \end{cases}$$

일 때, $X$가 주어진 $Y$의 조건부기댓값 및 $Y$가 주어진 $X$의 조건부기댓값을 구하여라.

**28** $X$, $Y$의 결합확률밀도함수가

$$f(x, y) = \begin{cases} \dfrac{2x + y}{42}, & (0 \le x \le 2,\ 0 \le y \le 3) \\ 0, & (\text{그 밖에서}) \end{cases}$$

일 때, $X = 2$가 주어졌을 때 $Y$의 조건부기댓값을 구하여라.($x, y$는 정수)

**29** $X$의 확률밀도함수는

$$f_X(x) = \begin{cases} xe^{-x}, & (x \ge 0) \\ 0, & (\text{그 밖에서}) \end{cases}$$

이고, $X = x$일 때, $Y$는 구간 $(0, x)$에서 연속균일분포를 한다. $x > 0$에 대하여 $X = x$가 주어졌을 때 $Y$ 및 $e^{Y}$의 조건부기댓값을 구하여라.

**30** $X$와 $Y$의 결합확률밀도함수가 다음과 같다.

$$f(x, y) = \frac{e^{-y}}{y}, \qquad (0 < x < y,\ 0 < y < \infty)$$

이때 $E(X^2 \mid Y = y)$를 구하여라.

제 6 장

# 극한정리

6.1 체비셰프 부등식

6.2 대수의 법칙

6.3 중심극한정리

통계학 분야에서 확률론의 가장 중요한 이론적 기여는 아마도 극한정리라고 할 수있을 것이다. 이 중에서 가장 중요한 것이 대수의 법칙과 중심극한정리로 분류되는 것이다.

이 장에서는 마르코프 부등식, 체비셰프 부등식, 대수의 법칙, 그리고 중심극한정리에 대하여 살펴보기로 한다.

## 6.1 체비셰프 부등식

$E(X)=\mu$, $Var(X)=\sigma^2>0$의 경우 $Y=(X-\mu)/\sigma$로 하면 $E(Y)=0$, $Var(Y)=1$로 된다. 이와 같이 확률변수 $X$가 주어진 경우, 평균이 0, 분산이 1이 되도록 일차변환 $Y=(X-\mu)/\sigma$을 하는 것을 $X$의 표준화라고 한다.

$k$를 임의의 상수라고 하면, $|Y| \geq k$으로 되는 확률, 즉 $X$가 평균값 $\mu$에서 표준편차 $\sigma$의 $k$배 이상 떨어질 확률은 $k$가 큰 만큼 작게 된다. 이 확률의 정확한 값은 $X$의 분포에 따라 다르지만 분포가 무엇이든지 간에 다음의 부등식

$$P(|X-\mu| \geq k\sigma) \leq \frac{1}{k^2}$$

이 성립한다. 이것을 체비셰프 부등식이라고 한다.

이 절에서는 체비셰프 부등식의 일반적인 형태인 마르코프 부등식과 체비셰프 부등식의 내용을 다루고, 몇 가지 정리와 예를 들어 설명하고자 한다.

**정리 6.1 마르코프 부등식(Markov's Inequality)**

$X$가 음이 아닌 값만을 취하는 확률변수이면, 임의의 값 $a>0$에 대하여

$$P(X \geq a) \leq \frac{E(X)}{a}$$

이 성립한다.

**증명**

$X$가 확률밀도함수 $f(x)$를 가지는 연속확률변수인 경우에 대하여 증명하여 보자.

$$\begin{aligned} E(X) &= \int_0^\infty x f(x)\,dx \\ &= \int_0^a x f(x)\,dx + \int_a^\infty x f(x)\,dx \\ &\geq \int_a^\infty x f(x)\,dx \\ &\geq \int_a^\infty a f(x)\,dx \\ &= a\int_a^\infty f(x)\,dx = aP(X \geq a) \end{aligned}$$

따라서 다음을 만족한다.

$$P(X \geq a) \leq \frac{E(X)}{a}$$

**정리 6.2 체비셰프 부등식(Chebyshev's Inequality)**

$X$가 평균이 $\mu$이고 분산이 $\sigma^2$인 확률변수라면, 임의의 값 $k > 0$에 대하여

$$P(|X-\mu| \geq k) \leq \frac{\sigma^2}{k^2}$$

이 성립한다.

**증명**

$(X-\mu)^2$은 음이 아닌 값을 취하는 확률변수이므로, 마르코프 부등식을 적용할

수 있다. 마르코프 부등식에서 $a$ 대신 $k^2$을 사용하면

$$P[(X-\mu)^2 \geq k^2] \leq \frac{E[(X-\mu)^2]}{k^2}$$

이다.

$(X-\mu)^2 \geq k^2$은 $|X-\mu| \geq k$일 때만 성립하고, $E[(X-\mu)^2]$는 분산 $\sigma^2$이므로, 위 부등식은 다음과 같이 된다.

$$P(|X-\mu| \geq k) \leq \frac{\sigma^2}{k^2}$$

위 정리의 체비셰프 부등식은 다음과 같이 쓸 수도 있다.

$$P(|X-\mu| \geq k\sigma) \leq \frac{1}{k^2}$$

또 다른 표현으로 다음과 같이 나타낸다.

$$P(|X-\mu| < k\sigma) \geq 1-\frac{1}{k^2}$$

마르코프 부등식과 체비셰프 부등식의 중요성은 확률분포의 평균만 알거나 평균과 분산을 모두 알고 있을 때 확률의 한계를 유도할 수 있다는 것이다. 물론, 만일 분포를 알고 있다면 구하려는 확률을 정확히 계산할 수 있으므로 확률의 한계에 연연할 필요가 없다. 체비셰프 부등식은 어떤 확률의 한계로서 사용 가능한 것이다. 그러나 많은 경우에서 그 한계 값은 확률의 참값과는 거리가 있다는 것에 유의하여야 한다.

**[예제 6.1]**

어느 회사에서는 주당 평균 500개의 제품을 생산하고 있다.

(1) 주당 1,000개 이상 생산할 확률을 구하여라.

(2) 주당 생산량의 분산이 100이라면, 주당 400 개에서 600 개 사이를 생산할 확률을 구하여라.

**|풀 이|**

(1) 마르코프 부등식에 의해 구하고자 하는 확률은 다음과 같다.

$$P(X \geq 1000) \leq \frac{E(X)}{1000} = \frac{500}{1000} = \frac{1}{2}$$

(2) 체비셰프 부등식에 의해

$$P(|X-500| \geq 100) \leq \frac{\sigma^2}{(100)^2} = \frac{1}{100}$$

이므로

$$P(|X-500| < 100) \geq 1 - \frac{1}{100} = \frac{99}{100}$$

이다. 따라서 주당 생산량이 400 ~600 개일 확률은 적어도 0.99이다.

**[예제 6.2]**

$X$의 확률밀도함수가 다음과 같다.

$$f(x) = \begin{cases} e^{-x}, & (x \geq 0) \\ 0, & (x < 0) \end{cases}$$

이때, $P(|X-\mu| \geq k\sigma)$를 계산하고, 체비셰프 부등식과 비교하여라.

**|풀 이|**

$f(x) = e^{-x}$인 분포는 $\lambda = 1$인 지수분포이므로 기댓값과 분산은 다음과 같다.

$$\mu = E(X) = \frac{1}{\lambda} = 1$$

$$\sigma^2 = Var(X) = \frac{1}{\lambda^2} = 1$$

① $0 \le k \le 1$

$$\begin{aligned} P(|X-\mu| \ge k\sigma) &= P(|X-1| \ge k) \\ &= P(X-1 \ge k) + P(X-1 \le -k) \\ &= P(X \le 1-k) + P(X \ge 1+k) \\ &= \int_0^{1-k} e^{-x}dx + \int_{1+k}^{\infty} e^{-x}dx \\ &= [-e^{-x}]_0^{1-k} + [-e^{-x}]_{1+k}^{\infty} \\ &= -e^{-(1-k)} + e^0 - e^{-\infty} + e^{-(1+k)} \\ &= 1 - e^{-(1-k)} + e^{-(1+k)} \end{aligned}$$

② $k > 1$

$$\begin{aligned} P(|X-\mu| \ge k\sigma &= P(|X-\mu| \ge k) \\ &= P(X-1 \ge k) + P(X-1 \leqq -k) \\ &= P(X \ge 1+k) \\ &= \int_{1+k}^{\infty} e^{-x}dx = e^{-(1+k)} \end{aligned}$$

따라서

$$P(|X-\mu| \ge k\sigma) = \begin{cases} 1-e^{-(1-k)} + e^{-(1+k)}, & (0 \le k \le 1) \\ e^{-(1+k)}, & (k > 1) \end{cases}$$

이다.

체비셰프 부등식에서 $k \le 1$ 이면 적합하지 않고, $k > 1$ 이면 $e^{-(1+k)}$ 은 $\frac{1}{k^2}$ 보다 빨리 0에 수렴한다.

**[예제 6.3]**

다음 분포에 대하여

$$P(|X-\mu| \geq 3\sigma)$$

를 구하고, 체비셰프 부등식으로 확인하여라. ($\mu = E(X)$, $\sigma = \sqrt{Var(X)}$)

(1) 모수가 $\lambda = 4$ 인 포아송 분포

(2) 모수가 $\lambda$ 인 지수분포

(3) 평균이 $m$, 분산이 $\sigma^2$ 인 정규분포

**|풀 이|**

먼저, 체비셰프 부등식에 의하여

$$P(|X-\mu| \geq 3\sigma) \leq \frac{1}{3^2} = \frac{1}{9} \fallingdotseq 0.111$$

을 얻는다.

(1) 포아송 분포에서 $\mu = \lambda = 4$, $\sigma = \sqrt{\lambda} = 2$ 이고, $|X-4| \geq 6$ 은 $X-4 \leq -6$ 또는 $X-4 \geq 6$ 이므로 구하고자 하는 확률은 다음과 같다.

$$\begin{aligned} P(|X-4| \geq 3\times 2) &= P(X-4 \leq -6) + P(X-4 \geq 6) \\ &= P(X \leq -2) + P(X \geq 10) \\ &= P(X \geq 10) = 1 - 0.992 = 0.008 < 0.11 \end{aligned}$$

(2) $\mu = \frac{1}{\lambda}$, $\sigma = \frac{1}{\lambda}$ 이고,

$\left|X - \frac{1}{\lambda}\right| \geq \frac{3}{\lambda}$ 에서 $X - \frac{1}{\lambda} \leq -\frac{3}{\lambda}$, $X - \frac{1}{\lambda} \geq \frac{3}{\lambda}$ 이므로

$$\left(\left|X - \frac{1}{\lambda}\right| \geq \frac{3}{\lambda}\right) = \left(X \leq -\frac{2}{\lambda}\right) \cup \left(X \geq \frac{4}{\lambda}\right)$$

이다.

따라서 구하고자 하는 확률은 다음과 같다.

$$P\left(\left|X-\frac{1}{\lambda}\right| \geq \frac{3}{\lambda}\right)= P\left(X-\frac{1}{\lambda} \leq -\frac{3}{\lambda}\right)+ P\left(X-\frac{1}{\lambda} \geq \frac{3}{\lambda}\right)$$
$$= P\left(X \leq -\frac{2}{\lambda}\right)+ P\left(X \geq \frac{4}{\lambda}\right)$$
$$= P\left(X \geq \frac{4}{\lambda}\right)= \int_{\frac{4}{\lambda}}^{\infty} \lambda e^{-\lambda x}\, dx = e^{-4} = 0.0183 < 0.11$$

(3) 평균이 $m$, 분산이 $\sigma^2$ 인 정규분포에서 구하고자 하는 확률은 다음과 같다.

$$P(|X-m| \geq 3\sigma) = P(X-m \geq 3\sigma) + P(X-m \leqq -3\sigma)$$
$$= 2P(Z \geqq 3) = 2 \cdot 0.0013 = 0.0026 < 0.11$$

(1), (2), (3)은 모두 체비셰프 부등식에 의한 확률

$$P(|X-\mu| \geq 3\sigma) \leq \frac{1}{3^2} = \frac{1}{9} \fallingdotseq 0.11$$

을 만족하고 있다.

특히 확률변수 $X$가 이항분포 $P(X=x) = \binom{n}{x} p^x q^{n-x}$ 를 따를 때, $\mu = np$, $\sigma^2 = npq$ 이므로, 체비셰프 부등식에서 $k$을 $nk$으로 바꾸면

$$P(|X-np| < nk) \geq 1 - \frac{npq}{n^2k^2} = 1 - \frac{pq}{nk^2}$$

또는

$$P\left(\left|\frac{X}{n} - p\right| < k\right) \geq 1 - \frac{pq}{nk^2}$$

가 된다. 여기서 $\frac{X}{n}$ 은 확률변수 $X$가 일어나는 비율이다.

**[예제 6.4]**

주사위를 10,000 회 던질 때, 1의 눈이 나오는 상대도수가 $\frac{1}{6} \pm \frac{1}{100}$ 안에 들어있을 확률을 구하여라.

**|풀 이|**

$$P\left(\frac{1}{6}-\frac{1}{100}<\frac{X}{10000}<\frac{1}{6}+\frac{1}{100}\right)$$

$$=P\left(\left|\frac{X}{10000}-\frac{1}{6}\right|<\frac{1}{100}\right)\geq 1-\frac{\frac{1}{6}\times\frac{5}{6}}{10000\times\left(\frac{1}{100}\right)^2}$$

$$=1-\frac{5}{36}=\frac{31}{36}=0.861$$

이므로 구하고자 하는 확률은 0.861보다 작지 않다.

체비셰프 부등식은 모든 확률변수에 적용되지만, 실제적인 확률의 상한을 주는데에는 다음 정리가 이용된다.

**정리 6.3 단측 체비셰프 부등식**

$X$가 평균이 0이고, 분산이 $\sigma^2$인 확률변수라면, 임의의 값 $k>0$에 대하여

$$P(X>k)\leq\frac{\sigma^2}{k^2+\sigma^2}$$

이 성립한다.

**증 명**

$0=E(X)=\int_{-\infty}^{\infty}xf(x)\,dx$ 이므로

$$-k=\int_{-\infty}^{\infty}(x-k)f(x)\,dx \geq \int_{-\infty}^{k}(x-k)f(x)dx$$

이 된다. 따라서

$$k \leq \int_{-\infty}^{k}(k-x)f(x)dx$$

$$= \int_{-\infty}^{\infty}(k-x)I_k(x)f(x)dx$$

이다. 여기서, $I_k(x)=\begin{cases}1, & (x \leq k)\\ 0, & (x > k)\end{cases}$ 이다.

$k>0$ 일 때, 앞의 식 양변을 제곱하면

$$k^2 \leq \left[\int_{-\infty}^{\infty}(k-x)I_k(x)f(x)dx\right]^2$$

또는

$$k^2 \leq \left[E((k-X)I_k(X))\right]^2$$

이 성립된다. 체비셰프 부등식에 의하여 위의 식은

$$k^2 \leq E[(k-X)^2]\,E[I_k^2(X)]$$

$$= \int_{-\infty}^{\infty}(k-x)^2f(x)dx\int_{-\infty}^{k}f(x)dx$$

$$= F(k)\int_{-\infty}^{\infty}(k-x)^2f(x)dx, \text{ 여기서 } \int_{-\infty}^{x}f(x)dx = F(x)$$

$$= F(k)\left[\int_{-\infty}^{\infty}k^2f(x)dx - 2k\int_{-\infty}^{\infty}xf(x)dx + \int_{-\infty}^{\infty}x^2f(x)dx\right]$$

$$= F(k)(k^2+\sigma^2)$$

이므로

$$F(k) \geq \frac{k^2}{k^2+\sigma^2}$$

또는

$$P(X>k) = 1-F(k) \leq 1-\frac{k^2}{k^2+\sigma^2} = \frac{\sigma^2}{k^2+\sigma^2}$$

만일 $X$의 평균이 $\mu$이고 분산이 $\sigma^2$이라면, $X-\mu$의 평균은 0, 분산은 $\sigma^2$이고, $\mu-X$의 평균은 0, 분산은 $\sigma^2$이므로, 단측 체비셰프 부등식으로부터 임의의 $k>0$에 대하여

$$P(X-\mu>k) \leq \frac{\sigma^2}{k^2+\sigma^2}$$

및

$$P(\mu-X>k) \leq \frac{\sigma^2}{k^2+\sigma^2}$$

을 얻을 수 있다.

**[예제 6.5]**

어느 공장에서 1주일간에 생산되는 제품 수는 평균이 100이고, 분산이 400이다. 이 공장에서 주당 120개 이상 생산할 확률을 구하여라.

**|풀 이|**

$$P(X>120) = P(X-100>20) \leq \frac{400}{20^2+400} = \frac{1}{2}$$

이므로 주당 생산되는 제품 수가 120개 이상일 확률은 많아야 $\frac{1}{2}$이다.

위의 예제에서 마르코프 부등식을 사용하면

$$P(X > 120) \leq \frac{E(X)}{120} = \frac{5}{6}$$

이므로 마르코프의 부등식이 단측 체비셰프의 부등식보다 매우 약하다.

## 6.2 대수의 법칙

일반적으로 정리들이 확률변수열의 평균이 어떤 의미에서 기대되는 평균에 수렴하는 조건을 나타내는 것과 관련이 있으면 대수의 법칙으로 생각한다.

이 절에서는 체비셰프 부등식을 이용하여 베르누이의 대수의 법칙과 대수의 약법칙 및 대수의 강법칙에 대하여 설명하고자 한다.

확률변수 $X$가 이항분포를 따를 때, 체비셰프 부등식에 의해 다음이 성립한다.

$$P\left( \left| \frac{X}{n} - p \right| < \epsilon \right) \geq 1 - \frac{pq}{n\epsilon^2} \Leftrightarrow P( | X - \mu | < k\sigma ) \geq 1 - \frac{1}{k^2}$$

이때 $k\sigma = n\epsilon$ 이면 $\frac{1}{k} = \frac{\sigma}{n\epsilon}$ 이다.

$n$ 회의 시행 중 사상이 $m$ 회 일어났다고 하자. 이 경우 시행횟수 $n$ 을 충분히 크게 할 때 $\frac{X}{n} = \frac{m}{n}$ 은 $p$ 에 충분히 가까이 간다. 즉

$$\frac{m}{n} \to p, \qquad (n \to \infty)$$

따라서 다음이 성립한다.

**정리 6.4** **베르누이의 대수의 법칙**

확률변수 $X$가 이항분포 $P(X=x)=\binom{n}{x}p^x q^{n-x}$를 따를 때

$$\lim_{n\to\infty} P\left( \left| \frac{X}{n}-p \right| < \epsilon \right)=1$$

또는

$$\lim_{n\to\infty} P\left( \left| \frac{X}{n}-p \right| > \epsilon \right)=0$$

가 성립한다.

**증명**

$E(X)=np$, $V(X)=npq$이므로, 체비셰프 부등식에 의하여

$$P\left( \left| \frac{X}{n}-p \right| \geq \epsilon \right) \leq \frac{pq}{n\epsilon^2} \leq \frac{1}{4\epsilon^2 n} \qquad \left( pq=p(1-p) \leq \frac{1}{4} \right)$$

가 된다. 따라서 $n\to\infty$일 때, 극한에서 위의 식이 성립한다.

이 관계를 베르누이의 대수의 법칙이라고 한다.

아래의 대수의 약법칙은 $n$이 충분히 클 때, $\overline{X}$가 상수 $\mu$와 가까운 값을 거의 확실히 취한다는 것을 나타내고 있다. 이 사실은 $n$이 증가함에 따라 $\overline{X}\to\mu$가 되는 확률이 1에 가까이 감을 나타낸다.

체비셰프 부등식으로부터 확률론에 있어서 중요한 법칙인 대수의 약법칙을 얻을 수 있다.

**정리 6.5** **대수의 약법칙**(Weak Law of Large Numbers: WLLN)

$X_1, X_2, \cdots, X_n$이 서로 독립인 확률변수의 열이고, 모두 동일한 분포를 따른다고 하자. 이 경우 기댓값

$$\mu = E(X_k), \qquad (k = 1, 2, \cdots, n)$$

가 존재하면, 임의로 주어진 $\epsilon > 0$에 대하여

$$\lim_{n \to \infty} P\left( \left| \frac{X_1 + X_2 + \cdots + X_n}{n} - \mu \right| > \epsilon \right) = 0$$

또는

$$\lim_{n \to \infty} P( | \overline{X} - \mu | > \epsilon ) = 0$$

이 성립한다. 이 법칙을 대수의 약법칙(큰 수의 약법칙)이라고 하고, $\overline{X}$는 $\mu$에 확률수렴한다고 한다.

**증 명**

체비셰프 부등식에 의하여 증명한다.

$$\begin{aligned} E(\overline{X}) &= E\left( \frac{X_1 + X_2 + \cdots + X_n}{n} \right) \\ &= \frac{1}{n} [E(X_1) + E(X_2) + \cdots + E(X_n)] \\ &= \frac{n\mu}{n} = \mu \\ Var(\overline{X}) &= Var\left( \frac{X_1 + X_2 + \cdots + X_n}{n} \right) \\ &= \frac{1}{n^2} [Var(X_1) + Var(X_2) + \cdots + Var(X_n)] \\ &= \frac{n\sigma^2}{n^2} = \frac{\sigma^2}{n} \end{aligned}$$

따라서 체비셰프 부등식에 의하여

$$P( | X - \mu | > \epsilon ) \leq \frac{\sigma^2}{\epsilon^2}$$

이므로

$$P[\,|\,\overline{X}-E(\overline{X})\,|\,>\epsilon]\le \frac{\frac{\sigma^2}{n}}{\epsilon^2}=\frac{\sigma^2}{n\epsilon^2}$$

이 된다. 여기서, $n\to\infty$ 이면

$$\lim_{n\to\infty}P[\,|\,\overline{X}-\mu\,|\,>\epsilon]=0$$

이 된다.

이 정리는 $n$이 충분히 크면, $\overline{X}$는 거의 확실하게 상수 $\mu$와 일치한다는 것이다. 즉, $n$이 증가함에 따라 $\overline{X}$가 $\mu$에 수렴하게 되는 확률이 1에 가까이 감을 의미한다.

이 정리의 의미는 표본평균 $\overline{X}$과 $\mu$와의 차가 주어진 $\epsilon$을 넘을 확률은 $n$이 커짐에 따라서 0에 가까워진다. 즉, 표본평균 $\overline{X}$가 구간 $(\mu-\epsilon, \mu+\epsilon)$ 안에 들 확률은 $n$이 커짐에 따라서 1에 가까워지는 것이다. $\epsilon$은 미리 주어진 양수로서 아무리 작아도 되므로, 결국 $\mu$를 포함하는 어떤 작은 구간을 취하여도 $n$을 충분히 크게 취하면, 표본평균 $\overline{X}$는 1에 가까운 확률로 이 구간 안에 든다.

즉, 한 번의 실험에서는 어떤 사상 $E$가 일어나느냐, 안 일어나느냐에 대해 무엇이라 말할 수 없으나 오랫동안 계속하면, 그것이 일어나는 비율은 일정한 값에 가까워진다는 것을 나타내고 있다. 이것을 대수의 약법칙이라고 한다.

다음으로 대수의 강법칙에 대하여 살펴보자.

선험적 확률이 $p$인 시행을 $n$회 시행할 때, 임의의 양수 $\epsilon$에 대하여 상대도수 $\frac{m}{n}$이 모든 $n>n_\epsilon$에 대하여

$$\left|\frac{m}{n}-p\right|<\epsilon$$

이 되는 $n_\epsilon$이 확률 1로서 존재한다.

즉, $n\to\infty$ 일 때

$$P\left(\frac{m}{n} \to p\right) = 1$$

이 된다. 극한의 기호로서 나타내면

$$P\left(\lim_{n\to\infty} \left| \frac{m}{n} - p \right| = 0\right) = 1$$

또는

$$P\left(\lim_{n\to\infty} \left| \frac{m}{n} - p \right| \neq 0\right) = 0$$

이 된다. 이 법칙을 **대수의 강법칙**(**큰 수의 강법칙**)이라고 한다.

대수의 강법칙은 어떤 동일한 분포를 갖는 일련의 독립 확률변수들의 산술평균이 확률 1로 그 분포의 평균에 수렴한다는 것이다.

**정리 6.6** **대수의 강법칙**(Strong Law of Large Numbers: SLLN)

$X_1, X_2, \cdots$ 이 독립이고, 동일한 분포를 하는 확률변수들이며, 모두 유한평균 $\mu = E(X_i)$를 가지면 확률 1로, $n \to \infty$ 에 따라

$$\frac{X_1 + X_2 + \cdots + X_n}{n} \to \mu$$

즉,

$$P\left(\lim_{n\to\infty} \frac{X_1 + X_2 + \cdots + X_n}{n} = \mu\right) = 1$$

이 성립한다.

이 대수의 강법칙은 극한

$$\lim_{n\to\infty} \frac{X_1 + X_2 + \cdots + X_n}{n}$$

의 존재(그 값은 $\mu$)를 논한 것이다.

대수의 강법칙 증명은 다음 [정리 6.7] 콜모고로프 부등식을 이용하면 보일 수 있지만 수준을 넘기 때문에 생략한다.

대수의 강법칙 적용의 예로서 어떤 실험에 있어서 일련의 독립시행이 이루어질 경우 $E$를 그 실험의 정해진 사상이라고 하고 각 시행에서 $E$가 발생할 확률을 $P(E)$라고 하자. 그리고

$$X_i = \begin{cases} 1, & (E\text{가 } i\text{번째 시행에서 발생하면}) \\ 0, & (E\text{가 } i\text{번째 시행에서 발생하지 않으면}) \end{cases}$$

이라고 하면, 대수의 강법칙에 의해 확률 1로

$$\frac{X_1 + X_2 + \cdots + X_n}{n} \rightarrow E(X) = P(E)$$

가 성립된다. $X_1 + X_2 + \cdots + X_n$은 최초 $n$번의 시행에서 사상 $E$가 발생한 횟수를 나타내므로, 위의 식은 사상 $E$가 발생하는 횟수의 극한 비율이 확률 1로 $P(E)$가 됨을 의미한다.

대수의 강법칙을 증명하는 데 가장 중요한 정리 중의 하나는 다음의 콜모고로프 부등식이다.

**정리 6.7 콜모고로프 부등식**(Kolmogorov's Inequality)

$X_1, X_2, \cdots, X_n$을 각각 $E(X_i) = 0$이고 $Var(X_i) = \sigma_i^2 < \infty$, $i = 1, 2, \cdots, n$인 $n$개의 서로 독립인 확률변수라고 하면, 모든 $k > 0$에 대하여

$$P\left[\max | X_1 + X_2 + \cdots + X_i | > k\right] \le \sum_{i=1}^{n} \frac{\sigma_i^2}{k^2}$$

이 성립된다.

## 6.3 중심극한정리

중심극한정리는 확률론에서 가장 주목할 만한 결과 중의 하나이며, 많은 확률변수들의 합이 근사적으로 정규분포를 따르는 조건을 결정하는 것과 관련이 있다. 간단히 말하면, 중심극한정리는 많은 독립 확률변수들의 합이 근사적으로 정규분포를 따른다는 것이다. 그러므로 이 정리는 독립 확률변수들의 합에 대한 근사적인 확률을 계산하는 간단한 방법을 제공할 뿐만 아니라 대부분 모집단의 경험 도수들이 종모양(즉, 정규) 곡선을 나타낸다는 주목할 만한 사실을 설명하는 데 도움이 된다.

이 절에서는 통계학에서 가장 중요한 정리라고 할 수 있는 중심극한정리를 정의하고 예를 들어 설명하고자 한다.

**정리 6.8 중심극한정리(Central Limit Theorem)**

평균이 $\mu$ 이고 분산이 $\sigma^2$ 인 임의의 무한모집단으로부터 크기 $n$ 인 임의확률표본 $X_i, (i=1,2,\cdots,n)$ 를 추출하면 그 표본평균 $\overline{X}$ 는 $n$ 이 클수록

$$E(\overline{X})=\mu,\ \sigma^2(\overline{X})=\frac{\sigma^2}{n}$$

인 정규분포에 가깝고, $n\to\infty$ 인 극한에서 정규분포와 일치한다. 따라서

$$Z=\frac{\overline{X}-\mu}{\frac{\sigma}{\sqrt{n}}}\sim N(0,1),\qquad (n\to\infty)$$

가 성립한다.

**[예제 6.6]**

10 개의 공정한 주사위를 던진다면, 주사위 눈의 합이 30 과 40 사이일 근사 확률을 구하여라.

**|풀 이|**

$X_i\ (i=1,2,\cdots,10)$를 $i$ 번째 주사위 눈의 값이라고 하자. 그러면,

$$E(X_i)=\frac{7}{2}$$

$$Var(X_i)=E(X_i^2)-[E(X_i^2)]^2=\frac{35}{12}$$

이므로, 중심극한정리에 의해 근사 확률을 구해보면 다음과 같다.

$$P\left(30 \le \sum_{i=1}^{10} X_i \le 40\right)$$

$$=P\left(29.5 \le \sum_{i=1}^{10} X_i \le 40.5\right)\ (\because \text{연속성 수정})$$

$$=P\left(\frac{29.5-10\times 7/2}{\sqrt{10\frac{35}{12}}} \le \frac{\sum_{i=1}^{10} X_i-35}{\sqrt{10\frac{35}{12}}} \le \frac{40.5-10\times 7/2}{\sqrt{10\frac{35}{12}}}\right)$$

$$=P\left(\frac{29.5-35}{\sqrt{\frac{350}{12}}} \le \frac{\sum_{i=1}^{10} X_i-35}{\sqrt{\frac{350}{12}}} \le \frac{40.5-35}{\sqrt{\frac{350}{12}}}\right)$$

$$=\Phi(1.0184)-\Phi(-1.0184)$$

$$\approx 2\Phi(1.0184)-1\approx 0.692$$

**[예제 6.7]**

$X_1, X_2, \cdots, X_{20}$은 평균이 1이며 독립인 포아송 확률변수들이다.

(1) 마르코프 부등식을 이용하여 $P\left(\sum_{i=1}^{20} X_i > 15\right)$의 상한값을 구하여라.

(2) 중심극한정리를 이용하여 $P\left(\sum_{i=1}^{20} X_i > 15\right)$의 근삿값을 구하여라.

**|풀 이|**

마르코프 부등식을 이용하면 $E(X_i) = 1$ 이고 $Var(X_i) = 1$ 이므로 상한값의 근사확률을 구해보면 다음과 같다.

(1) $P\left(\sum_{i=1}^{20} X_i > 15\right) = P\left(\sum_{i=1}^{20} X_i \geq 16\right) \leq \frac{20}{16} \approx 1.25$

(2) 중심극한정리에 의해 근사 확률을 구해보면 다음과 같다.

$$\begin{aligned} P\left(\sum_{i=1}^{20} X_i > 15\right) &= P\left(\sum_{i=1}^{20} X_i \geqq 16\right) \\ &= P\left(\sum_{i=1}^{20} X_i \geqq 15.5\right) (\because \text{연속성 수정}) \\ &= P\left(\frac{\sum_{i=1}^{20} X_i - 20}{\sqrt{20}} \geqq \frac{15.5 - 20}{\sqrt{20}}\right) \\ &\approx 1 - \Phi(1.006) \approx 0.8413 \end{aligned}$$

**[예제 6.8]**

동전을 40번 던져서 앞면이 나오는 횟수를 $X$라고 하자. 앞면이 나온 횟수 $X$가 20일 확률을 구하여라.

(1) 정확한 확률을 구하여라.

(2) 근사확률을 구하여라.

**|풀 이|**

(1) $X$는 이항분포 $B(40, 0.5)$를 따른다.

구하고자 하는 확률은

$$P(X = 20) = \binom{40}{20}\left(\frac{1}{2}\right)^{40} = 0.1268$$

이다.

(2) 중심극한정리에 의해 근사 확률을 구해보면 다음과 같다.

$$P(X=20) = P(19.5 \le X \le 20.5)\ (\because \text{연속성 수정})$$
$$= P\left(\frac{19.5 - 40\times 1/2}{\sqrt{40\,\frac{1}{2}\,\frac{1}{2}}} \le \frac{X-20}{\sqrt{10}} \le \frac{20.5 - 40\times 1/2}{\sqrt{40\,\frac{1}{2}\,\frac{1}{2}}}\right)$$
$$= \Phi(0.16) - \Phi(-0.16)$$
$$\approx 2\Phi(0.16) - 1 \approx 0.1272$$

**[예제 6.9]**

$X_i$, $(i=1,2,\cdots,20)$는 서로 독립인 확률변수이고, 각각은 균일분포 $U(0,1)$에서 추출한 크기 20인 확률표본이다. $X = X_1 + X_2 + \cdots + X_{20}$라고 할 때 확률 $P(8.5 \leqq X \leqq 11.7)$을 구하여라.

**| 풀 이 |**

$E(X_i) = \frac{1}{2}$, $Var(X_i) = \frac{1}{12}$, $(i=1,2,\cdots 20)$이므로, 중심극한정리에 의해

$$P(8.5 \le X \le 11.7)$$
$$= P\left(\frac{8.5 - 20\times 1/2}{\sqrt{20\,\frac{1}{12}}} \le \frac{X-10}{\sqrt{\frac{5}{3}}} \le \frac{11.7 - 20\times 1/2}{\sqrt{20\,\frac{1}{12}}}\right)$$
$$= \Phi(1.317) - \Phi(-1.162) = 0.9061 - 0.1226 = 0.7835$$

이다.

**[예제 6.10]**

$\mu = 20$, $\sigma^2 = 16$인 무한모집단으로부터 추출한 크기 64인 표본평균 $\overline{X}$가 19부터 21 사이에 들어갈 확률을 구하여라.

**|풀 이|**

중심극한정리에 의하여 $\overline{X}$는 근사적으로 $N(20,\ 16/64)$인 정규분포를 한다.

$$Z = \frac{\overline{X} - \mu}{\sigma/\sqrt{n}} = \frac{\overline{X} - 20}{1/2} \sim N(0,1)$$

이므로, 구하고자 하는 확률은

$$\begin{aligned} P(19 < \overline{X} < 21) &= P\left(\frac{19-20}{0.5} < Z < \frac{21-20}{0.5}\right) \\ &= P(-2 < Z < 2) \fallingdotseq 0.95 \end{aligned}$$

이다.

# 연습문제

**1** 확률변수 $X$의 분산이 $\sigma^2 = \frac{1}{4}$일 때, $X$가 평균 $\mu$에서 2 이상 떨어질 확률의 상한을 구하여라.

**2** 주사위를 6,000회 던질 때, 1의 눈이 나오는 도수를 확률변수 $X$로 나타낼 때, $P\left( \left| \frac{X}{6{,}000} - \frac{1}{6} \right| < \frac{1}{100} \right)$을 구하여라.

**3** 어떤 공장에서 1주일간에 생산되는 제품 수는 평균이 50이고, 분산이 25임을 알고 있다.

(1) 이 공장에서 생산품이 주당 75개를 초과할 확률을 마르코프 부등식에 의하여 구하여라.

(2) 주당 생산품이 40개와 60개 사이일 확률을 체비셰프 부등식에 의하여 구하여라.

**4** 동전을 던질 때, 앞면이 나오는 상대도수가 $\frac{1}{2} \pm \frac{1}{100}$의 범위에 확률 95%로 들기 위해서는 몇 번 이상 실험해야 하는가?

**5** 동전을 던지는 시행을 이용하여 대수의 법칙을 설명하여라.

**6** $X_i$, $(i = 1, 2, \cdots, 10)$는 서로 독립인 확률변수이고, 각각은 $(0, 1)$에서 균일하게 분포할 경우 $P\left( \sum_{i=1}^{10} X_i > 6 \right)$의 근삿값을 구하여라.

**7** $\overline{X}$는 균일분포 $U(0,1)$에서 추출한 크기가 12인 확률표본의 평균이다. 확률 $P(\frac{1}{2} \leq \overline{X} \leq \frac{2}{3})$의 근삿값을 구하여라.

**8** $Y = X_1 + X_2 + \cdots + X_{15}$는 pdf $f(x) = \frac{3}{2}x^2,\ -1 < x < 1$을 갖는 분포로부터 추출한 크기 15인 확률표본의 합이다. 이 분포의 평균과 분산은 $\mu = 0,\ \sigma^2 = 3/5$이다. 확률 $P(-0.3 \leq Y \leq 1.5)$을 구하여라.

**9** $X$는 어느 상점에서 판매하는 캔디바의 무게를 나타낸다. 캔디바의 평균과 분산은 $\mu = 24.43,\ \sigma^2 = 2.20$이고, $\overline{X}$는 추출한 캔디바 $n = 30$개의 확률표본의 평균이다. 다음을 구하여라.

(1) $E(\overline{X})$ (2) $Var(\overline{X})$ (3) $P(24.17 \leq \overline{X} \leq 24.82)$

제 7 장

# 적률생성함수와 특성함수

7.1 적률 | 7.2 적률생성함수
7.3 주요 확률분포들의 적률생성함수 | 7.4 확률변수의 합의 적률생성함수
7.5 함수의 적률생성함수 | 7.6 확률생성함수 | 7.7 특성함수

## 7.1 적률

확률분포의 특성을 나타내는 기댓값이나 분산 등의 개념을 보다 일반적인 형태로 정의한 것이 적률이다. 평균의 정의식을 일반화하여 임의의 자연수 $k$에 대해서

$$\alpha_k = E(X^k)$$

를 원점에 대한 $k$차 적률이라고 한다. 그리고 분산의 정의식을 일반화한

$$\mu_k = E[(X-\mu)^k]$$

를 평균에 대한 $k$차 적률이라고 한다. 이것들은 분포에 따라서 또는 $k$에 따라서 존재하는 것도 하지 않는 것도 있다. $k$차 적률이 존재하면 그 분포의 $k$차 이하의 모든 적률이 존재하는 것이고, 또한 역으로 $k$차의 적률이 존재하지 않으면 그 분포의 $k$차 이상의 모든 적률이 존재하지 않는 것으로 알려져 있다.

이 절에서는 원점에 대한 적률과 평균에 대한 적률을 정의하고자 한다.

**정의** 적률

확률변수 $X$의 원점에 대한 $k$차 **적률**(kth moment) $\alpha_k$은 다음과 같이 정의한다.

$$\alpha_k = E(X^k) = \begin{cases} \sum_x x^k f(x), & (X\text{는 이산형}) \\ \int_{-\infty}^{\infty} x^k f(x)\,dx, & (X\text{는 연속형}) \end{cases}$$

특히, 원점에 대한 1차 적률 $\alpha_1$은 $E(X)$로서 $X$의 기댓값이다.

**정의 평균에 대한 적률**

확률변수 $X$의 평균 $\mu$에 관한 $k$차 적률 $\mu_k$를 다음과 같이 정의한다.

$$\mu_k = E[(X-\mu)^k] = \begin{cases} \sum_x (x-\mu)^k f(x), & (X\text{는 이산형}) \\ \int_{-\infty}^{\infty} (x-\mu)^k f(x)\,dx, & (X\text{는 연속형}) \end{cases}$$

특히, 평균 $\mu$에 대한 2차 적률 $\mu_2 = E[(X-\mu)^2]$은 $X$의 분산임을 알 수 있다.

**[예제 7.1]**

$X$의 확률밀도함수가

$$f(x) = \begin{cases} e^{-x}, & (x \geq 0) \\ 0, & (\text{그 밖에서}) \end{cases}$$

일 때, 평균에 대한 1, 2, 3차 적률을 구하여라.

**| 풀 이 |**

$$E(X) = \int_0^{\infty} x e^{-x} dx$$

$$\begin{cases} u = x, & dv = e^{-x}dx \\ du = dx, & v = -e^{-x} \end{cases}$$

$$= \left[x(-e^{-x})\right]_0^{\infty} - \int_0^{\infty} -e^{-x}dx$$

$$= 0 + \int_0^{\infty} e^{-x}dx = \left[-e^{-x}\right]_0^{\infty} = 1$$

이므로 평균에 대한 1차 적률은

$$\mu_1 = \int_0^\infty (x-1)e^{-x}\,dx$$
$$= \int_0^\infty x\,e^{-x}\,dx - \int_0^\infty e^{-x}\,dx = 1-1=0$$

이다. 그리고

$$E(X^2) = \int_0^\infty x^2 e^{-x}\,dx$$
$$\begin{cases} u = x^2, & dv = e^{-x}dx \\ du = 2x dx, & v = -e^{-x} \end{cases}$$
$$= [x^2(-e^{-x})]_0^\infty - \int_0^\infty -e^{-x} \cdot 2x\,dx$$
$$= 0 + 2\int_0^\infty xe^{-x}dx = 2$$

이므로 평균에 대한 2차 적률은

$$\mu_2 = \int_0^\infty (x-1)^2 e^{-x}\,dx$$
$$= \int_0^\infty x^2 e^{-x}\,dx - 2\int_0^\infty x\,e^{-x}\,dx + \int_0^\infty e^{-x}\,dx$$
$$= 2-2+1=1$$

이다. 또한

$$E(X^3) = \int_0^\infty x^3 e^{-x}\,dx$$
$$\begin{cases} u = x^3, & dv = e^{-x}dx \\ du = 3x^2 dx, & v = -e^{-x} \end{cases}$$

$$= [x^3(-e^{-x})]_0^\infty - \int_0^\infty -e^{-x} \cdot 3x^2\,dx$$

$$= 0 + 3\int_0^\infty x^2 e^{-x}\,dx = 3\times 2 = 6$$

이므로 평균에 대한 3차 적률은

$$\mu_3 = \int_0^\infty (x-1)^3 e^{-x}\,dx$$

$$= \int_0^\infty x^3 e^{-x}\,dx - 3\int_0^\infty x^2 e^{-x}\,dx + 3\int_0^\infty x e^{-x}\,dx - \int_0^\infty e^{-x}\,dx$$

$$= 6 - 3\times 2 + 3\times 1 - 1 = 2$$

이다.

## 7.2 적률생성함수

$X$를 임의의 확률변수(이산형 또는 연속형), $t$를 실수값을 갖는 상수라고 하면 $e^{tX}$도 확률변수이므로, 그 평균값

$$M_X(t) = E(e^{tX}) = \int_{-\infty}^\infty e^{tx} f(x)\,dx$$

을 생각하는 것이 가능하다. $t=0$를 포함하는 적당한 범위의 $t$에 대해서 이 평균값이 존재하는 경우, $M_X(t)$를 $t$의 함수로 간주하여 적률생성함수라고 한다.

이 절에서는 적률생성함수를 정의하고, 그 성질을 이용하여 확률변수의 기댓값과 분산을 구해보기로 하자.

**정의** **적률생성함수**

확률변수 $X$의 **적률생성함수**(moment generating function) $M_X(t)$는 다음과 같이 정의한다. 이때 적률생성함수를 약자로 $m.g.f.$로 나타내기도 한다.

$$M_X(t) = E(e^{tX}) = \begin{cases} \sum_i e^{tx_i} f(x_i), & (\text{이산형}) \\ \int_{-\infty}^{\infty} e^{tx} f(x)\,dx, & (\text{연속형}) \end{cases}$$

$X$의 함수인 $e^{tX}$에 대한 매클로린 전개(Maclaurin's expansion) 식은

$$e^{tX} = 1 + \frac{tX}{1!} + \frac{(tX)^2}{2!} + \cdots + \frac{(tX)^n}{n!} + \cdots$$

와 같이 표시할 수 있으므로, 다음과 같이 됨을 알 수 있다.

$$M_X(t) = E(e^{tX}) = 1 + \frac{E(X)}{1!}t + \frac{E(X^2)}{2!}t^2 + \cdots + \frac{E(X^n)}{n!}t^n + \cdots$$

$$= 1 + \frac{\alpha_1}{1!}t + \frac{\alpha_2}{2!}t^2 + \cdots + \frac{\alpha_n}{n!}t^n + \cdots$$

$M_X(t)$를 $t$로 1회 미분하면

$$\frac{\partial M_X(t)}{\partial t} = \frac{\partial}{\partial t}E(e^{tX}) = E\left[\frac{\partial}{\partial t}(e^{tX})\right] = E(Xe^{tX})$$

이므로 $t=0$으로 두면 다음 식을 얻는다.

$$\left.\frac{\partial M_X(t)}{\partial t}\right|_{t=0} = E(X)$$

마찬가지로 적률생성함수를 2회 미분하고 $t=0$으로 두면

$$\frac{\partial^2 M_X(t)}{\partial t^2} = \frac{\partial}{\partial t}\left(\frac{\partial M_X(t)}{\partial t}\right)$$

$$= \frac{\partial}{\partial t} E(Xe^{tX}) \quad = E\left[\frac{\partial}{\partial t}(Xe^{tX})\right] = E(X^2 e^{tX})$$

$$\left.\frac{\partial^2 M_X(t)}{\partial t^2}\right|_{t=0} = E(X^2)$$

을 얻는다. 일반적으로 $k$회 미분하고, $t=0$이라면

$$\left.\frac{\partial^k M_X(t)}{\partial t^k}\right|_{t=0} = E(X^k)$$

이다. 이러한 이유로 인해 $M_X(t)$를 적률생성함수라고 한다.

적률생성함수의 위의 성질을 이용하면, 평균 $E(X)$ 및 분산 $Var(X)$은 다음 식으로 구해진다.

$$E(X) = M_X{}'(0)$$
$$Var(X) = M_X{}''(0) - [M_X{}'(0)]^2$$

**[예제 7.2]**

$X$의 확률밀도함수가

$$f(x) = \begin{cases} \frac{x}{2}, & (0 \le x \le 2) \\ 0, & (\text{그 밖에서}) \end{cases}$$

일 때, $X$의 적률생성함수를 구하여라.

**|풀 이|**

$$M_X(t) = \int_0^2 e^{tx}\frac{x}{2}\,dx = \frac{1}{2}\int_0^2 x\,e^{tx}\,dx$$

$$\begin{cases} u = x, & dv = e^{tx}dx \\ du = dx, & v = \dfrac{1}{t}e^{tx} \end{cases}$$

$$= \frac{1}{2}\left\{\left[x\left(\frac{1}{t}e^{tx}\right)\right]_0^2 - \int_0^2 \frac{1}{t}e^{tx}\,dx\right\}$$

$$= \frac{1}{2}\left\{\frac{2}{t}e^{2t} - \frac{1}{t}\int_0^2 e^{tx}\,dx\right\} = \frac{1}{t}e^{2t} - \frac{1}{2t}\int_0^2 e^{tx}\,dx$$

$$= \frac{1}{t}e^{2t} - \frac{1}{2t}\left[\frac{1}{t}e^{tx}\right]_0^2$$

$$= \frac{1}{2t^2}(1 + 2te^{2t} - e^{2t})$$

## 7.3 주요 확률분포들의 적률생성함수

이 절에서는 주요 확률분포들의 적률생성함수를 구하고, 이를 이용하여 그 분포의 기댓값과 분산을 구해보고자 한다. 우선적으로 다루고자 하는 주요 이산확률분포들의 적률생성함수는 다음과 같다.

**표 7.1** 이산확률분포들의 적률생성함수

| 이산확률분포 | 적률생성함수 |
|---|---|
| 베르누이 분포 | $M_X(t) = (1-p) + pe^t, \quad (-\infty < t < \infty)$ |
| 이항분포 | $M_X(t) = (pe^t + 1 - p)^n, \quad (-\infty < t < \infty)$ |
| 포아송 분포 | $M_X(t) = e^{\lambda(e^t - 1)}, \quad (-\infty < t < \infty)$ |
| 기하분포 | $M_X(t) = \dfrac{pe^t}{1-qe^t},\ q = 1-p, \quad (t < -\ln(1-p))$ |
| 음이항분포 | $M_X(t) = \left(\dfrac{pe^t}{p_1}\right)^k \sum_{x=k}^{\infty}\binom{x-1}{k-1}p_1^k q_1^{x-k},\ q_1 = qe^t,\ p_1 = 1-q_1, \ (t < -\ln(1-p))$ |

베르누이 분포, 이항분포, 포아송 분포, 기하분포, 음이항분포의 적률생성함수를 구하여 기댓값과 분산을 구해보기로 하자.

**[예제 7.3]** 베르누이 분포의 적률생성함수

모수가 $p$ 인 베르누이 분포의 적률생성함수를 구하고, 이것을 이용하여 기댓값과 분산을 구하여라.

|풀 이|

$X$가 베르누이 분포를 할 때, $X$의 확률함수는

$$f(x) = p^x (1-p)^{1-x}, \qquad x = 0, 1$$

이므로, $X$의 적률생성함수 $M_X(t)$는

$$\begin{aligned} M_X(t) &= \sum_{x=0}^{1} e^{tx} p^x (1-p)^{1-x} \\ &= \sum_{x=0}^{1} (pe^t)^x (1-p)^{1-x} = (1-p) + pe^t \end{aligned}$$

이다. 따라서

$$M_X{}'(t) = pe^t$$
$$M_X{}''(t) = pe^t$$

이므로,

$$E(X) = M_X{}'(0) = p$$
$$E(X^2) = M_X{}''(0) = p$$

이고, 따라서

$$Var(X) = E(X^2) - [E(X)]^2 = p - p^2 = p(1-p)$$

을 얻는다.

제7장 적률생성함수와 특성함수

**[예제 7.4]** 이항분포의 적률생성함수

모수가 $n$, $p$인 이항분포의 적률생성함수를 구하고, 이것을 이용하여 기댓값과 분산을 구하여라.

**|풀 이|**

$X$가 이항분포를 할 때, $X$의 확률함수는

$$f(x) = \binom{n}{x} p^x (1-p)^{n-x}, \qquad (x = 0, 1, \cdots, n)$$

이므로, $X$의 적률생성함수 $M_X(t)$는

$$\begin{aligned} M_X(t) &= \sum_{x=0}^{n} e^{tx} \binom{n}{x} p^x (1-p)^{n-x} \\ &= \sum_{x=0}^{n} \binom{n}{x} (pe^t)^x (1-p)^{n-x} = (pe^t + 1 - p)^n \end{aligned}$$

이다. 여기서 마지막 등식은 이항정리에 의해 성립된다. 따라서

$$M_X{'}(t) = n(pe^t + 1 - p)^{n-1} pe^t$$

$$M_X{''}(t) = n(n-1)(pe^t + 1 - p)^{n-2} (pe^t)^2 + n(pe^t + 1 - p)^{n-1} pe^t$$

이므로,

$$E(X) = M_X{'}(0) = np$$

$$E(X^2) = M_X{''}(0) = n(n-1)p^2 + np$$

이고, 따라서

$$\begin{aligned} Var(X) &= E(X^2) - [E(X)]^2 \\ &= n(n-1)p^2 + np - (np)^2 = np(1-p) \end{aligned}$$

을 얻는다.

**[예제 7.5]** 포아송 분포의 적률생성함수

모수가 $\lambda$ 인 포아송 분포의 적률생성함수를 구하고, 이것을 이용하여 기댓값과 분산을 구하여라.

**|풀 이|**

$X$가 포아송 분포를 할 때, $X$의 확률함수는

$$f(x) = \frac{\lambda^x e^{-\lambda}}{x!}, \quad x = 0, 1, 2, \cdots \ ; (\lambda > 0)$$

이므로, $X$의 적률생성함수 $M_X(t)$는

$$M_X(t) = \sum_{x=0}^{\infty} e^{tx} \frac{\lambda^x e^{-\lambda}}{x!} = e^{-\lambda} \sum_{x=0}^{\infty} \frac{(\lambda e^t)^x}{x!} = e^{-\lambda} e^{\lambda e^t} = e^{\lambda(e^t - 1)}$$

이다. 따라서

$$M_X{}'(t) = \lambda e^t e^{\lambda(e^t - 1)}$$
$$M_X{}''(t) = (\lambda e^t)^2 e^{\lambda(e^t - 1)} + \lambda e^t e^{\lambda(e^t - 1)}$$

이므로,

$$E(X) = M_X{}'(0) = \lambda$$
$$E(X^2) = M_X{}''(0) = \lambda^2 + \lambda$$

이고, 따라서

$$Var(X) = E(X^2) - [E(X)]^2 = \lambda^2 + \lambda - \lambda^2 = \lambda$$

을 얻는다.

**[예제 7.6]** 기하분포의 적률생성함수

모수가 $p$ 인 기하분포의 적률생성함수를 구하고, 이것을 이용하여 기댓값과 분산을 구하여라.

**|풀 이|**

$X$가 기하분포를 할 때, $X$의 확률함수는

$$f(x) = q^{x-1}p \qquad (x = 1, 2, \cdots),\ (q = 1-p)$$

이므로, $X$의 적률생성함수 $M_X(t)$는

$$M_X(t) = \sum_{x=1}^{\infty} e^{tx} q^{x-1} p = \frac{p}{q}\sum_{x=1}^{\infty}(qe^t)^x = \frac{p}{q}\frac{qe^t}{1-qe^t} = \frac{pe^t}{1-qe^t}$$

이다. 따라서

$$M_X{}'(t) = \frac{pe^t(1-qe^t) - pe^t(-qe^t)}{(1-qe^t)^2} = \frac{pe^t}{(1-qe^t)^2}$$

$$M_X{}''(t) = \frac{pe^t(1-qe^t)^2 - pe^t \cdot 2(1-qe^t)(-qe^t)}{(1-qe^t)^4}$$

$$= \frac{pe^t(1-qe^t) + 2pe^t qe^t}{(1-qe^t)^3} = \frac{pe^t + pe^t qe^t}{(1-qe^t)^3}$$

이므로,

$$E(X) = M_X{}'(0) = \frac{p}{(1-q)^2} = \frac{1}{p}$$

$$E(X^2) = M_X{}''(0) = \frac{p+pq}{(1-q)^3} = \frac{1+q}{p^2}$$

이고, 따라서

$$Var(X) = E(X^2) - [E(X)]^2 = \frac{1+q}{p^2} - \frac{1}{p^2} = \frac{q}{p^2}$$

을 얻는다.

### [예제 7.7] 음이항분포의 적률생성함수

모수가 $k, p$ 인 음이항분포의 적률생성함수를 구하고, 이것을 이용하여 기댓값과 분산을 구하여라.

**| 풀 이 |**

$X$가 음이항분포를 할 때, $X$의 확률함수는

$$f(x) = \binom{x-1}{k-1} p^k (1-p)^{x-k}, \quad x = k, k+1, \cdots$$

이므로, $X$의 적률생성함수 $M_X(t)$는

$$M_X(t) = \sum_{x=k}^{\infty} e^{tx} \binom{x-1}{k-1} p^k q^{x-k} = \left(\frac{pe^t}{p_1}\right)^k \sum_{x=k}^{\infty} \binom{x-1}{k-1} p_1^k q_1^{x-k}$$

이며, 여기서 $q_1 = qe^t$, $p_1 = 1 - q_1$ 이다.

$q_1 < 1$ 이면 위 식의 $\sum$로 되는 항은 모수가 $k, p_1$ 인 음이항분포의 합이므로 1이다. 따라서

$$M_X(t) = \left(\frac{pe^t}{1-qe^t}\right)^k$$

이고,

$$M'(t) = k\left(\frac{pe^t}{1-qe^t}\right)^{k-1} \frac{pe^t(1-qe^t) - pe^t(-qe^t)}{(1-qe^t)^2} = k\left(\frac{pe^t}{1-qe^t}\right)^{k-1} \frac{pe^t}{(1-qe^t)^2}$$

$$\begin{aligned} M''(t) &= k(k-1)\left(\frac{pe^t}{1-qe^t}\right)^{k-2} \frac{pe^t}{(1-qe^t)^2} \frac{pe^t}{(1-qe^t)^2} \\ &\quad + k\left(\frac{pe^t}{1-qe^t}\right)^{k-1} \frac{pe^t(1-qe^t)^2 - pe^t \cdot 2(1-qe^t)(-qe^t)}{(1-qe^t)^4} \\ &= k(k-1)\left(\frac{pe^t}{1-qe^t}\right)^{k-2} \frac{(pe^t)^2}{(1-qe^t)^4} + k\left(\frac{pe^t}{1-qe^t}\right)^{k-1} \frac{pe^t(1-qe^t) + 2pe^t qe^t}{(1-qe^t)^3} \end{aligned}$$

이므로,

$$E(X) = M'(0) = k\left(\frac{p}{1-q}\right)^{k-1}\frac{p}{(1-q)^2} = \frac{kp}{(1-q)^2} = \frac{k}{p}$$

$$\begin{aligned} E(X^2) &= M''(0) \\ &= k(k-1)\left(\frac{p}{1-q}\right)^{k-2}\frac{p^2}{(1-q)^4} + k\left(\frac{p}{1-q}\right)^{k-1}\frac{p(1-q)+2pq}{(1-q)^3} \\ &= k(k-1)\frac{1}{p^2} + k\frac{1-q+2q}{p^2} = \frac{k^2+kq}{p^2} \end{aligned}$$

이고, 따라서

$$Var(X) = E(X^2) - [E(X)]^2 = \frac{k^2+kq}{p^2} - \frac{k^2}{p^2} = \frac{kq}{p^2}$$

을 얻는다.

다음으로 다루고자 하는 주요 연속확률분포들의 적률생성함수는 다음과 같다.

**표 7.2 연속확률분포들의 적률생성함수**

| 연속확률분포 | 적률생성함수 |
|---|---|
| 연속균일분포 | $M_X(t) = \frac{e^{bt} - e^{at}}{(b-a)t}, \quad (t \neq 0)$ |
| 정규분포 | $M_X(t) = e^{(t\mu + \frac{t^2\sigma^2}{2})}, \quad (-\infty < t < \infty)$ |
| 지수분포 | $M_X(t) = \frac{\lambda}{\lambda - t}, \quad (t < \lambda)$ |
| 감마분포 | $M_X(t) = (1-\beta t)^{-\alpha}, \quad \left(t < \frac{1}{\beta}\right)$ |
| $\chi^2$ 분포 | $M_X(t) = (1-2t)^{-\frac{n}{2}}, \quad \left(t < \frac{1}{2}\right)$ |

연속균일분포, 정규분포, 지수분포, 감마분포, $\chi^2$ 분포의 적률생성함수를 구하여 기댓값과 분산을 구해보기로 하자.

**[예제 7.8]** 연속균일분포의 적률생성함수

구간 $[a, b]$에서 연속균일분포의 적률생성함수를 구하고, 이것을 이용하여 기댓값과 분산을 구하여라.

**|풀 이|**

$X$가 연속균일분포를 할 때, $X$의 확률밀도함수는

$$f(x) = \begin{cases} \dfrac{1}{b-a}, & (a < x < b) \\ 0, & (\text{그 밖에서}) \end{cases}$$

이므로, $X$의 적률생성함수 $M_X(t)$는

$$\begin{aligned} M_X(t) &= \int_a^b e^{tx} \frac{1}{b-a}\, dx = \frac{1}{b-a}\left[\frac{e^{tx}}{t}\right]_a^b \\ &= \frac{e^{bt} - e^{at}}{(b-a)t}, \quad t \neq 0 \end{aligned}$$

이다. 그러나 $M_X(t)$로부터 $M'(0)$, $M''(0)$를 구할 수가 없다.

따라서 매클로린 전개에 의해 $e^{bt}$와 $e^{at}$를 표현해 보면

$$e^{bt} = 1 + \frac{bt}{1!} + \frac{(bt)^2}{2!} + \frac{(bt)^3}{3!} + \cdots$$

$$e^{at} = 1 + \frac{at}{1!} + \frac{(at)^2}{2!} + \frac{(at)^3}{3!} + \cdots$$

이므로 $M_X(t)$는 다음과 같이 변형된다.

$$\begin{aligned} M_X(t) &= \frac{1}{(b-a)t}\left[\frac{(b-a)t}{1!} + \frac{(bt)^2 - (at)^2}{2!} + \frac{(bt)^3 - (at)^3}{3!} + \cdots\right] \\ &= 1 + \frac{(b+a)t}{2!} + \frac{(b^2 + ab + a^2)t^2}{3!} + \cdots \end{aligned}$$

그러므로

$$E(X) = \frac{\partial M_X(t)}{\partial t}\bigg|_{t=0} = \left[\frac{(b+a)}{2} + \frac{(b^2+ab+a^2)t}{3} + \cdots\right]_{t=0} = \frac{a+b}{2}$$

$$E(X^2) = \frac{\partial^2 M_X(t)}{\partial t^2}\bigg|_{t=0} = \left[\frac{(b^2+ab+a^2)}{3} + \cdots\right]_{t=0} = \frac{a^2+ab+b^2}{3}$$

이고, 따라서

$$Var(X) = E(X^2) - [E(X)]^2 = \frac{a^2+ab+b^2}{3} - \left(\frac{a+b}{2}\right)^2 = \frac{(b-a)^2}{12}$$

을 얻는다.

**[예제 7.9] 정규분포의 적률생성함수**

모수가 $(\mu, \sigma^2)$인 정규분포의 적률생성함수를 구하고, 이것을 이용하여 기댓값과 분산을 구하여라.

**| 풀 이 |**

$X$가 정규분포를 할 때, $X$의 확률밀도함수는

$$f(x) = \frac{1}{\sqrt{2\pi}\,\sigma} e^{-\frac{(x-\mu)^2}{2\sigma^2}}, \qquad (-\infty < x < \infty)$$

이므로, $X$의 적률생성함수 $M_X(t)$는

$$M_X(t) = \frac{1}{\sqrt{2\pi}\,\sigma}\int_{-\infty}^{\infty} e^{tx} e^{-\frac{(x-\mu)^2}{2\sigma^2}}\, dx$$

$$= \frac{1}{\sqrt{2\pi}\,\sigma}\int_{-\infty}^{\infty} e^{-\frac{\{x^2 - 2(\mu + t\sigma^2)x + (\sigma + t\sigma^2)^2 - (\mu + t\sigma^2)^2 + \mu^2\}}{2\sigma^2}}\, dx$$

$$= e^{\frac{(\mu + t\sigma^2)^2 - \mu^2}{2\sigma^2}} \frac{1}{\sqrt{2\pi}\,\sigma}\int_{-\infty}^{\infty} e^{-\frac{(x-\mu-t\sigma^2)^2}{2\sigma^2}}\, dx$$

$$= e^{(t\mu + \frac{t^2\sigma^2}{2})} \int_{-\infty}^{\infty} e^{-\frac{(x-\mu)^2}{2\sigma^2}} dx$$

$$= e^{(t\mu + \frac{t^2\sigma^2}{2})}$$

이다. 따라서

$$M_X'(t) = (\mu + t\sigma^2) e^{(t\mu + \frac{t^2\sigma^2}{2})}$$

$$M_X''(t) = \sigma^2 e^{(t\mu + \frac{t^2\sigma^2}{2})} + (\mu + t\sigma^2)^2 e^{(t\mu + \frac{t^2\sigma^2}{2})}$$

이므로

$$E(X) = M_X'(0) = \mu$$

$$E(X^2) = M_X''(0) = \mu^2 + \sigma^2$$

이고, 따라서

$$Var(X) = E(X^2) - [E(X)]^2 = \mu^2 + \sigma^2 - \mu^2 = \sigma^2$$

을 얻는다.

**[예제 7.10] 지수분포의 적률생성함수**

모수가 $\lambda > 0$ 인 지수분포의 적률생성함수를 구하고, 이것을 이용하여 기댓값과 분산을 구하여라.

**| 풀 이 |**

$X$가 지수분포를 할 때, $X$의 확률밀도함수는

$$f(x) = \begin{cases} \lambda e^{-\lambda x}, & (x > 0) \\ 0, & (x \le 0) \end{cases}$$

이므로, $X$의 적률생성함수 $M_X(t)$는

$$M_X(t) = \int_0^\infty e^{tx}\lambda e^{-\lambda x}dx = \lambda\int_0^\infty e^{-(\lambda - t)x}dx = \frac{\lambda}{\lambda - t}, \qquad (t < \lambda)$$

이다. 따라서

$$M_X{}'(t) = \frac{\lambda}{(\lambda - t)^2}$$

$$M_X{}''(t) = \frac{2\lambda}{(\lambda - t)^3}$$

이므로,

$$E(X) = M_X{}'(0) = \frac{1}{\lambda}$$

$$E(X^2) = M_X{}''(0) = \frac{2}{\lambda^2}$$

이고, 따라서

$$Var(X) = E(X^2) - [E(X)]^2 = \frac{2}{\lambda^2} - \left(\frac{1}{\lambda}\right)^2 = \frac{1}{\lambda^2}$$

을 얻는다.

**[예제 7.11]** 감마분포의 적률생성함수

모수가 $\alpha$, $\beta$인 감마분포의 적률생성함수를 구하고, 이것을 이용하여 기댓값과 분산을 구하여라.

**|풀 이|**

$X$가 감마분포를 할 때, $X$의 확률밀도함수는

$$f(x) = \frac{1}{\beta^\alpha\Gamma(\alpha)}x^{\alpha - 1}e^{-\frac{x}{\beta}}, \qquad (x > 0,\ \alpha, \beta > 0)$$

이므로, $X$의 적률생성함수 $M_X(t)$는

$$M_X(t) = \int_0^\infty e^{tx} \frac{1}{\beta^\alpha \Gamma(\alpha)} x^{\alpha-1} e^{-\frac{x}{\beta}} dx$$

이다.

$$y = \frac{1-\beta t}{\beta} x, \ t < \frac{1}{\beta}$$

이라면,

$$x = \frac{\beta}{1-\beta t} y$$

이고,

$$dx = \frac{\beta}{1-\beta t} dy$$

이므로

$$\begin{aligned} M_X(t) &= \frac{1}{\beta^\alpha \Gamma(\alpha)} \int_0^\infty \left(\frac{\beta y}{1-\beta t}\right)^{\alpha-1} e^{-y} \frac{\beta}{1-\beta t} dy \\ &= \frac{1}{\beta^\alpha \Gamma(\alpha)} \left(\frac{\beta}{1-\beta t}\right)^\alpha \int_0^\infty y^{\alpha-1} e^{-y} dy \end{aligned}$$

이다. 이때 $\int_0^\infty y^{\alpha-1} e^{-y} dy = \Gamma(\alpha)$ 이므로

$$M_X(t) = (1-\beta t)^{-\alpha}$$

이다. 따라서

$$\begin{aligned} M_X{}'(t) &= -\alpha(1-\beta t)^{-\alpha-1}(-\beta) \\ M_X{}''(t) &= \alpha\beta(-\beta)(-\alpha-1)(1-\beta t)^{-\alpha-2} \end{aligned}$$

이므로,

$$E(X) = M_X{}'(0) = \alpha\beta$$

$$E(X^2) = M_X{}''(0) = \alpha\beta^2(\alpha+1)$$

이고, 따라서

$$Var(X) = E(X^2) - [E(X)]^2 = \alpha\beta^2(\alpha+1) - \alpha^2\beta^2 = \alpha\beta^2$$

을 얻는다.

**[예제 7.12]** $\chi^2$ 분포의 적률생성함수

자유도 $n$ 인 $\chi^2$ 분포의 적률생성함수를 구하고, 이것을 이용하여 기댓값과 분산을 구하여라.

**|풀 이|**

$X$가 자유도 $n$ 인 $\chi^2$ 분포를 할 때, $X$의 확률밀도함수는

$$f(x) = \frac{1}{2^{\frac{n}{2}}\Gamma\left(\frac{n}{2}\right)} x^{\frac{n}{2}-1} e^{-\frac{x}{2}}, \qquad (0 < x < \infty)$$

이므로, $X$의 적률생성함수 $M_X(t)$는

$$M_X(t) = \int_0^\infty e^{tx} \frac{1}{2^{\frac{n}{2}}\Gamma\left(\frac{n}{2}\right)} x^{\frac{n}{2}-1} e^{-\frac{x}{2}} dx$$

$$= \frac{1}{2^{\frac{n}{2}}\Gamma\left(\frac{n}{2}\right)} \int_0^\infty x^{\frac{n}{2}-1} e^{-\frac{x(1-2t)}{2}} dx$$

이다.

$$y = \frac{x(1-2t)}{2}$$

로 두면,

$$dx = \frac{2}{1-2t}dy \quad \left(t < \frac{1}{2}\right)$$

이므로

$$M_X(t) = \frac{1}{2^{\frac{n}{2}}\Gamma\left(\frac{n}{2}\right)}\int_0^\infty \left(\frac{2y}{1-2t}\right)^{\frac{n}{2}-1} e^{-y}\frac{2}{1-2t}dy$$

$$= \frac{1}{\Gamma\left(\frac{n}{2}\right)(1-2t)^{\frac{n}{2}}}\int_0^\infty y^{\frac{n}{2}-1}e^{-y}dy = (1-2t)^{-\frac{n}{2}}$$

이다. 따라서

$$M_X{}'(t) = -\frac{n}{2}(1-2t)^{-\frac{n}{2}-1}(-2) = n(1-2t)^{-\frac{n}{2}-1}$$

$$M_X{}''(t) = \left(-\frac{n}{2}\right)\left(-\frac{n}{2}-1\right)(1-2t)^{-\frac{n}{2}-2}(-2)^2$$

이므로,

$$E(X) = M_X{}'(0) = n$$

$$E(X^2) = M_X{}''(0) = 4\left(\frac{n}{2}\right)\left(\frac{n+2}{2}\right) = n(n+2)$$

이고, 따라서

$$Var(X) = E(X^2) - [E(X)]^2 = n(n+2) - n^2 = 2n$$

을 얻는다.

## 7.4 확률변수의 합의 적률생성함수

이 절에서는 확률변수의 합의 적률생성함수에 대하여 살펴보고, 예를 들어 설명하고자 한다.

서로 독립인 확률변수 $X$, $Y$의 합의 적률생성함수는 다음과 같이 구할 수 있다.

$$M_{X+Y}(t) = E(e^{t(X+Y)}) = E(e^{tX} \cdot e^{tY}) = E(e^{tX})E(e^{tY}) = M_X(t) \cdot M_Y(t)$$

따라서 서로 독립인 확률변수의 합의 적률생성함수는 각 적률생성함수의 곱과 같음을 알 수 있다.

**[예제 7.13]** 이항분포의 재생성

$X$와 $Y$가 서로 독립이고, 각각 $(n_1, p)$, $(n_2, p)$를 모수로 하는 이항분포를 따를 때, 적률생성함수를 이용하여 $X+Y$의 분포를 구하여라.

**|풀 이|**

$$\begin{aligned} M_{X+Y}(t) &= M_X(t) \cdot M_Y(t) \\ &= (pe^t + 1 - p)^{n_1}(pe^t + 1 - p)^{n_2} \\ &= (pe^t + 1 - p)^{n_1 + n_2} \end{aligned}$$

따라서 $X+Y$는 이항분포 $B(n_1 + n_2, p)$를 따른다.

**[예제 7.14]** 포아송 분포의 재생성

$X$와 $Y$가 서로 독립이고, 각각 $\lambda_1$, $\lambda_2$를 모수로 하는 포아송 분포를 따를 때, 적률생성함수를 이용하여 $X+Y$의 분포를 구하여라.

| 풀 이 |

$$M_{X+Y}(t) = M_X(t) \cdot M_Y(t)$$
$$= e^{\lambda_1(e^t-1)} e^{\lambda_2(e^t-1)} = e^{(\lambda_1+\lambda_2)(e^t-1)}$$

따라서 $X+Y$는 포아송 분포 $P(\lambda_1+\lambda_2)$를 따른다.

**[예제 7.15]** 정규분포의 재생성

$X$와 $Y$가 서로 독립이고, 각각 $(\mu_1, \sigma_1^2)$, $(\mu_2, \sigma_2^2)$를 모수로 하는 정규분포를 따를 때, 적률생성함수를 이용하여 $X+Y$의 분포를 구하여라.

| 풀 이 |

$$M_{X+Y}(t) = M_X(t) \cdot M_Y(t)$$
$$= e^{(\mu_1 t + \frac{\sigma_1^2 t^2}{2})} e^{(\mu_2 t + \frac{\sigma_2^2 t^2}{2})}$$
$$= e^{[(\mu_1+\mu_2)t + \frac{(\sigma_1^2+\sigma_2^2)}{2} t^2]}$$

따라서 $X+Y$는 정규분포 $N(\mu_1+\mu_2,\ \sigma_1^2+\sigma_2^2)$를 따른다.

**[예제 7.16]** $\chi^2$분포의 재생성

$X_1, X_2, \cdots, X_k$가 서로 독립이고, 자유도가 각각 $n_1, n_2, \cdots, n_k$인 $\chi^2$ 분포를 하는 확률변수이면 확률변수

$$Y = X_1 + X_2 + \cdots + X_k$$

은 자유도 $n = n_1 + n_2 + \cdots + n_k$인 $\chi^2$ 분포를 따름을 보여라.

| 풀 이 |

$X_1,\ X_2, \cdots,\ X_k$이 서로 독립이므로

$$M_Y(t) = M_{X_1}(t)\, M_{X_2}(t) \cdots M_{X_k}(t)$$

이다. 그런데,

$$M_{X_i}(t) = (1-2t)^{-\frac{n_i}{2}}, \qquad (i = 1, 2, \cdots, k)$$

이므로

$$\begin{aligned} M_Y(t) &= (1-2t)^{-\frac{n_1}{2}} (1-2t)^{-\frac{n_2}{2}} \cdots (1-2t)^{-\frac{n_k}{2}} \\ &= (1-2t)^{-\frac{n_1+n_2+\cdots+n_k}{2}} \end{aligned}$$

가 된다. 따라서 $Y$는 자유도 $n = n_1 + n_2 + \cdots + n_k$ 인 $\chi^2$ 분포를 한다.

## 7.5 함수의 적률생성함수

이 절에서는 확률변수 $X$ 의 함수의 적률생성함수를 정의하고, 몇 가지 정리와 예제를 살펴보고자 한다.

**정의** 함수의 적률생성함수

$\varphi(X)$를 $X$의 연속함수라면, $\varphi(X)$의 적률생성함수는

$$M_{\varphi(X)}(t) = E[e^{t\varphi(X)}] = \int_{-\infty}^{\infty} e^{t\varphi(x)} f(x)\, dx$$

와 같이 정의한다.

여기서, $e^{t\varphi(x)}$를 매클로린 급수 전개하면 다음과 같다.

$$e^{t\varphi(x)} = 1 + \frac{t\varphi(x)}{1!} + \frac{[t\varphi(x)]^2}{2!} + \frac{[t\varphi(x)]^3}{3!} + \cdots$$

위 식의 적분이 존재하면, 정의식과 위 식으로부터 다음을 얻는다.

$$\int_{-\infty}^{\infty} e^{t\varphi(x)} f(x)\,dx = \int_{-\infty}^{\infty} f(x)\,dx + t\int_{-\infty}^{\infty} \varphi(x) f(x)\,dx + \frac{t^2}{2!}\int_{-\infty}^{\infty} [\varphi(x)]^2 f(x)\,dx + \cdots$$

그런데, $X(-\infty < X < \infty)$의 함수 $g(X)$의 기댓값은

$$E[g(X)] = \int_{-\infty}^{\infty} g(x) f(x)\,dx$$

이므로, $e^{t\varphi(X)}$의 기댓값은 다음과 같이 표현된다.

$$E[e^{t\varphi(X)}] = 1 + tE[\varphi(X)] + \frac{t^2}{2!}E[\varphi(X)^2] + \frac{t^3}{3!}E[\varphi(X)^3] + \cdots$$

$$= \sum_{k=0}^{\infty} \frac{t^k}{k!} E[\varphi(X)^k]$$

따라서

$$M^{(k)}(0) = E[\varphi(X)^k], \qquad (k = 0, 1, 2, 3, \cdots)$$

이 된다.

**[예제 7.17]**

$X$의 적률생성함수를 $M_X(t)$라고 할 때,

$$M_X(t) = \sum_{k=0}^{\infty} \frac{t^k}{k!} E(X^k)$$

임을 증명하여라.

**|풀 이|**

$$M_X(t)=E(e^{tX})=\int_{-\infty}^{\infty}e^{tx}f(x)dx$$

$$=\int_{-\infty}^{\infty}\left(1+\frac{tx}{1!}+\frac{(tx)^2}{2!}+\frac{(tx)^3}{3!}+\cdots+\frac{(tx)^k}{k!}+\cdots\right)f(x)dx$$

$$=\int_{-\infty}^{\infty}f(x)dx+\frac{t}{1!}\int_{-\infty}^{\infty}xf(x)dx+\frac{t^2}{2!}\int_{-\infty}^{\infty}x^2f(x)dx+\cdots$$

$$+\frac{t^k}{k!}\int_{-\infty}^{\infty}x^kf(x)dx+\cdots$$

$$=1+tE(X)+\frac{t^2}{2!}E(X^2)+\cdots+\frac{t^k}{k!}E(X^k)+\cdots$$

$$=\sum_{k=0}^{\infty}\frac{t^k}{k!}E(X^k)$$

앞에서 다룬 사실로부터 다음 정리들을 얻을 수 있다.

**정리 7.1**

$\varphi(X)=G(X)+c$ 이면

$$M_{G(X)+c}(t)=e^{ct}M_{G(X)}(t)$$

가 성립된다.

**증명**

$$M_{G(X)+c}(t)=E[e^{t(G(X)+c}]=\int e^{t(G(x)+c)}f(x)dx$$

$$=e^{ct}\int e^{tG(x)}f(x)dx=e^{ct}M_{G(X)}(t)$$

**정리 7.2**

$\varphi(X) = c\,G(X)$ 이면

$$M_{cG(X)}(t) = M_{G(X)}(ct)$$

가 성립된다.

**증명**

$$M_{c\,G(X)}(t) = \int e^{t(cG(x))} f(x)\,dx = M_{G(X)}(ct)$$

**[예제 7.18]**

확률변수 $X$의 적률생성함수를 $M_X(t)$ 라고 할 때, $aX+b$, ($a, b$는 상수)의 적률생성함수가 $e^{bt} M_X(at)$ 임을 보여라.

**|풀 이|**

$aX+b$의 적률생성함수를 구하면 다음과 같이 된다.

$$\begin{aligned} M_{aX+b} &= E[e^{t(aX+b)}] \\ &= E(e^{atX} \cdot e^{tb}) \\ &= e^{tb} E(e^{atX}) = e^{bt} M_X(at) \end{aligned}$$

**[예제 7.19]**

확률변수 $X$가 $N(\mu, \sigma^2)$를 따를 때, $Z = \dfrac{X-\mu}{\sigma}$ 의 적률생성함수를 구하고 이것을 이용하여 $Z$의 기댓값과 분산을 구하여라.

**|풀 이|**

$Z = \dfrac{1}{\sigma}X - \dfrac{\mu}{\sigma}$ 이므로

$$M_Z(t) = M_{\frac{1}{\sigma}X - \frac{\mu}{\sigma}}(t) = e^{-\frac{\mu}{\sigma}t} M_X\left(\frac{t}{\sigma}\right)$$

$$= e^{-\frac{\mu}{\sigma}t} e^{(\mu \cdot \frac{t}{\sigma} + \frac{\sigma^2}{2} \cdot \frac{t^2}{\sigma^2})} = e^{\frac{t^2}{2}}$$

여기서 $Z$는 $N(0,1)$을 따름을 알 수 있다.

이 적률생성함수를 이용하여 기댓값 $E(Z)$, 분산 $Var(Z)$을 구하면

$$E(Z) = M_Z'(t) \mid_{t=0} = \left[te^{\frac{t^2}{2}}\right]_{t=0} = 0$$

$$Var(Z) = E(Z^2) - [E(Z)]^2$$

$$= M_Z''(t) \mid_{t=0} - [M_Z'(t) \mid_{t=0}]^2$$

$$= \left[e^{\frac{t^2}{2}} + t^2 e^{\frac{t^2}{2}}\right]_{t=0} = 1$$

과 같다.

**[예제 7.20]**

$X$가 정규분포 $N(\mu, \sigma^2)$를 따를 때, $X$의 적률생성함수는 $M_X(t) = e^{\mu t + \frac{t^2\sigma^2}{2}}$이다. $Y = aX + b$의 적률생성함수를 구하여라.

**|풀 이|**

$$M_Y(t) = M_{aX+b}(t) = e^{bt} M_X(at)$$

$$= e^{bt} e^{a\mu t + (\frac{a^2\sigma^2}{2})t^2}$$

$$= e^{(a\mu + b)t + (\frac{a^2\sigma^2}{2})t^2}$$

## 7.6 확률생성함수

이산확률변수 $X$가 다음과 같은 확률질량함수

$$P(X=x)=f(x), \qquad (x=0,1,2,\cdots)$$

를 가질 때, $|z| \le 1$인 임의의 실수값 상수 $z$에 대해서 $z^X$는 확률변수로 되고 평균값 $E(z^X)$를 생각해 볼 수 있다. 그 값을 $z$의 함수로 생각하고, $G(z)$로 표기하면 다음과 같다.

$$G(z)=\sum_{x=0}^{\infty} f(x)z^x, \qquad (|z| \le 1)$$

이때, $G(z)$는 $|z| \le 1$인 범위에서 몇 번이라도 항별로 미분 가능하다.

$$G'(z)=\sum_{x=1}^{\infty} f(x)x z^{x-1}=E(Xz^{X-1})$$

이므로 $G'(1)=E(X)$가 된다. 또한

$$\begin{aligned} G''(z) &= \sum_{x=2}^{\infty} f(x)x(x-1)z^{x-2} \\ &= E[X(X-1)z^{X-2}] \end{aligned}$$

이므로, $G''(1)=E[X(X-1)]=E(X^2)-E(X)$가 된다. 이것으로부터

$$\begin{aligned} E(X) &= G'(1) \\ Var(X) &= E(X^2)-[E(X)]^2 \\ &= G''(1)+G'(1)-[G'(1)]^2 \end{aligned}$$

을 얻을 수 있다. 즉, 분포의 평균, 분산은 확률생성함수를 사용하여 계산하는 것도 가능하다.

한편, $G(z)$를 일반적으로 $n$번 미분할 경우 다음과 같이 표현된다.

$$\begin{aligned} G^{(n)}(z) &= \sum_{x=n}^{\infty} f(x)x(x-1)\cdots(x-n+1)z^{x-n} \\ &= E[X(X-1)\cdots(X-n+1)z^{X-n}] \end{aligned}$$

여기서 $z=0$라 놓으면 $G^{(n)}(0)=f(n)n!$이므로

$$f(n)=\frac{G^{(n)}(0)}{n!}$$

를 얻을 수 있다. 이는 $G(z)$가 주어지면 확률밀도함수 $f(x)$가 정해지는 것을 보여주고 있는 것이다. 이와 같은 의미에서 $G(z)$를 확률생성함수(probability generating function)라고 한다. 확률밀도함수와 확률생성함수와는 일대일 대응한다.

대기행렬이나 재고관리 등 응용분야에서 때때로 어떤 변량의 분포함수를 구하는 일은 어렵고, 평균이나 분산만이라도 구하고 싶을 때 확률생성함수는 유용하다.

이 절에서는 확률변수 $X$의 확률생성함수를 정의하고, 몇 가지 예제를 살펴보고자 한다.

**정의** 확률생성함수

확률변수 $X$의 **확률생성함수**(probability generating function) $G(z)$는 다음과 같이 정의한다. 이때, 확률생성함수를 약자로 $p.g.f.$로 나타내기도 한다.

$$G(z)=E(z^X)=\sum_{x=0}^{\infty} f(x)z^x, \qquad (|z| \le 1)$$

여기서 $P(X=x)=f(x), \quad x=0,1,2,\cdots$이다.

**[예제 7.21]** 이항분포의 확률생성함수

모수가 $n$, $p$인 이항분포의 확률생성함수를 구하고, 이것을 이용하여 기댓값과 분산을 구하여라.

**|풀 이|**

$X$가 이항분포를 할 때, $X$의 확률함수는

$$f(x) = \binom{n}{x} p^x (1-p)^{n-x}, \qquad (x = 0, 1, \cdots, n)$$

이므로, $X$의 확률생성함수 $G(z)$는

$$\begin{aligned} G(z) &= \sum_{x=0}^{n} \binom{n}{x} p^x (1-p)^{n-x} z^x \\ &= \sum_{x=0}^{n} \binom{n}{x} (pz)^x (1-p)^{n-x} = (pz + 1 - p)^n \end{aligned}$$

이다. 따라서

$$\begin{aligned} G'(z) &= np(pz + 1 - p)^{n-1} \\ G''(z) &= n(n-1)p^2 (pz + 1 - p)^{n-2} \end{aligned}$$

이므로

$$\begin{aligned} E(X) &= G'(1) = np \\ Var(X) &= E(X^2) - [E(X)]^2 \\ &= G''(1) + G'(1) - [G'(1)]^2 \\ &= n(n-1)p^2 + np - (np)^2 = np(1-p) \end{aligned}$$

을 얻는다.

**[예제 7.22]** 포아송 분포의 확률생성함수

모수가 $\lambda$인 포아송 분포의 확률생성함수를 구하고, 이것을 이용하여 기댓값과 분산을 구하여라.

**|풀 이|**

$X$가 포아송 분포를 할 때, $X$의 확률함수는

$$f(x) = \frac{\lambda^x e^{-\lambda}}{x!},\quad x = 0, 1, 2, \cdots\ ;(\lambda > 0)$$

이므로, $X$의 확률생성함수 $G(z)$는

$$G(z) = \sum_{x=0}^{\infty} \frac{\lambda^x e^{-\lambda}}{x!} z^x$$

$$= e^{-\lambda} \sum_{x=0}^{\infty} \frac{(\lambda z)^x}{x!} = e^{-\lambda} e^{\lambda z} = e^{\lambda(z-1)}$$

이다. 따라서

$$G'(z) = \lambda e^{\lambda(z-1)}$$
$$G''(z) = \lambda^2 e^{\lambda(z-1)}$$

이므로

$$E(X) = G'(1) = \lambda$$
$$Var(X) = E(X^2) - [E(X)]^2$$
$$= G''(1) + G'(1) - [G'(1)]^2$$
$$= \lambda^2 + \lambda - \lambda^2 = \lambda$$

을 얻는다.

한편, 확률생성함수는 서로 독립이고, 음이 아닌 정수값을 가지는 여러 개의 확률변수의 합의 분포를 구하는 것에 사용되고 편리하다.

**[예제 7.23]**

$X_1$과 $X_2$가 서로 독립이고, 음이 아닌 정수값을 가지는 확률변수로서 $S = X_1 + X_2$

의 확률생성함수가

$$G_S(z) = G_1(z)G_2(z)$$

이 됨을 보여라. 여기서 $G_i(z)$는 $X_i(i=1,2)$의 확률생성함수이고, $G_S(z)$는 $S$의 확률생성함수이다.

**|풀 이|**

$$P(X_1+X_2=x) = \sum_{n=0}^{x} P(X_1=n, X_2=x-n)$$

$$= \sum_{n=0}^{x} P(X_1=n)P(X_2=x-n)$$

이므로

$$G_S(z) = \sum_{x=0}^{\infty} P(X_1+X_2=x)z^x$$

$$= \sum_{x=0}^{\infty}\left[\sum_{n=0}^{x} P(X_1=n)P(X_2=x-n)z^n z^{x-n}\right]$$

이 된다. 여기서 합의 순서를 바꾸고 $x-n$을 $x'$이라 하면

$$G_S(z) = \sum_{x=0}^{\infty} P(X_1=n)z^n \sum_{x=0}^{\infty} P(X_2=x')z^{x'} = G_1(z)G_2(z)$$

를 얻을 수 있다.

## 7.7 특성함수

적률생성함수 식에서 $t$를 $it$($t$는 실수이고, $i$는 허수단위 $\sqrt{-1}$)로 치환한

$$\phi(t)= E(e^{itX})= \int_{-\infty}^{\infty} e^{itx} f(x)\,dx$$

을 생각할 수 있는데 이를 확률변수 $X$의 특성함수라고 한다.

적률생성함수는 반드시 존재하는 것은 아니지만, 특성함수는 임의의 분포에 대해서 존재한다. 적률생성함수 $M_X(t)$가 존재하는 경우에는 $t$를 형식적으로 $it$로 치환하여 놓으면 $\phi(t)$가 다음과 같이 얻어진다.

$$\phi(t)= M(it)$$

이 절에서는 확률변수 $X$의 특성함수를 정의하고, 몇 가지 예제를 살펴보고자 한다.

> **정의** 특성함수
>
> 확률변수 $X$의 **특성함수**(characteristic function) $\phi(t)$는 다음과 같이 정의한다. 이때, 특성함수를 약자로 $c.f.$로 나타내기도 한다.
>
> $$\phi(t)= E(e^{X})= \begin{cases} \sum e^{x} f(x)\,, & (\text{이산형}) \\ \int_{-\infty}^{\infty} e^{x} f(x)\,dx\,, & (\text{연속형}) \end{cases}$$
>
> 여기서 $t$는 실수이고, $i$는 허수단위 $\sqrt{-1}$ 이다.

적률은 특성함수를 미분하는 것에 의해서 얻게 된다. 즉,

$$\phi^{(n)}(t)= E\left[(iX)^n e^{itX}\right],\quad \phi^{(n)}(0)= E\left[(iX)^n\right]$$

이므로

$$E(X^n) = \frac{\phi^{(n)}(0)}{i^n}$$

으로 된다. 이로부터, 특히

$$E(X) = \frac{\phi'(0)}{i}$$

$$Var(X) = -\phi''(0) + [\phi'(0)]^2$$

을 얻게 된다.

**[예제 7.24]** 베르누이 분포의 특성함수

모수가 $p$ 인 베르누이 분포의 특성함수를 구하여라.

**| 풀 이 |**

$X$가 베르누이 분포를 할 때, $X$의 확률함수는

$$f(x) = p^x(1-p)^{1-x}, \qquad (x = 0, 1)$$

이므로, $X$의 특성함수 $\phi(t)$는

$$\phi(t) = (1-p)e^{it\cdot 0} + pe^{it} = 1 - p + pe^{it}$$

이다.

**[예제 7.25]** 이항분포의 특성함수

모수가 $n$, $p$ 인 이항분포의 특성함수를 구하고, 이것을 이용하여 기댓값과 분산을 구하여라.

**| 풀 이 |**

$X$가 이항분포를 할 때, $X$의 확률함수는

$$f(x)=\binom{n}{x}p^x(1-p)^{n-x}, \qquad (x=0,1,\cdots,n)$$

이므로, $X$의 특성함수 $\phi(t)$는

$$\phi(t)=E[e^{itX}]=\sum e^{itx}f(x)$$
$$=\sum e^{itx}\binom{n}{x}p^x(1-p)^{n-x}=(pe^{it}+1-p)^n$$

이다. 따라서

$$\phi'(t)=inp(pe^{it}+1-p)^{n-1}e^{it}$$
$$\phi''(t)=i^2np(pe^{it}+1-p)^{n-2}e^{it}(npe^{it}+1-p)$$

이므로, $t=0$일 때

$$\phi'(0)=inp$$
$$\phi''(0)=i^2np(np+1-p)=-np(np+1-p)$$

이 된다. 그러므로

$$E(X)=\frac{\phi'(0)}{i}=\frac{inp}{i}=np$$
$$E(X^2)=\frac{\phi''(0)}{i^2}=\frac{-np(np+1-p)}{-1}=np(np+1-p)$$

이므로

$$Var(X)=E(X^2)-[E(X)]^2$$
$$=np(np+1-p)-(np)^2=np(1-p)$$

을 얻는다.

**[예제 7.26]** 포아송 분포의 특성함수

모수가 $\lambda$인 포아송 분포의 특성함수를 구하고, 이것을 이용하여 기댓값과 분산을 구하여라.

**|풀 이|**

$X$가 포아송 분포를 할 때, $X$의 확률함수는

$$f(x) = \frac{\lambda^x e^{-\lambda}}{x!}, \quad x = 0, 1, 2, \cdots \ ; (\lambda > 0)$$

이므로, $X$의 특성함수 $\phi(t)$는

$$\begin{aligned} \phi(t) = E[e^X] &= \sum e^x f(x) \\ &= \sum e^x \frac{\lambda^x e^{-\lambda}}{x!} = e^{-\lambda} e^{\lambda e} = e^{\lambda(e-1)} \end{aligned}$$

이다. 따라서

$$\phi'(t) = i\lambda e^{it} e^{\lambda(e^{it}-1)} = i\lambda e^{it + \lambda e^{it} - \lambda}$$

$$\phi''(t) = -\lambda e^{-\lambda}[(1 + \lambda e^{it}) e^{(it + \lambda e^{it})}]$$

이므로, $t = 0$일 때

$$\phi'(0) = i\lambda$$

$$\phi''(0) = -\lambda(1 + \lambda)$$

이 된다. 그러므로

$$E(X) = \frac{\phi'(0)}{i} = \frac{i\lambda}{i} = \lambda$$

$$E(X^2) = \frac{\phi''(0)}{i^2} = \frac{-\lambda(1+\lambda)}{-1} = \lambda(1+\lambda)$$

이므로

$$Var(X) = E(X^2) - [E(X)]^2 = \lambda(1+\lambda) - \lambda^2 = \lambda$$

을 얻는다.

**[예제 7.27] 정규분포의 특성함수**

모수가 $(\mu, \sigma^2)$인 정규분포의 특성함수를 구하고, 이것을 이용하여 기댓값과 분산을 구하여라.

**|풀 이|**

$X$가 정규분포를 할 때, $X$의 확률밀도함수는

$$f(x) = \frac{1}{\sqrt{2\pi}\,\sigma} e^{-\frac{(x-\mu)^2}{2\sigma^2}}, \qquad (-\infty < x < \infty)$$

이므로, $X$의 특성함수 $\phi(t)$는

$$\phi(t) = E[e^{itX}] = \int_{-\infty}^{\infty} e^{itx} \frac{1}{\sqrt{2\pi}\,\sigma} e^{-\frac{(x-\mu)^2}{2\sigma^2}} dx$$

$$= \frac{1}{\sqrt{2\pi}\,\sigma} \int_{-\infty}^{\infty} e^{-\frac{1}{2\sigma^2}[(x-\mu)^2 - itx(2\sigma^2)]} dx$$

$$= \frac{1}{\sqrt{2\pi}\,\sigma} \int_{-\infty}^{\infty} e^{-\frac{1}{2\sigma^2}[(x-(\mu+it\sigma^2)]} dx$$

$$= e^{i\mu t - \frac{t^2\sigma^2}{2}}$$

이다. 따라서

$$\phi'(t) = (i\mu - \sigma^2 t) e^{i\mu t - \frac{t^2\sigma^2}{2}}$$

$$\phi''(t) = -\sigma^2 e^{i\mu t - \frac{t^2\sigma^2}{2}} + (i\mu - \sigma^2 t)^2 e^{i\mu t - \frac{t^2\sigma^2}{2}}$$

이므로, $t=0$ 일 때

$$\phi'(0)= i\mu$$
$$\phi''(0)= -\sigma^2-\mu^2$$

이 된다. 그러므로

$$E(X)= \frac{\phi'(0)}{i}= \frac{i\mu}{i}= \mu$$
$$E(X^2)= \frac{\phi''(0)}{i^2}= \frac{-\sigma^2-\mu^2}{-1}= \sigma^2+\mu^2$$

이므로

$$Var(X)= E(X^2)-[E(X)]^2= \sigma^2+\mu^2-\mu^2= \sigma^2$$

을 얻는다.

**[예제 7.28] 지수분포의 특성함수**

모수가 $\lambda > 0$ 인 지수분포의 특성함수를 구하고, 이것을 이용하여 기댓값과 분산을 구하여라.

**|풀 이|**

$X$가 지수분포를 할 때, $X$의 확률밀도함수는

$$f(x)= \begin{cases} \lambda e^{-\lambda x}, & (x > 0) \\ 0, & (x \leq 0) \end{cases}$$

이므로, $X$의 특성함수 $\phi(t)$는

$$\phi(t) = E[e^{itX}] = \int_0^\infty e^{itx}\lambda e^{-\lambda x}\,dx$$

$$= \lambda\int_0^\infty e^{(it-\lambda)x}\,dx$$

$$= \lambda\left[\frac{1}{it-\lambda}e^{(it-\lambda)x}\right]_0^\infty = -\frac{\lambda}{it-\lambda}$$

이다. 따라서

$$\phi'(t) = \frac{\lambda i}{(it-\lambda)^2}$$

$$\phi''(t) = \frac{2\lambda}{(it-\lambda)^3}$$

이므로, $t=0$ 일 때

$$\phi'(0) = \frac{i}{\lambda}$$

$$\phi''(0) = -\frac{2}{\lambda^2}$$

이 된다. 그러므로

$$E(X) = \frac{\phi'(0)}{i} = \frac{\frac{i}{\lambda}}{i} = \frac{1}{\lambda}$$

$$E(X^2) = \frac{\phi''(0)}{i^2} = \frac{-\frac{2}{\lambda^2}}{-1} = \frac{2}{\lambda^2}$$

이므로

$$Var(X) = E(X^2) - [E(X)]^2 = \frac{2}{\lambda^2} - \frac{1}{\lambda^2} = \frac{1}{\lambda^2}$$

을 얻는다.

다음으로 특성함수에 관한 몇 가지 정리를 살펴보고자 한다.

**정리 7.3**

$X_1, X_2, \cdots, X_n$ 은 서로 독립인 확률변수이고, $X_i$ 의 특성함수를 $\phi_i(t)$ 라고 하면, $S = X_1 + X_2 + \cdots + X_n$ 의 특성함수 $\phi_S(t)$ 는

$$\phi_S(t) = \phi_1(t)\phi_2(t)\cdots\phi_n(t)$$

이다.

**증명**

$$\begin{aligned}\phi_S(t) &= E[e^{it(X_1+X_2+\cdots+X_n)}] \\ &= E(e^{itX_1}e^{itX_2}\cdots e^{itX_n}) \\ &= E(e^{itX_1})E(e^{itX_2})\cdots E(e^{itX_n}) \\ &= \phi_1(t)\phi_2(t)\cdots\phi_n(t)\end{aligned}$$

**정리 7.4**

$a, b$ 를 임의의 상수라고 할 때, $Y = aX + b$ 의 특성함수 $\phi_Y(t)$

$$\phi_Y(t) = e^{ibt}\phi(at)$$

가 된다.

**증명**

$\phi_Y(t) = E[e^{it(aX+b)}] = e^{ibt}E(e^{iatX}) = e^{ibt}\phi(at)$

## 연습문제

**1** $X$가 $N(0,1)$를 따를 때, $E(X^2)$과 $E(X^4)$를 구하여라.

**2** $X$의 확률질량함수가

$$f(x) = \frac{2}{5^{x+1}}, \quad (x = 0, 1, 2, \cdots)$$

일 때, 적률생성함수를 구하고 그 결과를 써서 기댓값과 분산을 구하여라.

**3** 다음 분포의 적률생성함수를 구하여라.

$$f(x) = \frac{1}{2}e^{-|x|}, \quad (-\infty < x < \infty)$$

**4** 이산균일분포 $f(x) = \frac{1}{n}$, $x = 1, 2, \cdots, n$의 적률생성함수를 구하고, 이것을 이용하여 기댓값과 분산을 구하여라.

**5** $X$가 감마분포

$$f(x) = \frac{\beta^\alpha x^{\alpha-1} e^{-\beta x}}{\Gamma(\alpha)}, \ (x > 0)$$

에 따를 때, $X$의 적률생성함수는

$$M_X(t) = \left(\frac{\beta}{\beta - t}\right)^\alpha, \quad (t < \beta)$$

임을 보이고, $X$의 기댓값과 분산을 구하여라.

**6** $X_i(i=1,2,\cdots,n)$가 독립이고, 정규분포 $N(\mu_i, \sigma_i^2)(1=1,2,\cdots,n)$를 따를 때, $X_i$의 적률생성함수 $M_i(t)=e^{(t\mu_i+\frac{1}{2}\sigma_i^2t^2)}$이다. 이때 $S=X_1+X_2+\cdots+X_n$의 적률생성함수를 구하여라.

**7** $X$가 정규분포 $N(\mu,\sigma^2)$를 따를 때, $Z=\frac{X-\mu}{\sigma}$는 $N(0,1)$을 따른다. $Z$의 적률생성함수가 $M_Z(t)=e^{\frac{t^2}{2}}$임을 이용하여 $X=\sigma Z+\mu$의 적률생성함수 $M_X(t)$를 구하여라.

**8** $X_1, X_2, \cdots, X_n$이 서로 독립이고, 각각 이항분포 $B(n_i, p)$를 따른다면, $S=X_1+X_2+\cdots+X_n$은 $B(n_1+n_2+\cdots+n_n, p)$를 따른다. 이때 $S$의 확률생성함수를 구하여라.

**9** 이항분포의 특성함수 $\phi(t)=(pe^{it}+1-p)^n$은 $np=\lambda$를 일정하게 하고 $n\to\infty$로 하면, 포아송 분포의 특성함수 $\phi(t)=e^{\lambda(e^{it}-1)}$과 동일함을 보여라.

**10** 확률변수 $X$의 확률밀도함수가 다음과 같을 때, $X$의 특성함수를 구하여라.

$$f(x)=\begin{cases}\frac{1}{2a}, & (|x|<a)\\ 0, & (\text{그 밖에서})\end{cases}$$

# 참고문헌




[1] 강석복 역(2014). 확률의 입문 제9판, 자유아카데미.

[2] 김병휘, 차경준, 장인홍 외(2009). 확률 및 통계 개정판, 자유아카데미.

[3] 김종호(1987). 마르코프 체인, 동국대학교 출판부.

[4] 김종호, 김주환, 이기성(2005). 확률론 입문, 교우사.

[5] 김종호, 유동선(1995). 초급확률론, 자유아카데미.

[6] 김종호, 유동선, 장한명(1987). 확률론, 자유아카데미.

[7] 김진경(2015). 확률론 강의 제2판, 자유아카데미.

[8] 백장선, 손영숙 역(2015). 수리통계학 제9판, 자유아카데미.

[9] 우정수, 강석복 역(1993). 확률의 입문, 자유아카데미.

[10] 장인홍, 권용만(2017). 확률과 통계학 제4판, 자유아카데미.

[11] 최기헌 편저(2001). 응용확률론 입문, 자유아카데미.

[12] 최기헌, 황창하 편저(1994). 확률론 입문, 자유아카데미.

[13] 최기헌, 황창하 편저(2001). 확률론의 이해, 자유아카데미.

[14] Ash, R. B.(1970). Basic Probability Theory, Wiley & Sons, Inc.

[15] Parzen, E.(1962). Stochastic Processes, San Francisco : Holden-Day, Inc.

[16] Ross, S. M.(1976). A First course in Probability, Macmillan Publishing Co.

[17] Ross, S. M.(1980). Introduction to Probability Models, Academic Press Inc.

[18] Ross, S. M.(1983). Stochastic Processes. New York : John Wiley & Sons, Inc.

[19] Ross. S. M.(2015). A First course in probability, Prentice Hall.

# 연습문제풀이

*정답 및 선택번호 문제풀이

## 제1장

1. (1) $S = \{HHH, HHT, HTH, HTT, THH, THT, TTH, TTT\}$

   (2) $A = \{HHH, HHT, THH, THT\}$

   $B = \{HHT, HTH, THH\}$

   (3) $A \cup B = \{HHH, HHT, HTH, THH, THT\}$

   $A \cap B = \{HHT, THH\}$

   $A^c = \{HTH, HTT, TTH, TTT\}$

   $B^c = \{HHH, HTT, THT, TTH, TTT\}$

   $(A \cap B)^c = \{HHH, HTH, HTT, THT, TTH, TTT\}$

   $A^c \cap B = \{HTH\}$

2. (1) $A \cap B = \varnothing$ 이면, 다음이 성립된다.

   $(A \cap B) \cap (C \cap C) = \varnothing \Rightarrow (A \cap C) \cap (B \cap C) = \varnothing$

   (2) $A - (B \cup C) = A \cap (B \cup C)^c = A \cap (B^c \cap C^c)$

   $$= (A \cap B^c) \cap (A \cap C^c) = (A - B) \cap (A - C)$$

   (3) $A - (B \cap C) = A \cap (B \cap C)^c = A \cap (B^c \cup C^c)$

   $$= (A \cap B^c) \cup (A \cap C^c) = (A - B) \cup (A - C)$$

3. $A - (A \cap B) = A \cap B^c$ 이므로, 다음이 성립된다.

   $[A - (A \cap B)] \cup B = (A \cap B^c) \cup B = (A \cup B) \cap (B^c \cup B)$

   $$= (A \cup B) \cap S = A \cup B$$

4. 증명생략

5. $A \cup (A \cap B)^c = A \cup (A^c \cup B^c)$

   $$= (A \cup A^c) \cup (A \cup B^c) = S \cup (A \cup B^c) = S$$

6. $P(E_1) = P(A_1) + P(A_2) + P(A_3) = 0.36 + 0.24 + 0.24 = 0.84$

$P(E_2) = P(A_3) + P(A_4) = 0.24 + 0.16 = 0.4$

7. $\frac{7}{12}$

8. $A$: 적합한 저항을 갖을 사상  $B$: 적합한 자기력을 가질 사상

$P(A) = 0.4,\ P(B) = 0.55,\ P(B|A) = 0.5$이고,

$P(A \cap B) = P(A)P(B|A) = 0.4 \cdot 0.5 = 0.2$이므로,

무작위로 추출된 코일이 저항과 자기력에서 모두 불량일 확률은

$$P(A^c \cap B^c) = 1 - P(A \cup B)$$
$$= 1 - \{P(A) + P(B) - P(A \cap B)\}$$
$$= 1 - \{0.4 + 0.55 - 0.2\} = 0.25.$$

9. (1) 0.49 (2) 0.28

10. (1) $P(A_i) = \frac{(n-1)!}{n!} = \frac{1}{n}\ (i = 1, 2, \cdots, n)$

(2) $P(A_1 \cap A_2) = \frac{(n-2)!}{n!} = \frac{1}{n(n-1)}$

(3) $P(A_1 \cup A_2) = \frac{1}{n} + \frac{1}{n} - \frac{1}{n(n-1)} = \frac{2n-3}{n(n-1)}$

(4) $p = \frac{1}{2!} - \frac{1}{3!} + \frac{1}{4!} - \cdots (-1)^n \frac{1}{n!}$

11. $\frac{11}{30}$

12. (1) $p = \frac{{}_{18}C_2 \times {}_2C_0}{{}_{20}C_2} = \frac{153}{190}$

(2) $p = \frac{{}_{18}C_0 \times {}_2C_2}{{}_{20}C_2} = \frac{1}{190}$

(3) $p = \frac{{}_{18}C_1 \times {}_2C_1}{{}_{20}C_2} = \frac{36}{190}$

13. (1) 0.78 (2) 0.22

14. $p = \frac{{}_3C_2 \times {}_2C_0}{{}_5C_2} = \frac{3}{10}$

15. $P(B \mid A) = \dfrac{P(A \cap B)}{P(A)} = \dfrac{\frac{1}{36}}{\frac{5}{36}} = \dfrac{1}{5}$

16. $\dfrac{3}{91}$

17. (1) 0.0792 (2) 0.264

18. $A \cap B = \{3\}$, $P(A) = \dfrac{1}{2}$, $P(B) = \dfrac{2}{3}$, $P(A \cap B) = \dfrac{1}{6}$

$\Rightarrow P(A \cap B) \neq P(A)P(B)$이므로 사상 $A$와 $B$는 독립이 아니다.

19. (1) 세 쌍 모두 쌍끼리는 각각 독립이 아니고, 따라서 세 사상 $A$, $B$, $C$가 서로 독립은 아니다.

(2) 쌍끼리는 각각 독립이지만 세 사상 $A$, $B$, $C$가 서로 독립은 아니다.

20. $p = \dfrac{{}_{10}C_2 \times {}_8C_2 \times {}_6C_2 \times {}_4C_2 \times {}_2C_2}{5^{10}} = 0.012$

21. $0.97 \cdot 0.93 = 0.9021$.

22. 불량품이 나오는 사상: $X$

$P(X) = P(A)P(X \mid A) + P(B)P(X \mid B) + P(C)P(X \mid C)$

$= (0.50)(0.03) + (0.30)(0.04) + (0.20)(0.05) = 0.037$

23. 0.698

24. $A_1$: 공을 상자 1에서 뽑을 사상, $A_2$: 공을 상자 2에서 뽑을 사상

$A_3$: 공을 상자 3에서 뽑을 사상

$R$: 적색 공을 뽑을 사상

$P(A_1) = P(A_2) = P(A_3) = \dfrac{1}{3}$,

$P(R|A_1) = 0.2$, $P(R|A_2) = 0.5$, $P(R|A_3) = 0.3$이므로,

(1) $P(R) = \dfrac{1}{3} \cdot 0.2 + \dfrac{1}{3} \cdot 0.5 + \dfrac{1}{3} \cdot 0.3 = \dfrac{1}{3}$.

(2) $P(A_3|R) = \dfrac{P(A_3 \cap R)}{P(R)} = \dfrac{P(A_3)P(R|A_3)}{P(R)} = \dfrac{\frac{1}{3} \cdot 0.3}{\frac{1}{3}} = 0.3$.

25. 0.1743

## 제2장

1. $X$의 확률질량함수: $f(x) = \binom{3}{x}\left(\frac{1}{2}\right)^3, \quad (x = 0, 1, 2, 3)$

   $X$의 누적분포함수: $F(x) = \sum_{k=0}^{x}\binom{3}{k}\left(\frac{1}{2}\right)^3$

$$F(x) = \begin{cases} 0, & (x < 0) \\ \frac{1}{8}, & (0 \leq x < 1) \\ \frac{1}{2}, & (1 \leq x < 2) \\ \frac{7}{8}, & (2 \leq x < 3) \\ 1, & (3 \leq x) \end{cases}$$

2. $X$의 확률분포는

$$P(X = x) = \binom{2}{x}(0.6)^x(0.4)^{2-x}, \quad (x = 0, 1, 2)$$

   누적분포함수는 다음과 같이 된다.

$$F(x) = \begin{cases} P(X=0) = 0.16, & (0 < x < 1) \\ P(X=0) + P(X=1) = 0.64, & (1 \leq x < 2) \\ P(X=0) + P(X=1) + P(X=2) = 1, & (x \geq 2) \end{cases}$$

3. $P(X \leq 150) = \int_{100}^{150}\frac{100}{t^2}\,dt = 100\left[-\frac{1}{t}\right]_{100}^{150} = 100\left(-\frac{1}{150} + \frac{1}{100}\right) = \frac{1}{3}$

4. (1) $F(x) = 1 - e^{-\lambda x}, \quad (x \geqq 0)$, (2) $e^{-\lambda} - e^{-2\lambda} = F(2) - F(1)$

   (3) $1 - e^{-\lambda} + e^{-2\lambda}$

5. $P(Y=0) = P(X^c \cap Z^c) = P(X^c)P(Z^c) = (0.95)(0.9) = 0.855$

   $P(Y=1) = P(X \cap Z^c) + P(X^c \cap Z) = (0.05)(0.9) + (0.95)(0.1) = 0.140$

   $P(Y=2) = P(X \cap Z) = (0.05)(0.1) = 0.005$

6.

| X \ Y | 0 | 1 |
|---|---|---|
| 0 | $\frac{1}{3}$ | 0 |
| 1 | 0 | $\frac{1}{3}$ |
| 2 | $\frac{1}{3}$ | 0 |

7. (1) $X$, $Y$의 결합확률질량함수는

$$f(x,y)=\frac{\binom{3}{x}\binom{2}{y}\binom{3}{2-x-y}}{\binom{8}{2}},(x=0,1,2;\ y=0,1,2;\ 0\le x+y\le 2)$$

(2) $\frac{9}{14}$

8. (1) $X$와 $Y$의 결합확률질량함수:

$$f(x,y)=\frac{\binom{3}{x}\binom{2}{y}\binom{1}{2-x-y}}{\binom{6}{2}}$$

$(x=0,1,2;\ y=0,1,2;\ 0\le x+y\le 2)$

$X$와 $Y$의 결합확률분포:

| X \ Y | 0 | 1 | 2 | 합 |
|---|---|---|---|---|
| 0 | 0 | $\frac{2}{15}$ | $\frac{1}{15}$ | $\frac{3}{15}$ |
| 1 | $\frac{3}{15}$ | $\frac{6}{15}$ | 0 | $\frac{9}{15}$ |
| 2 | $\frac{3}{15}$ | 0 | 0 | $\frac{3}{15}$ |
| 합 | $\frac{6}{15}$ | $\frac{8}{15}$ | $\frac{1}{15}$ | 1 |

(2) $X$의 주변확률분포:

| $X$ | 0 | 1 | 2 |
|---|---|---|---|
| $P_X(x)$ | $\frac{1}{5}$ | $\frac{3}{5}$ | $\frac{1}{5}$ |

9. $P(0 \le X < \frac{1}{2},\ Y > \frac{1}{4}) = \frac{1}{32}$

10. (1) 0.08 (2) 0.10

11. $f_Y(y) = \int_0^{1-y} 6(1-x-y)\,dx = 6\left[x - \frac{x^2}{2} - xy\right]_0^{1-y} = 3(y-1)^2$

12. $X$의 주변확률밀도함수:

$$f_X(x) = \begin{cases} e^{-x}, & (0 < x < \infty) \\ 0, & (\text{그 밖에서}) \end{cases}$$

$Y$의 주변확률밀도함수:

$$f_Y(y) = \begin{cases} e^{-y}, & (0 < y < \infty) \\ 0, & (\text{그 밖에서}) \end{cases}$$

$f(x, y) = e^{-(x+y)} = e^{-x} \cdot e^{-y} = f_X(x) f_Y(y)$가 성립하므로, $X$와 $Y$는 독립이다.

13. $P\left(X + Y \le \frac{1}{2}\right) = \frac{23}{32}$, $P\left(X - Y \le \frac{1}{2}\right) = \frac{23}{32}$

14. (1) $P\left(\frac{1}{2} \le X + Y \le \frac{3}{2}\right) = \frac{3}{4}$, (2) $P\left(\frac{1}{2} \le X \le \frac{3}{4}, 0 \le Y \le \frac{1}{2}\right) = \frac{1}{8}$

15. $P(X=1 \mid Y=1) = \dfrac{P(X=1, Y=1)}{P(Y=1)} = \dfrac{p(1,1)}{\sum_x p(x, Y=1)} = \dfrac{0.5}{0.6} = \dfrac{5}{6}$

$$P(X=2 \mid Y=1) = \frac{p(2,1)}{\sum_x p(x, Y=1)} = \frac{0.1}{0.6} = \frac{1}{6}$$

16. $P(X=1 \mid X+Y=4) = \left(\frac{10}{72}\right) \Big/ \left(\frac{70}{288}\right) = \frac{4}{7}$

17. (1) $X$의 주변확률밀도함수: $f_X(x) = \begin{cases} 4x^3, & (0 < x < 1) \\ 0, & (\text{그 밖에서}) \end{cases}$

$Y$의 주변확률밀도함수: $f_Y(y) = \begin{cases} 4y(1-y^2), & (0 < y < 1) \\ 0, & (\text{그 밖에서}) \end{cases}$

(2) $X$의 조건부확률밀도함수: $f_{X \mid Y}(x \mid y) = \begin{cases} \dfrac{2x}{1-y^2}, & (y \le x \le 1) \\ 0, & (\text{그 밖에서}) \end{cases}$

(3) $Y$의 조건부확률밀도함수: $f_{Y \mid X}(y \mid x) = \begin{cases} \dfrac{2y}{x^2}, & (0 \le y \le x) \\ 0, & (\text{그 밖에서}) \end{cases}$

**18.** (1) $P(X < 1) = \dfrac{1}{2}$.

(2) $F_X(x) = \begin{cases} 0, & (x < 0) \\ \dfrac{x}{2}, & (0 \le x \le 2) \\ 1, & (x > 2) \end{cases}$, $F_Y(y) = \begin{cases} 0, & (y < 0) \\ \dfrac{y}{3}, & (0 \le y \le 3) \\ 1, & (y > 3) \end{cases}$

(4) $f_{X \mid Y}(x \mid y) = \dfrac{1}{2}$, (5) $P(X \le 0.5 \mid Y = 1) = \dfrac{1}{4}$

**19.** $f_{Y \mid X}(y \mid x) = \begin{cases} e^{x-y}, & (0 \le x \le y) \\ 0, & (\text{그 밖에서}) \end{cases}$

$P(Y \le y \mid X = x) = \begin{cases} 1 - e^{x-y}, & (x \le y) \\ 0, & (\text{그 밖에서}) \end{cases}$

**20.** $f_{X \mid Y}(x \mid y) = \begin{cases} e^{-x}, & (x \ge 0) \\ 0, & (\text{그 밖에서}) \end{cases}$

$f_{Y \mid X}(y \mid x) = \begin{cases} e^{-y}, & (y \ge 0) \\ 0, & (\text{그 밖에서}) \end{cases}$

**21.** (1) $P(X < 1 \mid 0.5 \le X \le 1.5) = \dfrac{3}{8}$

(2) $P(1.3 < X < 1.5 \mid 1 < X) = \dfrac{14}{75}$

**22.** $f_Y(y) = \dfrac{2y^2 e^{-2}}{(y^2)!}$ $, y = 0, 1, \sqrt{2}, \sqrt{3}, \cdots$

**23.** $g(y_1, y_2) = 2 \cdot |y_2| = 2y_2$, $(0 < y_1 < 1, 0 < y_2 < 1)$.

$g_{Y_1}(y_1) = \displaystyle\int_0^2 2y_2 \, dy_2 = 1$, $(0 < y_1 < 1)$

24.
$$f_Y(y) = \begin{cases} 0, & (y < 0 \text{ 또는 } y > 4) \\ \dfrac{2}{9\sqrt{y}}, & (0 \le y \le 1) \\ \dfrac{1}{9}\left(\dfrac{1}{\sqrt{y}} + 1\right), & (1 < z \le 4) \end{cases}$$

## 제3장

1. $X \sim ber(0.5)$, $f(x) = (0.5)^x (0.5)^{1-x}$, $x = 0, 1$

2.

| $x$ | 0 | 1 | 2 | 3 | 계 |
|---|---|---|---|---|---|
| $f(x)$ | 0.6141 | 0.3251 | 0.0574 | 0.0034 | 1 |

3. $X \sim B(15, 0.25)$

$$P(5 \le X \le 10) = P(X \le 10) - P(X \le 4)$$
$$= 0.9999 - 0.6865 = 0.3134.$$

4. (1) $f(4) = \binom{6}{4}\left(\frac{1}{3}\right)^4\left(\frac{2}{3}\right)^2$

(2) $1 - f(0) - f(1) = 1 - \left(\frac{2}{3}\right)^6 - \binom{6}{1}\left(\frac{1}{3}\right)\left(\frac{2}{3}\right)^5$

(3) $f(5) + f(6) = \binom{6}{5}\left(\frac{1}{3}\right)^5\left(\frac{2}{3}\right) + \left(\frac{1}{3}\right)^6$

5. $6p(1-p)^2 + 4p^2(1-p) + p^3 \ge 2 - p$을 풀면, $p \ge \frac{2}{3}$ 이다.

6. $p = \frac{4!}{2!1!1!}\left(\frac{1}{6}\right)^2\left(\frac{1}{6}\right)^1\left(\frac{2}{3}\right)^1 = \frac{1}{27}$

7. $p = \frac{20!}{5!\,8!\,4!\,3!}\left(\frac{1}{4}\right)^5\left(\frac{2}{5}\right)^8\left(\frac{1}{4}\right)^4\left(\frac{1}{10}\right)^3$

8. $P(A = x, B = y, C = 100 - x - y)$

$$= \frac{100!}{x!y!(100-x-y)!}(0.04)^x(0.9)^y(0.06)^{100-x-y}$$

9. $P(X = 1) = \dfrac{\binom{2}{1}\binom{5}{2}}{\binom{7}{3}} = \dfrac{4}{7}$

10. $P(X=2)=\dfrac{200}{1827}=0.1077$

11. $X \sim H(x;\, 2000,\, 15,\, 400) \approx B(15,\, 0.2)$, ${}_{15}C_5(0.2)^5(0.8)^{10} \fallingdotseq 0.1032$.

12. $X$ : 결근자 수

$$P(X=0)=\frac{e^{-2.5}2.5^0}{0!}=e^{-2.5}=0.082$$

13. (1) 0.1008  (2) 0.4232

14. $(100+x)$ 개를 한 상자에 넣을 때,

100개 이상이 양품일 확률은 ($x$ 개 이하가 불량품)

$$P(S_{100+x} \le x)=\sum_{k=0}^{x}\binom{100+x}{k}(0.985)^{100+x-k}(0.015)^k$$

$\lambda=np=100\times 0.015=1.5$ 로서 포아송 분포를 이용한 근사확률을 구하면

$$P(S_{100+x} \le x)=\sum_{k=0}^{x}e^{-1.5}\frac{1.5^k}{k!} \fallingdotseq e^{-1.5}\left(1+\frac{1.5}{1!}+\frac{1.5^2}{2!}+\cdots+\frac{1.5^x}{x!}\right)$$

이므로, 이 값이 0.8 이상이 되는 $x$ 의 값을 정한다.

$x=1$ 일 때 위 식의 우변의 값은 0.56, $x=2$ 일 때 0.809이므로 $x=2$, 즉 한 상자에 102개를 넣으면 된다.

15. (1) 0.081  (2) 0.085

16. $P(X=x+1)=\left(\dfrac{5}{6}\right)^x\dfrac{1}{6}$

17. $\dfrac{1}{n-1}$

18. $f(4)=0.105$,  $P(X \le 4)=0.731$

19. $r+x=n$ 이라 하면 $x=n-r$ 이므로

$$P(X=x)=P(X=n-r)=\binom{r+n-r-1}{r-1}p^r q^{n-r}$$

$$=\binom{n-1}{r-1}p^r q^{n-r},\quad n=r,r+1,r+2,\cdots$$

20. $\dbinom{7-1}{5-1}(0.6)^5(0.4)^2=0.1866$

21. 0.0800

22. $P(X=x)=\binom{2}{x}\left(\frac{1}{4}\right)^x\left(\frac{3}{4}\right)^{2-x}, \quad x=0,1,2$

$P(Y=y)=\binom{3}{y}\left(\frac{1}{4}\right)^y\left(\frac{3}{4}\right)^{3-y}, \quad y=0,1,2,3$

$\Rightarrow P(X+Y=k)=\binom{5}{k}\left(\frac{1}{4}\right)^k\left(\frac{3}{4}\right)^{5-k}, \quad k=0,1,2,3,4,5$

## 제4장

1. (1) $P(X<3)=\int_0^3 \frac{1}{10}dx=\frac{3}{10}$ (2) $P(X>6)=\int_6^{10}\frac{1}{10}dx=\frac{4}{10}$

(3) $P(3<X<8)=\int_3^8\frac{1}{10}dx=\frac{1}{2}$

2. (1) 1/3 (2) 1/3

3. (1) $x_1=2.0537$ (2) $x_2=-2.0537$ (3) $x_3=2.3267$

4. (1) $P(-3\le X\le 3)=2P(0\le Z\le 3)=2\times 0.4987=0.9974$

(2) $P(-3\le X\le 8)=P\left(\frac{-3-2}{5}\le\frac{X-2}{5}\le\frac{8-2}{5}\right)$

$=P(-1\le Z\le 1.2)$

$=P(0\le Z\le 1)+P(0\le Z\le 1.2)$

$=0.3413+0.3849=0.7262$

5. (1) $P(165<X<170)=P\left(\frac{165-170}{4}<Z<\frac{170-170}{4}\right)=0.3944$

(2) $P(X\ge 175)=P\left(Z\ge\frac{175-170}{4}\right)=P(Z\ge 1.25)=0.1056$

6. 0.0808

7. $X$: 노동자의 임금, $X\sim N(100, 15^2)$

$P(X\le 65)=P\left(Z\le\frac{65-100}{15}\right)\fallingdotseq P(Z\le -2.33)=0.0099,$

$\therefore$ $2000\cdot 0.0099=19.8$, 즉, 약 20명.

8. $c=14.56$

9. (1) $P(X\geq 10)=\int_{10}^{\infty}\frac{1}{10}e^{-\frac{x}{10}}dx=\left[-e^{-\frac{x}{10}}\right]_{10}^{\infty}=e^{-1}=0.368$

(2) $P(10\leq X\leq 20)=\int_{10}^{20}\frac{1}{10}e^{-\frac{x}{10}}dx=\left[-e^{-\frac{x}{10}}\right]_{10}^{20}=e^{-1}-e^{-2}=0.233$

10. (1) $e^{-1}\approx=0.3679$ (2) $e^{-1/2}\approx 0.6065$

11. $P(X\leq 1)=1-\frac{13}{8}e^{-\frac{1}{2}}\approx 0.0144$

12. $X$를 두 번째 고객이 도착할 때까지 기다리는 시간이라고 한다면, $X$는 $\alpha=2$, $\theta=1/\lambda=2$를 갖는 감마분포를 따른다. 따라서 구하는 확률은

$$P(X>5)=\int_{5}^{\infty}\frac{x^{2-1}e^{-x/2}}{\Gamma(2)2^2}dx=\int_{5}^{\infty}\frac{x\,e^{-x/2}}{4}dx$$

$$=\frac{1}{4}[(-2)x\,e^{-x/2}-4e^{-x/2}]_5^{\infty}$$

$$=\frac{7}{2}e^{-5/2}=0.2872.$$

13. (1) 25 · (2) 32.671 (3) 67.5

14. (1) $\chi^2_{(9,0.5)}=8.343$ (2) $\chi^2_{(28,0.5)}=27.336$ (3) $\chi^2_{(40,0.5)}=39.3$

15. (1) $\chi^2_{(10,0.05)}=18.31$ (2) $\chi^2_{(10,0.025)}=20.48$

16. $t_0=2.11$

17. $$\lim_{n\to\infty}\frac{\Gamma\left(\frac{n+1}{2}\right)}{\sqrt{n}\,\Gamma\left(\frac{n}{2}\right)}=\lim_{n\to\infty}\frac{\sqrt{2\pi}\left(\frac{n+1}{2}\right)^{\frac{n+1}{2}+\frac{1}{2}}e^{-\frac{n+1}{2}}}{\sqrt{n}\,\sqrt{2\pi}\left(\frac{n}{2}\right)^{\frac{n}{2}+\frac{1}{2}}e^{-\frac{n}{2}}}$$

$$=\lim_{n\to\infty}\frac{\left(\frac{n+1}{2}\right)^{\frac{n+2}{2}}e^{-\frac{n+1}{2}}}{\sqrt{n}\left(\frac{n}{2}\right)^{\frac{n+1}{2}}e^{-\frac{n}{2}}}=\lim_{n\to\infty}\frac{e^{-\frac{1}{2}}}{\sqrt{2}}\left(\frac{\frac{n+1}{2}}{\frac{n}{2}}\right)^{\frac{n+2}{2}}=\frac{1}{\sqrt{2}\,\sqrt{e}}\lim_{n\to\infty}\left(1+\frac{1}{n}\right)^{\frac{n+2}{2}}$$

$$=\frac{1}{\sqrt{2}}\frac{1}{\sqrt{e}}\lim_{n\to\infty}\left[\left\{\left(1+\frac{1}{n}\right)^n\right\}^{\frac{n+2}{n}}\right]^{\frac{1}{2}}=\frac{1}{\sqrt{2}}\frac{1}{\sqrt{e}}\lim_{n\to\infty}\left[\left\{\left(1+\frac{1}{n}\right)^n\right\}^{1+\frac{2}{n}}\right]^{\frac{1}{2}}$$

**18.** (1) $F_{0.05}(5,10)=3.33.$ (2) $F_{0.95}(5,10)=\dfrac{1}{F_{0.05}(10,5)}=\dfrac{1}{4.74}\fallingdotseq 0.2110.$

(3) $F_{0.90}(10,5)=\dfrac{1}{F_{0.10}(5,10)}=\dfrac{1}{2.52}\fallingdotseq 0.3968.$

**19.** $X=U$라면, $x=u$, $y=z-u$이고

$$J=\frac{\partial(x,y)}{\partial(z,u)}=\begin{vmatrix}0 & 1\\ 1 & -1\end{vmatrix}=-1$$

$$\Rightarrow g(z,u)=f(x,y)\left|\frac{\partial(x,y)}{\partial(z,u)}\right|=f(x)f(y)\,|-1|$$

$$=f(u)f(z-u)=f(z-u)$$

$z$의 확률밀도함수 $h(z)$는 $g(z,u)$의 $z$에 관한 주변확률밀도함수이므로 다음과 같다.

$$h(z)=\int_{-\infty}^{\infty}f(z-u)du=\int_{-\infty}^{\infty}f(z-x)dx=\int_0^1 f(z-x)dx$$

$0<x<1$이므로 $z-1<z-x<z$이다.

① $0<z<1$, 즉 $z-1<0$이면 $z-1<0<z-x<z$이다.

$$\Rightarrow h(z)=\int_0^z 1\,dx=[x]_0^z=z$$

② $1<z<2$, 즉 $0<z-1<1$이면 $0<z-1<z-x<1<z$이다.

$$\Rightarrow h(z)=\int_{z-1}^1 1\,dx=[x]_{z-1}^1=2-z$$

③ $2<z<3$, 즉 $1<z-1<2$이면 $1<z-1<z-x<2<z$이다.

$$\Rightarrow h(z)=\int_{z-1}^2 1\,dx=[x]_{z-1}^2=3-z$$

④ $z<0$ 또는 $z-1>2$, 즉 $z>3$이면 $h(z)=0$이다.

$$\Rightarrow h(z)=\begin{cases}0, & (z<0,\ z>3)\\ z, & (0<z<1)\\ 2-z, & (1<z<2)\\ 3-z, & (2<z<3)\end{cases}$$

**20.** $f_{U(u)}=\displaystyle\int_{-\infty}^{\infty}f_X(x)f_Y(u-y)dx$

$$f_{U(u)}=\int_0^u \lambda e^{-\lambda x}\lambda e^{-\lambda(u-x)}dx=\lambda^2 e^{-\lambda x}\lambda e^{-\lambda u}$$

따라서 $U\sim G(2,\lambda)$를 따른다.

21. $X+Y \sim N(6.5, 0.41)$

$$P(X+Y>8) = P\left(Z > \frac{8-6.5}{\sqrt{0.41}}\right) = P(Z > 2.3438) = 0.0096$$

22. 구하는 확률밀도함수는 $f$ 와 $g$ 의 중첩이므로 $Z$ 의 확률밀도함수 $h(z)$ 는

$$h(z) = f * g = \int_{-\infty}^{\infty} f(v) g(z-v) dv$$

이고, 위 적분에서 $v<0$ 이면 $f=0$ 이고, $z-v>0$, 즉 $z>v$ 이므로 $z \geq 0$ 이면

$$h(z) = \int_0^z (2e^{-2v})(3e^{-3(z-v)}) dv = 6e^{-3z} \int_0^z e^y dv$$

$$= 6e^{-3z}(e^z - 1) = 6(e^{-2z} - e^{-3z})$$

이고, $z<0$ 이면 $h(z)=0$ 이다. 따라서 구하는 $h(z)$ 는 다음과 같다.

$$h(z) = \begin{cases} 6(e^{-2z} - e^{-3z}), & (z \geq 0) \\ 0, & (z < 0) \end{cases}$$

23. $$h(z) = \begin{cases} 0, & (z < -1 \text{ 또는 } z > 1) \\ 1+z, & (-1 < z < 0) \\ 1-z, & (0 < z < 1) \end{cases}$$

## 제5장

1. $$E(X) = \sum_{x=1}^{\infty} x\left(\frac{1}{2}\right)^x = 1\left(\frac{1}{2}\right) + 2\left(\frac{1}{2}\right)^2 + 3\left(\frac{1}{2}\right)^3 + \cdots$$

$$\frac{1}{2}E(X) = 1\left(\frac{1}{2}\right)^2 + 2\left(\frac{1}{2}\right)^3 + \cdots$$

이고, 따라서 $E(X) = 1 + \frac{1}{2} + \left(\frac{1}{2}\right)^2 + \left(\frac{1}{2}\right)^3 + \cdots = \frac{1}{1-\frac{1}{2}} = 2$

2. $$E(X) = \int_0^{\infty} x \cdot 2xe^{-2x} dx = = 2\int_0^{\infty} x^2 e^{-2x} dx = \frac{1}{2}$$

3. $\frac{4}{3}$

4. 확률변수 $X$는 $n=25$이고 $p=\frac{4}{5}$인 이항분포를 따르므로

$E(X)=np=25\times\frac{4}{5}=20$이 된다.

5. (1) $E(2X+5Y)=2E(X)+5E(Y)=2\times4+5\times5=33$

(2) $E(X-2Y+5)=E(X)-2E(Y)+5=4-2\times5+5=-1$

6. $\frac{91}{6}$

7. 시험 점수: $X$

$E(2X+10)=2E(X)+10=2\times40+10=90$

8. 평균: $\frac{12}{7}$, 분산: $\frac{24}{49}$

9. $\mu=E(X)=\int_0^1 xf(x)dx=\frac{2}{3}$,

$E[g(x)]=\int_0^1 g(x)f(x)dx=\int_0^1\left(x-\frac{2}{3}\right)^2\cdot 2xdx=\frac{1}{18}$,

$E[h(x)]=\int_0^1 h(x)f(x)dx=\int_0^1(2x+1)\cdot 2xdx=\frac{7}{3}$

10. 평균: 6, 분산: 4

11. 평균: $\frac{7}{2}$, 분산: $Var(X)=\frac{91}{6}-\left(\frac{7}{2}\right)^2=\frac{35}{12}$

12. (1) $Var(5X)=5^2Var(X)=25\times4=100$

(2) $Var(2X-5)=2^2Var(X)=4\times4=16$

(3) $Var(X+2Y)=Var(X)+2^2Var(Y)=4+4\times9=40$

13. $E(X^2+Y^2)=1$

14. $E(2X+Y)=2E(X)+E(Y)=2\cdot\frac{7}{2}+\frac{7}{2}=\frac{21}{2}$,

$$V(2X+Y)=4V(X)+V(Y)+8Cov(X,Y)$$
$$=4\cdot\frac{35}{12}+\frac{35}{12}+8\cdot0=\frac{175}{12}.$$

15. $f_1(x)=\int_0^1(4xy)dy=[2xy^2]_0^1=2x,\quad(0\leq x\leq1)$

$$f_2(y) = \int_0^1 (4xy)dx = [2x^2y]_0^1 = 2y, \quad (0 \leq y \leq 1)$$

$$\mu_x = E(X) = \int_0^1 x\ 2xdx = \left[\frac{2}{3}x^3\right]_0^1 = \frac{2}{3},$$

$$\mu_y = E(Y) = \int_0^1 y\ 2ydy = \left[\frac{2}{3}y^3\right]_0^1 = \frac{2}{3},$$

$$\sigma_x^2 = E(X^2) - [E(X)]^2 = \int_0^1 x^2 2x\ dx - \left(\frac{2}{3}\right)^2 = \frac{1}{18},$$

$$\sigma_y^2 = E(Y^2) - [E(Y)]^2 = \int_0^1 y^2 2y\ dy - \left(\frac{2}{3}\right)^2 = \frac{1}{18},$$

$$Cov(X, Y) = E(XY) - E(X)E(Y) = \int_0^1 \int_0^1 xy \cdot 4xy\ dxdy - \frac{2}{3} \cdot \frac{2}{3}$$

$$= \int_0^1 \frac{4}{3}y^2 dy - \frac{2}{3} \cdot \frac{2}{3} = 0,$$

$$\rho_{X \cdot Y} = \frac{Cov(X, Y)}{\sqrt{V(X) \cdot V(Y)}} = 0.$$

**16.** $E\left(\frac{X}{n}\right) = \frac{1}{n}E(X) = \frac{1}{n}np = p$

**17.** $E(X) = 30,\ Var(X) = 21$

**18.** $E(X_i) = np_i$

$Var(X_i) = np_i(1-p_i), \quad i = 1, 2, \cdots, k$

**19.** 24, 120

**20.** $k = 1.96$

**21.** $P(X = 2) = \frac{1}{0.01}e^{-\frac{2}{0.01}} = 100e^{-200}$

**22.** $\Gamma\left(\frac{1}{2}\right) = \int_0^\infty x^{\frac{1}{2}-1} e^{-x} dx = \int_0^\infty \frac{1}{\sqrt{x}} e^{-x} dx$

이때, $x = t^2$ 으로 두면 $dx = 2tdt$ 이다.

따라서 $\Gamma\left(\frac{1}{2}\right) = \int_0^\infty \frac{1}{t} e^{-t^2} 2t\,dt = 2\int_0^\infty e^{-t^2} dt = \sqrt{\pi}$ 이 된다.

**23.** $\rho(X, Y) = \frac{Cov(X, Y)}{\sigma_X \cdot \sigma_Y} = \frac{10}{4 \cdot 3} = 0.83$

**24.** 양의 상관관계

**25.** (1) $P(X=x \mid Y=1)=\begin{cases} \frac{1}{5}, & x=1 \\ \frac{3}{5}, & x=2 \\ \frac{1}{5}, & x=3 \end{cases}$

$\Rightarrow E(X \mid Y=1)=1\times\frac{1}{5}+2\times\frac{3}{5}+3\times\frac{1}{5}=2$

$P(X=x \mid Y=2)=\begin{cases} \frac{2}{3}, & x=1 \\ 0, & x=2 \\ \frac{1}{3}, & x=3 \end{cases}$

$\Rightarrow E(X \mid Y=2)=1\times\frac{2}{3}+2\times 0+3\times\frac{1}{3}=\frac{5}{3}$

$P(X=x \mid Y=3)=\begin{cases} 0, & x=1 \\ \frac{3}{5}, & x=2 \\ \frac{2}{5}, & x=3 \end{cases}$

$\Rightarrow E(X \mid Y=3)=1\times 0+2\times\frac{3}{5}+3\times\frac{2}{5}=\frac{12}{5}$

(2) $f(1,1)=f_X(1)\cdot f_Y(1)$ 이면 독립이다. 그러나 $\frac{1}{9}\neq\frac{4}{18}\times\frac{10}{18}$ 이므로 $X$와 $Y$는 독립이 아니다.

**26.** (1) $E(X)=\frac{1}{p}=\frac{1}{\frac{1}{6}}=6$

(2) $E(X \mid Y=1)=1+E(X)=1+6=7$

(3) $E(X \mid Y=5)=5+E(X)=5+6=11$

**27.** $f_{Y \mid X}(y \mid x)=\frac{f(x,y)}{f_X(x)}=\frac{2y}{x^2}$

$\Rightarrow E(Y \mid X=x)=\int_0^x y\left(\frac{2y}{x^2}\right)dy=\frac{2x}{3}$

$$f_{X\mid Y}(x\mid y)=\frac{2x}{1-y^2}$$

$$\Rightarrow E(X\mid Y=y)==\int_y^1 x\left(\frac{2x}{1-y^2}\right)dx=\frac{2(1+y+y^2)}{3(1+y)}$$

28. $f_X(x)=\frac{1}{42}\sum_{y=0}^{3}(2x+y)=\frac{8x+6}{42}$

$$\Rightarrow f_{Y\mid X}(y\mid x)=\frac{f(x,y)}{f_X(x)}=\frac{2x+y}{8x+6}$$

$x=2$ 인 경우 $f_{X\mid Y}(y\mid 2)=\frac{4+y}{22}$

$$\Rightarrow E(Y\mid X=2)=\sum_{y=0}^{3} y f_{X\mid Y}(y\mid 2)=\sum_{y=0}^{3} y\left(\frac{4+y}{22}\right)$$

$$=\frac{1}{22}(0\times 4+1\times 5+2\times 6+3\times 7)=\frac{19}{11}$$

29. $X=x$ 가 주어졌을 때 $Y$의 조건부밀도함수

$$\Rightarrow f_{Y\mid X}(y\mid x)=\frac{1}{x},\qquad (0<y<x)$$

$$\Rightarrow E(Y\mid X=x)=\int_{-\infty}^{\infty} y f_{Y\mid X}(y\mid x)\,dy=\int_0^1 y\frac{1}{x}\,dy=\frac{1}{2}x$$

$$E(e^Y\mid X=x)=\int_{-\infty}^{\infty} e^y f_{Y\mid X}(y\mid x)\,dy=\int_0^x e^y\frac{1}{x}\,dy=\frac{e^y-1}{x}$$

30. $f_Y(y)=\int_0^y \frac{e^{-y}}{y}\,dx=e^{-y}$

$$\Rightarrow f_{X\mid Y}(x\mid y)=\frac{f(x,y)}{f_Y(y)}=\frac{1}{y}$$

$$\Rightarrow E(X^2\mid Y=y)=\int_0^y x^2\frac{1}{y}\,dx=\frac{1}{3}y^2$$

## 제6장

1. $P(\mid X-\mu\mid\ \geq 2)\leq\frac{\sigma^2}{4}=\frac{1}{16}$

2. 0.7685 보다 작지 않다.

3. (1) $\frac{2}{3}$, (2) 적어도 $\frac{3}{4}$이상이다.

4. 앞면이 나오는 수: $X$

$$P\left(\left|\frac{X}{n}-\frac{1}{2}\right| \leq \frac{1}{100}\right) \geq 1-\frac{pq}{n\epsilon^2}=0.95$$

$$\Rightarrow 1-\frac{\frac{1}{2}\times\frac{1}{2}}{n\left(\frac{1}{100}\right)^2}=0.95 \Rightarrow n=50,000$$

따라서 50,000번을 실험하면 그 상대도수가 $\frac{1}{2}\pm\frac{1}{100}$의 범주 내에 있을 확률은 95% 이상이라고 할 수 있다.

5. 동전을 던져서 앞면이 나오는 비율은 던지는 횟수 $n$을 늘리면 $\frac{1}{2}$이 되는 것이 아니고, $\frac{1}{2}$에서의 차이가 작은 값 $\epsilon$ 이상이 되는 확률이 한없이 0에 가까워짐을 나타내고 있다.

6. $$P\left(\sum_{i=1}^{10}X_i > 6\right)=P\left(\frac{\sum_{i=1}^{10}X_i-5}{\sqrt{10\left(\frac{1}{12}\right)}} > \frac{6-5}{\sqrt{10\left(\frac{1}{12}\right)}}\right)\approx 1-\Phi(\sqrt{1.2})\approx 0.1367$$

7. 0.4771

8. $$P(X-0.3 \leqq Y \leqq 1.5)=P\left(\frac{-0.3-0}{\sqrt{15(3/5)}} \leqq \frac{Y-0}{\sqrt{15(3/5)}} \leqq \frac{1.5-0}{\sqrt{15(3/5)}}\right)$$

$$=P(-0.10 \leqq Z \leqq 0.50)=0.2313$$

9. 24.43, 2.20/30,

$$P(24.17 \leqq \overline{X} \leqq 24.82)=P\left(\frac{24.17-24.43}{\sqrt{0.0733}} \leqq Z \leqq \frac{24.82-24.43}{\sqrt{0.0733}}\right)$$

$$=P(-0.96 \leqq Z \leqq 1.44)=0.7566$$

## 제7장

1. $E(X^2)=1$

$E(X^4)=3$

**2.** $M_X(t) = \sum_{x=0}^{\infty} e^{tx} \frac{2}{5^{x+1}}$

$$= \frac{2}{5}\left(1 + \frac{e^t}{5} + \frac{e^{2t}}{5^2} + \frac{e^{3t}}{5^3} + \cdots\right) = \frac{2}{5}\left(\frac{1}{1-\frac{e^t}{5}}\right) = \frac{2}{5-e^t}$$

$$\Rightarrow M_X{}'(t) = \frac{-2(-e^t)}{(5-e^t)^2} = \frac{2e^t}{(5-e^t)^2}$$

$$M_X{}''(t) = \frac{2e^t(5-e^t)^2 + 4e^{2t}(5-e^t)}{(5-e^t)^4} = \frac{2e^t(5-e^t) + 4e^{2t}}{(5-e^t)^3} = \frac{10e^t + 2e^{2t}}{(5-e^t)^3}$$

$$\Rightarrow E(X) = M_X{}'(0) = \frac{1}{8}$$

$$E(X^2) = M_X{}''(0) = \frac{3}{16}$$

$$Var(X) = E(X^2) - [E(X)]^2 = \frac{3}{16} - \left(\frac{1}{8}\right)^2 = \frac{11}{64}$$

**3.** $M_X(t) = \int_{-\infty}^{0} e^{tx} \frac{1}{2} e^{-(-x)} dx + \int_{0}^{\infty} e^{tx} \frac{1}{2} e^{-x} dx$

$$= \frac{1}{1-t^2}, \quad (|t| < 1)$$

**4.** $X$의 적률생성함수 $M_X(t)$ : $M_X(t) = \sum_{x=1}^{n} e^{tx} \frac{1}{n} = \frac{1}{n}(e^t + e^{2t} + \cdots + e^{nt})$

$$M_X{}'(t) = \frac{1}{n}(1e^t + 2e^{2t} + \cdots + ne^{nt})$$

$$M_X{}''(t) = \frac{1}{n}(1^2e^t + 2^2e^{2t} + \cdots + n^2e^{nt})$$

$$E(X) = M_X{}'(0) = \frac{1}{n}(1 + 2 + \cdots + n) = \frac{1}{n}\frac{n(n+1)}{2} = \frac{n+1}{2}$$

$$E(X^2) = M_X{}''(0) = \frac{1}{n}(1^2 + 2^2 + \cdots + n^2)$$

$$= \frac{1}{n}\frac{n(n+1)(2n+1)}{6} = \frac{(n+1)(2n+1)}{6}$$

$$Var(X) = E(X^2) - [E(X)]^2 = \frac{(n+1)(2n+1)}{6} - \left(\frac{n+1}{2}\right)^2 = \frac{n^2-1}{12}$$

5. $M_X(t) = \int_0^\infty \frac{\beta^\alpha x^{\alpha-1}}{\Gamma(\alpha)} e^{-(\beta-t)x} dx$

$$= \left(\frac{\beta}{\beta-t}\right)^\alpha \int_0^\infty \frac{y^{\alpha-1}e^{-y}}{\Gamma(\alpha)} dy = \left(\frac{\beta}{\beta-t}\right)^\alpha, \ (t < \beta)$$

$$M_X{}'(t) = \alpha\left(\frac{\beta}{\beta-t}\right)^{\alpha-1} \frac{\beta}{(\beta-t)^2}$$

$$M_X{}''(t) = \alpha(\alpha-1)\left(\frac{\beta}{\beta-t}\right)^{\alpha-2} \frac{\beta^2}{(\beta-t)^4} + \alpha\left(\frac{\beta}{\beta-t}\right)^{\alpha-1} \frac{2\beta}{(\beta-t)^3}$$

$$E(X) = M_X{}'(0) = \frac{\alpha}{\beta}$$

$$E(X^2) = M_X{}''(0) = \frac{\alpha(\alpha-1)}{\beta^2} + \frac{2\alpha}{\beta^2}$$

$$Var(X) = M_X{}''(0) - [M_X{}'(0)]^2 = \frac{\alpha}{\beta^2}$$

6. $M_S(t) = e^{(t\mu + \frac{1}{2}\sigma^2 t^2)}$, $\mu = \mu_1 + \mu_2 + \cdots + \mu_{\mu_n}$, $\sigma^2 = = \sigma_1^2 + \sigma_2^2 + \cdots + \sigma_n^2$

7. $M_X(t) = M_{\sigma Z + \mu}(t) = e^{\mu t} M_Z(\sigma t) = e^{\mu t} e^{\frac{\sigma^2 t^2}{2}} = e^{\mu t + (\frac{\sigma^2}{2})t^2}$

8. $G_i(z) = (pz + 1 - p)^{n_i}$ 이므로 $G_S(z) = (pz + 1 - p)^{n_1 + n_2 + \cdots + n_n}$ 가 성립된다.

9. $np = \lambda$ 에서 $p = \frac{\lambda}{n}$ 이므로

$$(pe^{it} + 1 - p)^n = \left(1 - \frac{\lambda}{n} + \frac{\lambda}{n} e^{it}\right)^n = \left[1 + \frac{\lambda}{n}(e^{it} - 1)\right]^n \to e^{\lambda(e^{it}-1)}, \qquad (n \to \infty)$$

10. $E(e^{itX}) = \int_{-\infty}^\infty e^{itx} f(x) dx = \frac{1}{2a}\int_{-a}^a e^{itx} dx = \left[\frac{1}{2a}\frac{1}{it}e^{itx}\right]_{-a}^a = \frac{e^{iat} - e^{-iat}}{2iat}$

연습문제 풀이

# 부록

1. 이항분포표 | 2. 포아송 분포표
3. 표준정규확률변수의 누적분포표 | 4. $t$분포표
5. $\chi^2$분포의 임계값 | 6. $F$분포표

# 1. 이항분포표

$X \sim B(n,p)$일 때 $P(X \le c) = \sum_{x=0}^{c} \binom{n}{r} p^{x}(1-p)^{n-x}$의 값을 표시한다.

| | | $p$ | | | | | | | | | | |
|---|---|---|---|---|---|---|---|---|---|---|---|---|
| | | .05 | .10 | .20 | .30 | .40 | .50 | .60 | .70 | .80 | .90 | .95 |
| | $c$ | | | | | | | | | | | |
| $n=1$ | 0 | .950 | .900 | .800 | .700 | .600 | .500 | .400 | .300 | .200 | .100 | .050 |
| | 1 | 1.000 | 1.000 | 1.000 | 1.000 | 1.000 | 1.000 | 1.000 | 1.000 | 1.000 | 1.000 | 1.000 |
| $n=2$ | 0 | .902 | .810 | .640 | .490 | .360 | .250 | .160 | .090 | .040 | .010 | .002 |
| | 1 | .997 | .990 | .960 | .910 | .840 | .750 | .640 | .510 | .360 | .190 | .097 |
| | 2 | 1.000 | 1.000 | 1.000 | 1.000 | 1.000 | 1.000 | 1.000 | 1.000 | 1.000 | 1.000 | 1.000 |
| $n=3$ | 0 | .857 | .729 | .512 | .343 | .216 | .125 | .064 | .027 | .008 | .001 | .000 |
| | 1 | .993 | .972 | .896 | .784 | .648 | .500 | .352 | .216 | .104 | .028 | .007 |
| | 2 | 1.000 | .999 | .992 | .973 | .936 | .875 | .784 | .657 | .448 | .271 | .143 |
| | 3 | 1.000 | 1.000 | 1.000 | 1.000 | 1.000 | 1.000 | 1.000 | 1.000 | 1.000 | 1.000 | 1.000 |
| $n=4$ | 0 | .815 | .656 | .410 | .240 | .130 | .063 | .026 | .008 | .002 | .000 | .000 |
| | 1 | .986 | .948 | .819 | .652 | .475 | .313 | .179 | .084 | .027 | .004 | .000 |
| | 2 | 1.000 | .996 | .973 | .916 | .821 | .688 | .525 | .348 | .181 | .052 | .014 |
| | 3 | 1.000 | 1.000 | .998 | .992 | .974 | .938 | .870 | .760 | .590 | .344 | .185 |
| | 4 | 1.000 | 1.000 | 1.000 | 1.000 | 1.000 | 1.000 | 1.000 | 1.000 | 1.000 | 1.000 | 1.000 |
| $n=5$ | 0 | .774 | .590 | .328 | .168 | .078 | .031 | .010 | .002 | .000 | .000 | .000 |
| | 1 | .977 | .919 | .737 | .528 | .337 | .188 | .087 | .031 | .007 | .000 | .000 |
| | 2 | .999 | .991 | .942 | .837 | .683 | .500 | .317 | .163 | .058 | .009 | .001 |
| | 3 | 1.000 | 1.000 | .993 | .969 | .913 | .813 | .663 | .472 | .263 | .081 | .023 |
| | 4 | 1.000 | 1.000 | 1.000 | .998 | .990 | .969 | .922 | .832 | .672 | .410 | .226 |
| | 5 | 1.000 | 1.000 | 1.000 | 1.000 | 1.000 | 1.000 | 1.000 | 1.000 | 1.000 | 1.000 | 1.000 |
| $n=6$ | 0 | .735 | .531 | .262 | .118 | .047 | .016 | .004 | .001 | .000 | .000 | .000 |
| | 1 | .967 | .886 | .665 | .420 | .233 | .109 | .041 | .011 | .002 | .000 | .000 |
| | 2 | .998 | .984 | .901 | .744 | .544 | .344 | .179 | .070 | .017 | .001 | .000 |
| | 3 | 1.000 | .999 | .983 | .930 | .821 | .656 | .456 | .256 | .099 | .016 | .002 |

| | | p | | | | | | | | | | |
|---|---|---|---|---|---|---|---|---|---|---|---|---|
| | | .05 | .10 | .20 | .30 | .40 | .50 | .60 | .70 | .80 | .90 | .95 |
| | $c$ | | | | | | | | | | | |
| | 4 | 1.000 | 1.000 | .998 | .989 | .959 | .891 | .767 | .580 | .345 | .114 | .033 |
| | 5 | 1.000 | 1.000 | 1.000 | .999 | .996 | .984 | .953 | .882 | .738 | .469 | .265 |
| | 6 | 1.000 | 1.000 | 1.000 | 1.000 | 1.000 | 1.000 | 1.000 | 1.000 | 1.000 | 1.000 | 1.000 |
| $n=7$ | 0 | .689 | .478 | .210 | .082 | .028 | .008 | .002 | .000 | .000 | .000 | .000 |
| | 1 | .956 | .850 | .577 | .329 | .159 | .063 | .019 | .004 | .000 | .000 | .000 |
| | 2 | .996 | .974 | .852 | .647 | .420 | .227 | .096 | .029 | .005 | .000 | .000 |
| | 3 | 1.000 | .997 | .967 | .874 | .710 | .500 | .290 | .126 | .033 | .003 | .000 |
| | 4 | 1.000 | 1.000 | .995 | .971 | .904 | .773 | .580 | .353 | .148 | .026 | .004 |
| | 5 | 1.000 | 1.000 | 1.000 | .996 | .981 | .938 | .841 | .671 | .423 | .150 | .044 |
| | 6 | 1.000 | 1.000 | 1.000 | 1.000 | .998 | .992 | .972 | .918 | .790 | .522 | .302 |
| | 7 | 1.000 | 1.000 | 1.000 | 1.000 | 1.000 | 1.000 | 1.000 | 1.000 | 1.000 | 1.000 | 1.000 |
| $n=8$ | 0 | .663 | .430 | .168 | .058 | .017 | .004 | .001 | .000 | .000 | .000 | .000 |
| | 1 | .943 | .813 | .503 | .255 | .106 | .035 | .009 | .001 | .000 | .000 | .000 |
| | 2 | .994 | .962 | .797 | .552 | .315 | .145 | .050 | .011 | .001 | .000 | .000 |
| | 3 | 1.000 | .995 | .944 | .806 | .594 | .363 | .174 | .058 | .010 | .000 | .000 |
| | 4 | 1.000 | 1.000 | .990 | .942 | .826 | .637 | .406 | .194 | .056 | .005 | .000 |
| | 5 | 1.000 | 1.000 | .999 | .989 | .950 | .855 | .685 | .448 | .203 | .038 | .006 |
| | 6 | 1.000 | 1.000 | 1.000 | .999 | .991 | .965 | .894 | .745 | .497 | .187 | .057 |
| | 7 | 1.000 | 1.000 | 1.000 | 1.000 | .999 | .996 | .983 | .942 | .832 | .570 | .337 |
| | 8 | 1.000 | 1.000 | 1.000 | 1.000 | 1.000 | 1.000 | 1.000 | 1.000 | 1.000 | 1.000 | 1.000 |
| $n=9$ | 0 | .630 | .387 | .134 | .040 | .010 | .002 | .000 | .000 | .000 | .000 | .000 |
| | 1 | .929 | .775 | .436 | .196 | .071 | .020 | .004 | .000 | .000 | .000 | .000 |
| | 2 | .992 | .947 | .738 | .463 | .232 | .090 | .025 | .004 | .000 | .000 | .000 |
| | 3 | .999 | .992 | .914 | .730 | .483 | .254 | .099 | .025 | .003 | .000 | .000 |
| | 4 | 1.000 | .999 | .980 | .901 | .733 | .500 | .267 | .099 | .020 | .001 | .000 |
| | 5 | 1.000 | 1.000 | .997 | .975 | .901 | .746 | .517 | .270 | .086 | .008 | .001 |
| | 6 | 1.000 | 1.000 | 1.000 | .996 | .975 | .910 | .768 | .537 | .262 | .053 | .008 |
| | 7 | 1.000 | 1.000 | 1.000 | 1.000 | .996 | .980 | .929 | .804 | .564 | .225 | .071 |
| | 8 | 1.000 | 1.000 | 1.000 | 1.000 | 1.000 | .998 | .990 | .960 | .866 | .613 | .370 |
| | 9 | 1.000 | 1.000 | 1.000 | 1.000 | 1.000 | 1.000 | 1.000 | 1.000 | 1.000 | 1.000 | 1.000 |
| $n=10$ | 0 | .599 | .349 | .107 | .028 | .006 | .001 | .000 | .000 | .000 | .000 | .000 |
| | 1 | .914 | .736 | .376 | .149 | .046 | .011 | .002 | .000 | .000 | .000 | .000 |
| | 2 | .988 | .930 | .678 | .383 | .167 | .055 | .012 | .002 | .000 | .000 | .000 |

| | | | | | | *p* | | | | | | |
|---|---|---|---|---|---|---|---|---|---|---|---|---|
| | | .05 | .10 | .20 | .30 | .40 | .50 | .60 | .70 | .80 | .90 | .95 |
| | $c$ | | | | | | | | | | | |
| | 3 | .999 | .987 | .879 | .650 | .382 | .172 | .055 | .011 | .001 | .000 | .000 |
| | 4 | 1.000 | .998 | .967 | .850 | .633 | .377 | .166 | .047 | .006 | .000 | .000 |
| | 5 | 1.000 | 1.000 | .994 | .953 | .834 | .623 | .367 | .150 | .033 | .002 | .000 |
| | 6 | 1.000 | 1.000 | .999 | .989 | .945 | .828 | .618 | .350 | .121 | .013 | .001 |
| | 7 | 1.000 | 1.000 | 1.000 | .998 | .988 | .945 | .833 | .617 | .322 | .070 | .012 |
| | 8 | 1.000 | 1.000 | 1.000 | 1.000 | .998 | .989 | .954 | .851 | .624 | .264 | .086 |
| | 9 | 1.000 | 1.000 | 1.000 | 1.000 | 1.000 | .999 | .994 | .972 | .893 | .651 | .401 |
| | 10 | 1.000 | 1.000 | 1.000 | 1.000 | 1.000 | 1.000 | 1.000 | 1.000 | 1.000 | 1.000 | 1.000 |
| $n=15$ | 0 | .463 | .206 | .035 | 0.005 | .000 | .000 | .000 | .000 | .000 | .000 | .000 |
| | 1 | .829 | .549 | .167 | .035 | .005 | .000 | .000 | .000 | .000 | .000 | .000 |
| | 2 | .964 | .816 | .398 | .127 | .027 | .004 | .000 | .000 | .000 | .000 | .000 |
| | 3 | .995 | .944 | .648 | .297 | .091 | .018 | .002 | .000 | .000 | .000 | .000 |
| | 4 | .999 | .987 | .836 | .515 | .217 | .059 | .009 | .001 | .000 | .000 | .000 |
| | 5 | 1.000 | .998 | .939 | .722 | .403 | .151 | .034 | .004 | .000 | .000 | .000 |
| | 6 | 1.000 | 1.000 | .982 | .869 | .610 | .304 | .095 | .015 | .001 | .000 | .000 |
| | 7 | 1.000 | 1.000 | .996 | .950 | .787 | .500 | .213 | .050 | .004 | .000 | .000 |
| | 8 | 1.000 | 1.000 | .999 | .985 | .905 | .696 | .390 | .131 | .018 | .000 | .000 |
| | 9 | 1.000 | 1.000 | 1.000 | .996 | .966 | .849 | .597 | .278 | .016 | .002 | .000 |
| | 10 | 1.000 | 1.000 | 1.000 | .999 | .991 | .941 | .783 | .485 | .164 | .013 | .001 |
| | 11 | 1.000 | 1.000 | 1.000 | 1.000 | .998 | .982 | .909 | .703 | .352 | .056 | .005 |
| | 12 | 1.000 | 1.000 | 1.000 | 1.000 | 1.000 | .996 | .973 | .873 | .602 | .184 | .036 |
| | 13 | 1.000 | 1.000 | 1.000 | 1.000 | 1.000 | 1.000 | .995 | .965 | .833 | .451 | .171 |
| | 14 | 1.000 | 1.000 | 1.000 | 1.000 | 1.000 | 1.000 | 1.000 | .995 | .965 | 0.794 | .537 |
| | 15 | 1.000 | 1.000 | 1.000 | 1.000 | 1.000 | 1.000 | 1.000 | 1.000 | 1.000 | 1.000 | 1.000 |
| $n=20$ | 0 | .358 | .122 | .012 | .001 | .000 | .000 | .000 | .000 | .000 | .000 | .000 |
| | 1 | .736 | .392 | .069 | .008 | .001 | .000 | .000 | .000 | .000 | .000 | .000 |
| | 2 | .925 | .677 | .206 | .035 | .004 | .000 | .000 | .000 | .000 | .000 | .000 |
| | 3 | .984 | .867 | .411 | .107 | .016 | .001 | .000 | .000 | .000 | .000 | .000 |
| | 4 | .997 | .957 | .630 | .238 | .051 | .006 | .000 | .000 | .000 | .000 | .000 |
| | 5 | 1.000 | .989 | .804 | .416 | .126 | .021 | .002 | .000 | .000 | .000 | .000 |
| | 6 | 1.000 | .998 | .913 | .608 | .250 | .058 | .006 | .000 | .000 | .000 | .000 |
| | 7 | 1.000 | 1.000 | .968 | .772 | .416 | .132 | .021 | .000 | .000 | .000 | .000 |
| | 8 | 1.000 | 1.000 | .990 | .887 | .596 | .252 | .057 | .000 | .000 | .000 | .000 |

| | | p | | | | | | | | | | |
|---|---|---|---|---|---|---|---|---|---|---|---|---|
| | | .05 | .10 | .20 | .30 | .40 | .50 | .60 | .70 | .80 | .90 | .95 |
| | $c$ | | | | | | | | | | | |
| | 9 | 1.000 | 1.000 | .997 | .952 | .755 | .412 | .128 | .017 | .001 | .000 | .000 |
| | 10 | 1.000 | 1.000 | .999 | .983 | .872 | .588 | .245 | .048 | .003 | .000 | .000 |
| | 11 | 1.000 | 1.000 | 1.000 | .995 | .943 | .748 | .404 | .113 | .010 | .000 | .000 |
| | 12 | 1.000 | 1.000 | 1.000 | .999 | .979 | .868 | .584 | .228 | .032 | .000 | .000 |
| | 13 | 1.000 | 1.000 | 1.000 | 1.000 | .994 | .942 | .750 | .392 | .087 | .002 | .000 |
| | 14 | 1.000 | 1.000 | 1.000 | 1.000 | .998 | .979 | .874 | .584 | .196 | .011 | .000 |
| | 15 | 1.000 | 1.000 | 1.000 | 1.000 | 1.000 | .994 | .949 | .762 | .370 | .043 | .003 |
| | 16 | 1.000 | 1.000 | 1.000 | 1.000 | 1.000 | .999 | .984 | .893 | .589 | .133 | .016 |
| | 17 | 1.000 | 1.000 | 1.000 | 1.000 | 1.000 | 1.000 | .996 | .965 | .794 | .323 | .075 |
| | 18 | 1.000 | 1.000 | 1.000 | 1.000 | 1.000 | 1.000 | .999 | .992 | .931 | .608 | .264 |
| | 19 | 1.000 | 1.000 | 1.000 | 1.000 | 1.000 | 1.000 | 1.000 | .999 | .988 | .878 | .642 |
| | 20 | 1.000 | 1.000 | 1.000 | 1.000 | 1.000 | 1.000 | 1.000 | 1.000 | 1.000 | 1.000 | 1.000 |
| $n=25$ | 0 | .277 | .072 | .004 | .000 | .000 | .000 | .000 | .000 | .000 | .000 | .000 |
| | 1 | .642 | .271 | .027 | .002 | .000 | .000 | .000 | .000 | .000 | .000 | .000 |
| | 2 | .873 | .537 | .098 | .009 | .000 | .000 | .000 | .000 | .000 | .000 | .000 |
| | 3 | .966 | .764 | .234 | .033 | .002 | .000 | .000 | .000 | .000 | .000 | .000 |
| | 4 | .993 | .902 | .421 | .090 | .009 | .000 | .000 | .000 | .000 | .000 | .000 |
| | 5 | .999 | .967 | .617 | .193 | .029 | .002 | .000 | .000 | .000 | .000 | .000 |
| | 6 | 1.000 | .991 | .780 | .341 | .074 | .007 | .000 | .000 | .000 | .000 | .000 |
| | 7 | 1.000 | .998 | .891 | .512 | .154 | .022 | .001 | .000 | .000 | .000 | .000 |
| | 8 | 1.000 | 1.000 | .953 | .677 | .274 | .054 | .004 | .000 | .000 | .000 | .000 |
| | 9 | 1.000 | 1.000 | .983 | .811 | .425 | .115 | .013 | .000 | .000 | .000 | .000 |
| | 10 | 1.000 | 1.000 | .994 | .902 | .586 | .212 | .034 | .002 | .000 | .000 | .000 |
| | 11 | 1.000 | 1.000 | .998 | .956 | .732 | .345 | .078 | .006 | .000 | .000 | .000 |
| | 12 | 1.000 | 1.000 | 1.000 | .983 | .846 | .500 | .154 | .017 | .000 | .000 | .000 |
| | 13 | 1.000 | 1.000 | 1.000 | .994 | .922 | .655 | .268 | .044 | .002 | .000 | .000 |
| | 14 | 1.000 | 1.000 | 1.000 | .998 | .966 | .788 | .414 | .098 | .006 | .000 | .000 |
| | 15 | 1.000 | 1.000 | 1.000 | 1.000 | .987 | .885 | .575 | .189 | .017 | .000 | .000 |
| | 16 | 1.000 | 1.000 | 1.000 | 1.000 | .996 | .946 | .726 | .323 | .047 | .000 | .000 |
| | 17 | 1.000 | 1.000 | 1.000 | 1.000 | .999 | .978 | .846 | .488 | .109 | .002 | .000 |
| | 18 | 1.000 | 1.000 | 1.000 | 1.000 | 1.000 | .993 | .926 | .659 | .220 | .009 | .000 |
| | 19 | 1.000 | 1.000 | 1.000 | 1.000 | 1.000 | .998 | .971 | .807 | .383 | .033 | .001 |
| | 20 | 1.000 | 1.000 | 1.000 | 1.000 | 1.000 | 1.000 | .991 | .910 | .579 | .098 | .007 |

| c | .05 | .10 | .20 | .30 | .40 | .50 | .60 | .70 | .80 | .90 | .95 |
|---|---|---|---|---|---|---|---|---|---|---|---|
| 21 | 1.000 | 1.000 | 1.000 | 1.000 | 1.000 | 1.000 | .998 | .967 | .766 | .236 | .034 |
| 22 | 1.000 | 1.000 | 1.000 | 1.000 | 1.000 | 1.000 | 1.000 | .991 | .902 | .463 | .127 |
| 23 | 1.000 | 1.000 | 1.000 | 1.000 | 1.000 | 1.000 | 1.000 | .998 | .973 | .729 | .358 |
| 24 | 1.000 | 1.000 | 1.000 | 1.000 | 1.000 | 1.000 | 1.000 | 1.000 | .996 | .928 | .723 |
| 25 | 1.000 | 1.000 | 1.000 | 1.000 | 1.000 | 1.000 | 1.000 | 1.000 | 1.000 | 1.000 | 1.000 |

## 2. 포아송 분포표

$X \sim Poisson(\lambda)$일 때 $P(X \leq c) = \sum_{x=0}^{c} \frac{e^{-\lambda}\lambda^x}{x!}$의 값을 표시한다.

| | $\lambda$ | | | | | | | | | |
|---|---|---|---|---|---|---|---|---|---|---|
| $c$ | .1 | .2 | .3 | .4 | .5 | .6 | .7 | .8 | .9 | 1.0 |
| 0 | .905 | .819 | .741 | .670 | .607 | .549 | .497 | .449 | .407 | .368 |
| 1 | .995 | .982 | .963 | .938 | .910 | .878 | .844 | .809 | .772 | .736 |
| 2 | 1.000 | .999 | .996 | .992 | .986 | .977 | .966 | .953 | .937 | .920 |
| 3 | 1.000 | 1.000 | 1.000 | .999 | .998 | .997 | .994 | .991 | .987 | .981 |
| 4 | 1.000 | 1.000 | 1.000 | 1.000 | 1.000 | 1.000 | .999 | .999 | .998 | .996 |
| 5 | 1.000 | 1.000 | 1.000 | 1.000 | 1.000 | 1.000 | 1.000 | 1.000 | 1.000 | .999 |
| 6 | 1.000 | 1.000 | 1.000 | 1.000 | 1.000 | 1.000 | 1.000 | 1.000 | 1.000 | 1.000 |

| $c$ | 1.1 | 1.2 | 1.3 | 1.4 | 1.5 | 1.6 | 1.7 | 1.8 | 1.9 | 2.0 |
|---|---|---|---|---|---|---|---|---|---|---|
| 0 | .333 | .301 | .273 | .247 | .223 | .202 | .183 | .165 | .150 | .135 |
| 1 | .699 | .663 | .627 | .592 | .558 | .525 | .493 | .463 | .434 | .406 |
| 2 | .900 | .879 | .857 | .833 | .809 | .783 | .757 | .731 | .704 | .677 |
| 3 | .974 | .966 | .957 | .946 | .934 | .921 | .907 | .891 | .875 | .857 |
| 4 | .995 | .992 | .989 | .986 | .981 | .976 | .970 | .964 | .954 | .947 |
| 5 | .999 | .998 | .998 | .997 | .996 | .994 | .992 | .990 | .987 | .983 |
| 6 | 1.000 | 1.000 | 1.000 | .999 | .999 | .999 | .998 | .997 | .997 | .995 |
| 7 | 1.000 | 1.000 | 1.000 | 1.000 | 1.000 | 1.000 | 1.000 | .999 | .999 | .999 |
| 8 | 1.000 | 1.000 | 1.000 | 1.000 | 1.000 | 1.000 | 1.000 | 1.000 | 1.000 | 1.000 |

| $c$ | 2.1 | 2.2 | 2.3 | 2.4 | 2.5 | 2.6 | 2.7 | 2.8 | 2.9 | 3.0 |
|---|---|---|---|---|---|---|---|---|---|---|
| 0 | .122 | .111 | .100 | .091 | .082 | .074 | .067 | .061 | .055 | .050 |
| 1 | .380 | .355 | .331 | .308 | .287 | .267 | .249 | .231 | .215 | .199 |
| 2 | .650 | .623 | .596 | .570 | .544 | .518 | .494 | .469 | .446 | .423 |
| 3 | .839 | .819 | .799 | .779 | .758 | .736 | .714 | .692 | .670 | .647 |
| 4 | .938 | .928 | .916 | .904 | .891 | .877 | .863 | .848 | .832 | .815 |
| 5 | .980 | .975 | .970 | .964 | .958 | .951 | .943 | .935 | .926 | .916 |
| 6 | .994 | .993 | .991 | .988 | .986 | .983 | .979 | .976 | .971 | .966 |
| 7 | .999 | .998 | .997 | .997 | .996 | .995 | .993 | .992 | .990 | .988 |
| 8 | 1.000 | 1.000 | .999 | .999 | .999 | .999 | .998 | .998 | .997 | .996 |
| 9 | 1.000 | 1.000 | 1.000 | 1.000 | 1.000 | 1.000 | .999 | .999 | .999 | .999 |
| 10 | 1.000 | 1.000 | 1.000 | 1.000 | 1.000 | 1.000 | 1.000 | 1.000 | 1.000 | 1.000 |

| | λ | | | | | | | | | |
|---|---|---|---|---|---|---|---|---|---|---|
| $c$ | 3.1 | 3.2 | 3.3 | 3.4 | 3.5 | 3.6 | 3.7 | 3.8 | 3.9 | 4.0 |
| 0 | .045 | .041 | .037 | .033 | .030 | .027 | .025 | .022 | .020 | .018 |
| 1 | .185 | .171 | .159 | .147 | .136 | .126 | .116 | .107 | .099 | .092 |
| 2 | .401 | .380 | .359 | .340 | .321 | .303 | .285 | .269 | .253 | .238 |
| 3 | .625 | .603 | .580 | .558 | .537 | .515 | .494 | .473 | .453 | .433 |
| 4 | .798 | .781 | .763 | .744 | .725 | .706 | .687 | .668 | .648 | .629 |
| 5 | .906 | .895 | .883 | .871 | .858 | .844 | .830 | .816 | .801 | .785 |
| 6 | .961 | .955 | .949 | .942 | .935 | .927 | .918 | .909 | .899 | .889 |
| 7 | .986 | .983 | .980 | .977 | .973 | .969 | .965 | .960 | .955 | .949 |
| 8 | .995 | .994 | .993 | .992 | .990 | .988 | .986 | .984 | .981 | .979 |
| 9 | .999 | .998 | .998 | .997 | .997 | .996 | .995 | .994 | .993 | .992 |
| 10 | 1.000 | 1.000 | .999 | .999 | .999 | .999 | .998 | .998 | .998 | .997 |
| 11 | 1.000 | 1.000 | 1.000 | 1.000 | 1.000 | 1.000 | 1.000 | .999 | .999 | .999 |
| 12 | 1.000 | 1.000 | 1.000 | 1.000 | 1.000 | 1.000 | 1.000 | 1.000 | 1.000 | 1.000 |

| $c$ | 4.5 | 5.0 | 5.5 | 6.0 | 6.5 | 7.0 | 7.5 | 8.0 | 8.5 | 9.0 |
|---|---|---|---|---|---|---|---|---|---|---|
| 0 | .011 | .007 | .004 | .002 | .002 | .001 | .001 | .000 | .000 | .000 |
| 1 | .061 | .040 | .027 | .017 | .011 | .007 | .005 | .003 | .002 | .001 |
| 2 | .174 | .125 | .008 | .062 | .043 | .030 | .020 | .014 | .009 | .006 |
| 3 | .342 | .265 | .202 | .151 | .112 | .082 | .059 | .042 | .030 | .021 |
| 4 | .532 | .440 | .358 | .285 | .224 | .173 | .132 | .100 | .074 | .055 |
| 5 | .703 | .616 | .529 | .446 | .369 | .301 | .241 | .191 | .150 | .116 |
| 6 | .831 | .762 | .686 | .606 | .527 | .450 | .378 | .313 | .256 | .207 |
| 7 | .913 | .867 | .809 | .744 | .673 | .599 | .525 | .453 | .386 | .324 |
| 8 | .960 | .932 | .894 | .847 | .792 | .729 | .662 | .593 | .523 | .456 |
| 9 | .983 | .968 | .946 | .916 | .877 | .830 | .776 | .717 | .653 | .587 |
| 10 | .993 | .986 | .975 | .957 | .933 | .901 | .862 | .816 | .763 | .706 |
| 11 | .998 | .995 | .989 | .980 | .966 | .947 | .921 | .888 | .849 | .803 |
| 12 | .999 | .998 | .966 | .991 | .984 | .973 | .957 | .936 | .909 | .876 |
| 13 | 1.000 | .999 | .998 | .996 | .993 | .987 | .978 | .966 | .949 | .926 |
| 14 | 1.000 | 1.000 | .999 | .999 | .997 | .994 | .990 | .983 | .973 | .959 |
| 15 | 1.000 | 1.000 | 1.000 | .999 | .999 | .998 | .995 | .992 | .986 | .978 |
| 16 | 1.000 | 1.000 | 1.000 | 1.000 | 1.000 | .999 | .998 | .996 | .993 | .989 |
| 17 | 1.000 | 1.000 | 1.000 | 1.000 | 1.000 | 1.000 | .999 | .998 | .997 | .995 |
| 18 | 1.000 | 1.000 | 1.000 | 1.000 | 1.000 | 1.000 | 1.000 | .999 | .999 | .998 |
| 19 | 1.000 | 1.000 | 1.000 | 1.000 | 1.000 | 1.000 | 1.000 | 1.000 | .999 | .999 |
| 20 | 1.000 | 1.000 | 1.000 | 1.000 | 1.000 | 1.000 | 1.000 | 1.000 | 1.000 | 1.000 |

# 3. 표준정규확률변수의 누적분포표

## (a) 표준정규분포함수

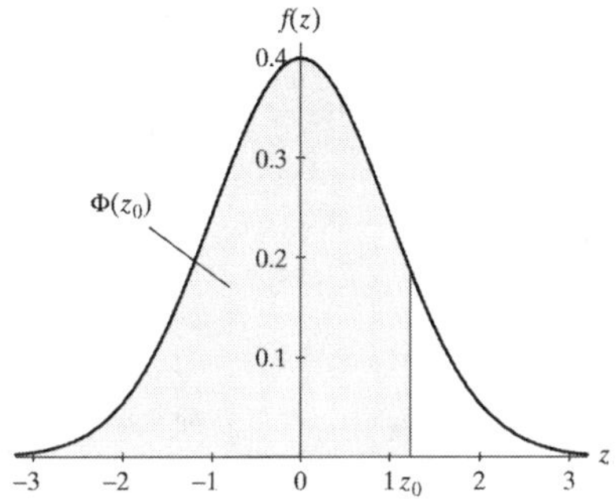


$$P(Z \le z) = \Phi(z) = \int_{-\infty}^{z} \frac{1}{\sqrt{2\pi}} e^{-w^2/2}\, dw$$

$$\Phi(-z) = 1 - \Phi(z)$$

| $z$ | 0.00 | 0.01 | 0.02 | 0.03 | 0.04 | 0.05 | 0.06 | 0.07 | 0.08 | 0.09 |
|---|---|---|---|---|---|---|---|---|---|---|
| 0.0 | 0.5000 | 0.5040 | 0.5080 | 0.5120 | 0.5160 | 0.5199 | 0.5239 | 0.5279 | 0.5319 | 0.5359 |
| 0.1 | 0.5398 | 0.5438 | 0.5478 | 0.5517 | 0.5557 | 0.5596 | 0.5636 | 0.5675 | 0.5714 | 0.5753 |
| 0.2 | 0.5793 | 0.5832 | 0.5871 | 0.5910 | 0.5948 | 0.5987 | 0.6026 | 0.6064 | 0.6103 | 0.6141 |
| 0.3 | 0.6179 | 0.6217 | 0.6255 | 0.6293 | 0.6331 | 0.6368 | 0.6406 | 0.6443 | 0.6480 | 0.6517 |
| 0.4 | 0.6554 | 0.6591 | 0.6628 | 0.6664 | 0.6700 | 0.6736 | 0.6772 | 0.6808 | 0.6844 | 0.6879 |
| 0.5 | 0.6915 | 0.6950 | 0.6985 | 0.7019 | 0.7054 | 0.7088 | 0.7123 | 0.7157 | 0.7190 | 0.7224 |
| 0.6 | 0.7257 | 0.7291 | 0.7324 | 0.7357 | 0.7389 | 0.7422 | 0.7454 | 0.7486 | 0.7517 | 0.7549 |
| 0.7 | 0.7580 | 0.7611 | 0.7642 | 0.7673 | 0.7703 | 0.7734 | 0.7764 | 0.7794 | 0.7823 | 0.7852 |
| 0.8 | 0.7881 | 0.7910 | 0.7939 | 0.7967 | 0.7995 | 0.8023 | 0.8051 | 0.8078 | 0.8106 | 0.8133 |
| 0.9 | 0.8159 | 0.8186 | 0.8212 | 0.8238 | 0.8264 | 0.8289 | 0.8315 | 0.8340 | 0.8365 | 0.8389 |
| 1.0 | 0.8413 | 0.8438 | 0.8461 | 0.8485 | 0.8508 | 0.8531 | 0.8554 | 0.8577 | 0.8599 | 0.8621 |
| 1.1 | 0.8643 | 0.8665 | 0.8686 | 0.8708 | 0.8729 | 0.8749 | 0.8770 | 0.8790 | 0.8810 | 0.8830 |
| 1.2 | 0.8849 | 0.8869 | 0.8888 | 0.8907 | 0.8925 | 0.8944 | 0.8962 | 0.8980 | 0.8997 | 0.9015 |
| 1.3 | 0.9032 | 0.9049 | 0.9066 | 0.9082 | 0.9099 | 0.9115 | 0.9131 | 0.9147 | 0.9162 | 0.9177 |
| 1.4 | 0.9192 | 0.9207 | 0.9222 | 0.9236 | 0.9251 | 0.9265 | 0.9279 | 0.9292 | 0.9306 | 0.9319 |
| 1.5 | 0.9332 | 0.9345 | 0.9357 | 0.9370 | 0.9382 | 0.9394 | 0.9406 | 0.9418 | 0.9429 | 0.9441 |
| 1.6 | 0.9452 | 0.9463 | 0.9474 | 0.9484 | 0.9495 | 0.9505 | 0.9515 | 0.9525 | 0.9535 | 0.9545 |
| 1.7 | 0.9554 | 0.9564 | 0.9573 | 0.9582 | 0.9591 | 0.9599 | 0.9608 | 0.9616 | 0.9625 | 0.9633 |
| 1.8 | 0.9641 | 0.9649 | 0.9656 | 0.9664 | 0.9671 | 0.9678 | 0.9686 | 0.9693 | 0.9699 | 0.9706 |
| 1.9 | 0.9713 | 0.9719 | 0.9726 | 0.9732 | 0.9738 | 0.9744 | 0.9750 | 0.9756 | 0.9761 | 0.9767 |
| 2.0 | 0.9772 | 0.9778 | 0.9783 | 0.9788 | 0.9793 | 0.9798 | 0.9803 | 0.9808 | 0.9812 | 0.9817 |
| 2.1 | 0.9821 | 0.9826 | 0.9830 | 0.9834 | 0.9838 | 0.9842 | 0.9846 | 0.9850 | 0.9854 | 0.9857 |
| 2.2 | 0.9861 | 0.9864 | 0.9868 | 0.9871 | 0.9875 | 0.9878 | 0.9881 | 0.9884 | 0.9887 | 0.9890 |
| 2.3 | 0.9893 | 0.9896 | 0.9898 | 0.9901 | 0.9904 | 0.9906 | 0.9909 | 0.9911 | 0.9913 | 0.9916 |
| 2.4 | 0.9918 | 0.9920 | 0.9922 | 0.9925 | 0.9927 | 0.9929 | 0.9931 | 0.9932 | 0.9934 | 0.9936 |
| 2.5 | 0.9938 | 0.9940 | 0.9941 | 0.9943 | 0.9945 | 0.9946 | 0.9948 | 0.9949 | 0.9951 | 0.9952 |
| 2.6 | 0.9953 | 0.9955 | 0.9956 | 0.9957 | 0.9959 | 0.9960 | 0.9961 | 0.9962 | 0.9963 | 0.9964 |
| 2.7 | 0.9965 | 0.9966 | 0.9967 | 0.9968 | 0.9969 | 0.9970 | 0.9971 | 0.9972 | 0.9973 | 0.9974 |
| 2.8 | 0.9974 | 0.9975 | 0.9976 | 0.9977 | 0.9977 | 0.9978 | 0.9979 | 0.9979 | 0.9980 | 0.9981 |
| 2.9 | 0.9981 | 0.9982 | 0.9982 | 0.9983 | 0.9984 | 0.9984 | 0.9985 | 0.9985 | 0.9986 | 0.9986 |
| 3.0 | 0.9987 | 0.9987 | 0.9987 | 0.9988 | 0.9988 | 0.9989 | 0.9989 | 0.9989 | 0.9990 | 0.9990 |

| $\alpha$ | 0.400 | 0.300 | 0.200 | 0.100 | 0.050 | 0.025 | 0.020 | 0.010 | 0.005 | 0.001 |
|---|---|---|---|---|---|---|---|---|---|---|
| $z_\alpha$ | 0.253 | 0.524 | 0.842 | 1.282 | 1.645 | 1.960 | 2.054 | 2.326 | 2.576 | 3.090 |
| $z_{\alpha/2}$ | 0.842 | 1.036 | 1.282 | 1.645 | 1.960 | 2.240 | 2.326 | 2.576 | 2.807 | 3.291 |

(계속)

| z | 0.00 | 0.01 | 0.02 | 0.03 | 0.04 | 0.05 | 0.06 | 0.07 | 0.08 | 0.09 |
|---|---|---|---|---|---|---|---|---|---|---|
| −3.4 | 0.0003 | 0.0003 | 0.0003 | 0.0003 | 0.0003 | 0.0003 | 0.0003 | 0.0003 | 0.0003 | 0.0002 |
| −3.3 | 0.0005 | 0.0005 | 0.0005 | 0.0004 | 0.0004 | 0.0004 | 0.0004 | 0.0004 | 0.0004 | 0.0003 |
| −3.2 | 0.0007 | 0.0007 | 0.0006 | 0.0006 | 0.0006 | 0.0006 | 0.0006 | 0.0005 | 0.0005 | 0.0005 |
| −3.1 | 0.0010 | 0.0009 | 0.0009 | 0.0009 | 0.0009 | 0.0008 | 0.0008 | 0.0008 | 0.0007 | 0.0007 |
| −3.0 | 0.0013 | 0.0013 | 0.0013 | 0.0012 | 0.0012 | 0.0011 | 0.0011 | 0.0011 | 0.0010 | 0.0010 |
| −2.9 | 0.0019 | 0.0018 | 0.0017 | 0.0017 | 0.0016 | 0.0016 | 0.0015 | 0.0015 | 0.0014 | 0.0014 |
| −2.8 | 0.0026 | 0.0025 | 0.0024 | 0.0023 | 0.0023 | 0.0022 | 0.0021 | 0.0021 | 0.0020 | 0.0019 |
| −2.7 | 0.0035 | 0.0034 | 0.0033 | 0.0032 | 0.0031 | 0.0030 | 0.0029 | 0.0028 | 0.0027 | 0.0026 |
| −2.6 | 0.0047 | 0.0045 | 0.0044 | 0.0043 | 0.0041 | 0.0040 | 0.0039 | 0.0038 | 0.0037 | 0.0036 |
| −2.5 | 0.0062 | 0.0060 | 0.0059 | 0.0057 | 0.0055 | 0.0054 | 0.0052 | 0.0051 | 0.0049 | 0.0048 |
| −2.4 | 0.0082 | 0.0080 | 0.0078 | 0.0075 | 0.0073 | 0.0071 | 0.0069 | 0.0068 | 0.0066 | 0.0064 |
| −2.3 | 0.0107 | 0.0104 | 0.0102 | 0.0099 | 0.0096 | 0.0094 | 0.0091 | 0.0089 | 0.0087 | 0.0084 |
| −2.2 | 0.0139 | 0.0136 | 0.0132 | 0.0129 | 0.0125 | 0.0122 | 0.0119 | 0.0116 | 0.0113 | 0.0110 |
| −2.1 | 0.0179 | 0.0174 | 0.0170 | 0.0166 | 0.0162 | 0.0158 | 0.0154 | 0.0150 | 0.0146 | 0.0143 |
| −2.0 | 0.0228 | 0.0222 | 0.0217 | 0.0212 | 0.0207 | 0.0202 | 0.0197 | 0.0192 | 0.0188 | 0.0183 |
| −1.9 | 0.0287 | 0.0281 | 0.0274 | 0.0268 | 0.0262 | 0.0256 | 0.0250 | 0.0244 | 0.0239 | 0.0233 |
| −1.8 | 0.0359 | 0.0352 | 0.0344 | 0.0336 | 0.0329 | 0.0322 | 0.0314 | 0.0307 | 0.0301 | 0.0294 |
| −1.7 | 0.0446 | 0.0436 | 0.0427 | 0.0418 | 0.0409 | 0.0401 | 0.0392 | 0.0384 | 0.0375 | 0.0367 |
| −1.6 | 0.0548 | 0.0537 | 0.0526 | 0.0516 | 0.0505 | 0.0495 | 0.0485 | 0.0475 | 0.0465 | 0.0455 |
| −1.5 | 0.0668 | 0.0655 | 0.0643 | 0.0630 | 0.0618 | 0.0606 | 0.0594 | 0.0582 | 0.0571 | 0.0559 |
| −1.4 | 0.0808 | 0.0793 | 0.0778 | 0.0764 | 0.0749 | 0.0735 | 0.0722 | 0.0708 | 0.0694 | 0.0681 |
| −1.3 | 0.0968 | 0.0951 | 0.0934 | 0.0918 | 0.0901 | 0.0885 | 0.0869 | 0.0853 | 0.0838 | 0.0823 |
| −1.2 | 0.1151 | 0.1131 | 0.1112 | 0.1093 | 0.1075 | 0.1056 | 0.1038 | 0.1020 | 0.1003 | 0.0985 |
| −1.1 | 0.1357 | 0.1335 | 0.1314 | 0.1292 | 0.1271 | 0.1251 | 0.1230 | 0.1210 | 0.1190 | 0.1170 |
| −1.0 | 0.1587 | 0.1562 | 0.1539 | 0.1515 | 0.1492 | 0.1469 | 0.1446 | 0.1423 | 0.1401 | 0.1379 |
| −0.9 | 0.1841 | 0.1814 | 0.1788 | 0.1762 | 0.1736 | 0.1711 | 0.1685 | 0.1660 | 0.1635 | 0.1611 |
| −0.8 | 0.2119 | 0.2090 | 0.2061 | 0.2033 | 0.2005 | 0.1977 | 0.1949 | 0.1922 | 0.1894 | 0.1867 |
| −0.7 | 0.2420 | 0.2389 | 0.2358 | 0.2327 | 0.2296 | 0.2266 | 0.2236 | 0.2206 | 0.2177 | 0.2148 |
| −0.6 | 0.2743 | 0.2709 | 0.2676 | 0.2643 | 0.2611 | 0.2578 | 0.2546 | 0.2514 | 0.2483 | 0.2451 |
| −0.5 | 0.3085 | 0.3050 | 0.3015 | 0.2981 | 0.2946 | 0.2912 | 0.2877 | 0.2843 | 0.2810 | 0.2776 |
| −0.4 | 0.3446 | 0.3409 | 0.3372 | 0.3336 | 0.3300 | 0.3264 | 0.3228 | 0.3192 | 0.3156 | 0.3121 |
| −0.3 | 0.3821 | 0.3783 | 0.3745 | 0.3707 | 0.3669 | 0.3632 | 0.3594 | 0.3557 | 0.3520 | 0.3483 |
| −0.2 | 0.4207 | 0.4168 | 0.4129 | 0.4090 | 0.4052 | 0.4013 | 0.3974 | 0.3936 | 0.3897 | 0.3859 |
| −0.1 | 0.4602 | 0.4562 | 0.4522 | 0.4483 | 0.4443 | 0.4404 | 0.4364 | 0.4325 | 0.4286 | 0.4247 |
| −0.0 | 0.5000 | 0.4960 | 0.4920 | 0.4880 | 0.4840 | 0.4801 | 0.4761 | 0.4721 | 0.4681 | 0.4641 |

## (b) 표준정규분포의 오른쪽 꼬리부분 확률

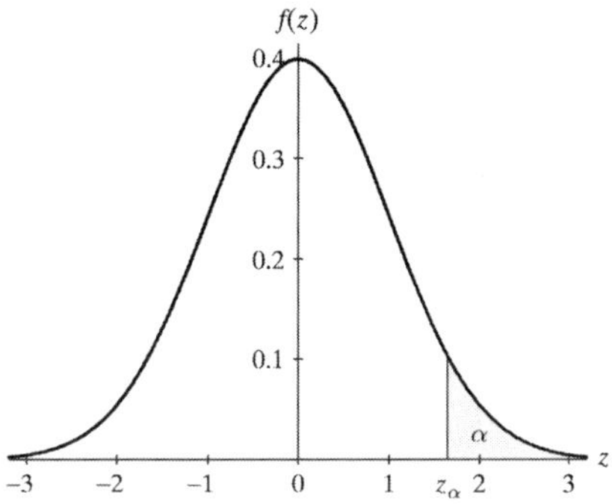


$$P(Z > z_\alpha) = \alpha$$

$$P(Z > z) = 1 - \Phi(z) = \Phi(-z)$$

| $z_\alpha$ | 0.00 | 0.01 | 0.02 | 0.03 | 0.04 | 0.05 | 0.06 | 0.07 | 0.08 | 0.09 |
|---|---|---|---|---|---|---|---|---|---|---|
| 0.0 | 0.5000 | 0.4960 | 0.4920 | 0.4880 | 0.4840 | 0.4801 | 0.4761 | 0.4721 | 0.4681 | 0.4641 |
| 0.1 | 0.4602 | 0.4562 | 0.4522 | 0.4483 | 0.4443 | 0.4404 | 0.4364 | 0.4325 | 0.4286 | 0.4247 |
| 0.2 | 0.4207 | 0.4168 | 0.4129 | 0.4090 | 0.4052 | 0.4013 | 0.3974 | 0.3936 | 0.3897 | 0.3859 |
| 0.3 | 0.3821 | 0.3783 | 0.3745 | 0.3707 | 0.3669 | 0.3632 | 0.3594 | 0.3557 | 0.3520 | 0.3483 |
| 0.4 | 0.3446 | 0.3409 | 0.3372 | 0.3336 | 0.3300 | 0.3264 | 0.3228 | 0.3192 | 0.3156 | 0.3121 |
| 0.5 | 0.3085 | 0.3050 | 0.3015 | 0.2981 | 0.2946 | 0.2912 | 0.2877 | 0.2843 | 0.2810 | 0.2776 |
| 0.6 | 0.2743 | 0.2709 | 0.2676 | 0.2643 | 0.2611 | 0.2578 | 0.2546 | 0.2514 | 0.2483 | 0.2451 |
| 0.7 | 0.2420 | 0.2389 | 0.2358 | 0.2327 | 0.2296 | 0.2266 | 0.2236 | 0.2206 | 0.2177 | 0.2148 |
| 0.8 | 0.2119 | 0.2090 | 0.2061 | 0.2033 | 0.2005 | 0.1977 | 0.1949 | 0.1922 | 0.1894 | 0.1867 |
| 0.9 | 0.1841 | 0.1814 | 0.1788 | 0.1762 | 0.1736 | 0.1711 | 0.1685 | 0.1660 | 0.1635 | 0.1611 |
| 1.0 | 0.1587 | 0.1562 | 0.1539 | 0.1515 | 0.1492 | 0.1469 | 0.1446 | 0.1423 | 0.1401 | 0.1379 |
| 1.1 | 0.1357 | 0.1335 | 0.1314 | 0.1292 | 0.1271 | 0.1251 | 0.1230 | 0.1210 | 0.1190 | 0.1170 |
| 1.2 | 0.1151 | 0.1131 | 0.1112 | 0.1093 | 0.1075 | 0.1056 | 0.1038 | 0.1020 | 0.1003 | 0.0985 |
| 1.3 | 0.0968 | 0.0951 | 0.0934 | 0.0918 | 0.0901 | 0.0885 | 0.0869 | 0.0853 | 0.0838 | 0.0823 |
| 1.4 | 0.0808 | 0.0793 | 0.0778 | 0.0764 | 0.0749 | 0.0735 | 0.0721 | 0.0708 | 0.0694 | 0.0681 |
| 1.5 | 0.0668 | 0.0655 | 0.0643 | 0.0630 | 0.0618 | 0.0606 | 0.0594 | 0.0582 | 0.0571 | 0.0559 |
| 1.6 | 0.0548 | 0.0537 | 0.0526 | 0.0516 | 0.0505 | 0.0495 | 0.0485 | 0.0475 | 0.0465 | 0.0455 |
| 1.7 | 0.0446 | 0.0436 | 0.0427 | 0.0418 | 0.0409 | 0.0401 | 0.0392 | 0.0384 | 0.0375 | 0.0367 |
| 1.8 | 0.0359 | 0.0351 | 0.0344 | 0.0336 | 0.0329 | 0.0322 | 0.0314 | 0.0307 | 0.0301 | 0.0294 |
| 1.9 | 0.0287 | 0.0281 | 0.0274 | 0.0268 | 0.0262 | 0.0256 | 0.0250 | 0.0244 | 0.0239 | 0.0233 |
| 2.0 | 0.0228 | 0.0222 | 0.0217 | 0.0212 | 0.0207 | 0.0202 | 0.0197 | 0.0192 | 0.0188 | 0.0183 |
| 2.1 | 0.0179 | 0.0174 | 0.0170 | 0.0166 | 0.0162 | 0.0158 | 0.0154 | 0.0150 | 0.0146 | 0.0143 |
| 2.2 | 0.0139 | 0.0136 | 0.0132 | 0.0129 | 0.0125 | 0.0122 | 0.0119 | 0.0116 | 0.0113 | 0.0110 |
| 2.3 | 0.0107 | 0.0104 | 0.0102 | 0.0099 | 0.0096 | 0.0094 | 0.0091 | 0.0089 | 0.0087 | 0.0084 |
| 2.4 | 0.0082 | 0.0080 | 0.0078 | 0.0075 | 0.0073 | 0.0071 | 0.0069 | 0.0068 | 0.0066 | 0.0064 |
| 2.5 | 0.0062 | 0.0060 | 0.0059 | 0.0057 | 0.0055 | 0.0054 | 0.0052 | 0.0051 | 0.0049 | 0.0048 |
| 2.6 | 0.0047 | 0.0045 | 0.0044 | 0.0043 | 0.0041 | 0.0040 | 0.0039 | 0.0038 | 0.0037 | 0.0036 |
| 2.7 | 0.0035 | 0.0034 | 0.0033 | 0.0032 | 0.0031 | 0.0030 | 0.0029 | 0.0028 | 0.0027 | 0.0026 |
| 2.8 | 0.0026 | 0.0025 | 0.0024 | 0.0023 | 0.0023 | 0.0022 | 0.0021 | 0.0021 | 0.0020 | 0.0019 |
| 2.9 | 0.0019 | 0.0018 | 0.0018 | 0.0017 | 0.0016 | 0.0016 | 0.0015 | 0.0015 | 0.0014 | 0.0014 |
| 3.0 | 0.0013 | 0.0013 | 0.0013 | 0.0012 | 0.0012 | 0.0011 | 0.0011 | 0.0011 | 0.0010 | 0.0010 |
| 3.1 | 0.0010 | 0.0009 | 0.0009 | 0.0009 | 0.0008 | 0.0008 | 0.0008 | 0.0008 | 0.0007 | 0.0007 |
| 3.2 | 0.0007 | 0.0007 | 0.0006 | 0.0006 | 0.0006 | 0.0006 | 0.0006 | 0.0005 | 0.0005 | 0.0005 |
| 3.3 | 0.0005 | 0.0005 | 0.0005 | 0.0004 | 0.0004 | 0.0004 | 0.0004 | 0.0004 | 0.0004 | 0.0003 |
| 3.4 | 0.0003 | 0.0003 | 0.0003 | 0.0003 | 0.0003 | 0.0003 | 0.0003 | 0.0003 | 0.0003 | 0.0002 |

## 4. $t$ 분포표

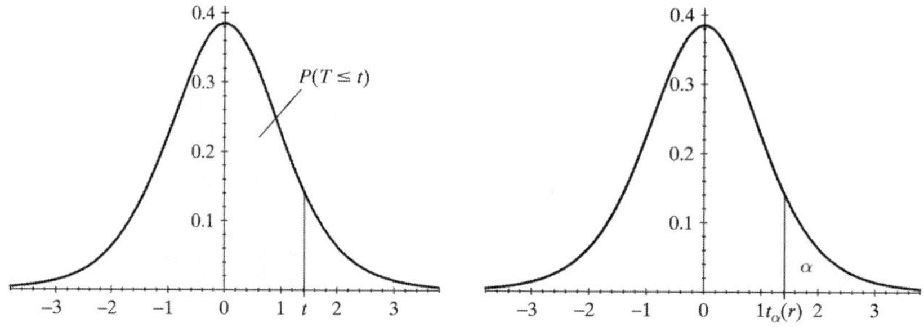


$$P(T \le t) = \int_{-\infty}^{t} \frac{\Gamma[(r+1)/2]}{\sqrt{\pi r}\,\Gamma(r/2)(1+w^2/r)^{(r+1)/2}}\,dw$$

$$P(T \le -t) = 1 - P(T \le t)$$

| | $P(T \le t)$ | | | | | | |
|---|---|---|---|---|---|---|---|
| | 0.60 | 0.75 | 0.90 | 0.95 | 0.975 | 0.99 | 0.995 |
| $r$ | $t_{0.40}(r)$ | $t_{0.25}(r)$ | $t_{0.10}(r)$ | $t_{0.05}(r)$ | $t_{0.025}(r)$ | $t_{0.01}(r)$ | $t_{0.005}(r)$ |
| 1 | 0.325 | 1.000 | 3.078 | 6.314 | 12.706 | 31.821 | 63.657 |
| 2 | 0.289 | 0.816 | 1.886 | 2.920 | 4.303 | 6.965 | 9.925 |
| 3 | 0.277 | 0.765 | 1.638 | 2.353 | 3.182 | 4.541 | 5.841 |
| 4 | 0.271 | 0.741 | 1.533 | 2.132 | 2.776 | 3.747 | 4.604 |
| 5 | 0.267 | 0.727 | 1.476 | 2.015 | 2.571 | 3.365 | 4.032 |
| 6 | 0.265 | 0.718 | 1.440 | 1.943 | 2.447 | 3.143 | 3.707 |
| 7 | 0.263 | 0.711 | 1.415 | 1.895 | 2.365 | 2.998 | 3.499 |
| 8 | 0.262 | 0.706 | 1.397 | 1.860 | 2.306 | 2.896 | 3.355 |
| 9 | 0.261 | 0.703 | 1.383 | 1.833 | 2.262 | 2.821 | 3.250 |
| 10 | 0.260 | 0.700 | 1.372 | 1.812 | 2.228 | 2.764 | 3.169 |
| 11 | 0.260 | 0.697 | 1.363 | 1.796 | 2.201 | 2.718 | 3.106 |
| 12 | 0.259 | 0.695 | 1.356 | 1.782 | 2.179 | 2.681 | 3.055 |
| 13 | 0.259 | 0.694 | 1.350 | 1.771 | 2.160 | 2.650 | 3.012 |
| 14 | 0.258 | 0.692 | 1.345 | 1.761 | 2.145 | 2.624 | 2.997 |
| 15 | 0.258 | 0.691 | 1.341 | 1.753 | 2.131 | 2.602 | 2.947 |
| 16 | 0.258 | 0.690 | 1.337 | 1.746 | 2.120 | 2.583 | 2.921 |
| 17 | 0.257 | 0.689 | 1.333 | 1.740 | 2.110 | 2.567 | 2.898 |
| 18 | 0.257 | 0.688 | 1.330 | 1.734 | 2.101 | 2.552 | 2.878 |
| 19 | 0.257 | 0.688 | 1.328 | 1.729 | 2.093 | 2.539 | 2.861 |
| 20 | 0.257 | 0.687 | 1.325 | 1.725 | 2.086 | 2.528 | 2.845 |
| 21 | 0.257 | 0.686 | 1.323 | 1.721 | 2.080 | 2.518 | 2.831 |
| 22 | 0.256 | 0.686 | 1.321 | 1.717 | 2.074 | 2.508 | 2.819 |
| 23 | 0.256 | 0.685 | 1.319 | 1.714 | 2.069 | 2.500 | 2.807 |
| 24 | 0.256 | 0.685 | 1.318 | 1.711 | 2.064 | 2.492 | 2.797 |
| 25 | 0.256 | 0.684 | 1.316 | 1.708 | 2.060 | 2.485 | 2.787 |
| 26 | 0.256 | 0.684 | 1.315 | 1.706 | 2.056 | 2.479 | 2.779 |
| 27 | 0.256 | 0.684 | 1.314 | 1.703 | 2.052 | 2.473 | 2.771 |
| 28 | 0.256 | 0.683 | 1.313 | 1.701 | 2.048 | 2.467 | 2.763 |
| 29 | 0.256 | 0.683 | 1.311 | 1.699 | 2.045 | 2.462 | 2.756 |
| 30 | 0.256 | 0.683 | 1.310 | 1.697 | 2.042 | 2.457 | 2.750 |
| $\infty$ | 0.253 | 0.674 | 1.282 | 1.645 | 1.960 | 2.326 | 2.576 |

# 5. $\chi^2$ 분포의 임계값

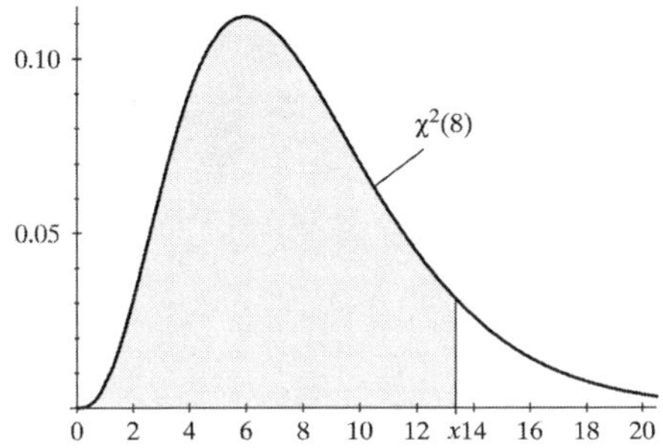


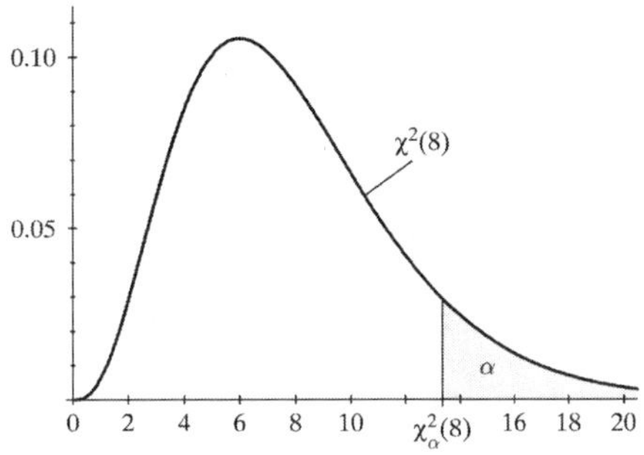


$$P(X \le x) = \int_0^x \frac{1}{\Gamma(r/2)2^{r/2}} w^{r/2-1} e^{-w/2} dw$$

| | $P(X \le x)$ | | | | | | | |
|---|---|---|---|---|---|---|---|---|
| | 0.010 | 0.025 | 0.050 | 0.100 | 0.900 | 0.950 | 0.975 | 0.990 |
| $r$ | $\chi^2_{0.99}(r)$ | $\chi^2_{0.975}(r)$ | $\chi^2_{0.95}(r)$ | $\chi^2_{0.90}(r)$ | $\chi^2_{0.10}(r)$ | $\chi^2_{0.05}(r)$ | $\chi^2_{0.025}(r)$ | $\chi^2_{0.01}(r)$ |
| 1 | 0.000 | 0.001 | 0.004 | 0.016 | 2.706 | 3.841 | 5.024 | 6.635 |
| 2 | 0.020 | 0.051 | 0.103 | 0.211 | 4.605 | 5.991 | 7.378 | 9.210 |
| 3 | 0.115 | 0.216 | 0.352 | 0.584 | 6.251 | 7.815 | 9.348 | 11.34 |
| 4 | 0.297 | 0.484 | 0.711 | 1.064 | 7.779 | 9.488 | 11.14 | 13.28 |
| 5 | 0.554 | 0.831 | 1.145 | 1.610 | 9.236 | 11.07 | 12.83 | 15.09 |
| 6 | 0.872 | 1.237 | 1.635 | 2.204 | 10.64 | 12.59 | 14.45 | 16.81 |
| 7 | 1.239 | 1.690 | 2.167 | 2.833 | 12.02 | 14.07 | 16.01 | 18.48 |
| 8 | 1.646 | 2.180 | 2.733 | 3.490 | 13.36 | 15.51 | 17.54 | 20.09 |
| 9 | 2.088 | 2.700 | 3.325 | 4.168 | 14.68 | 16.92 | 19.02 | 21.67 |
| 10 | 2.558 | 3.247 | 3.940 | 4.865 | 15.99 | 18.31 | 20.48 | 23.21 |
| 11 | 3.053 | 3.816 | 4.575 | 5.578 | 17.28 | 19.68 | 21.92 | 24.72 |
| 12 | 3.571 | 4.404 | 5.226 | 6.304 | 18.55 | 21.03 | 23.34 | 26.22 |
| 13 | 4.107 | 5.009 | 5.892 | 7.042 | 19.81 | 22.36 | 24.74 | 27.69 |
| 14 | 4.660 | 5.629 | 6.571 | 7.790 | 21.06 | 23.68 | 26.12 | 29.14 |
| 15 | 5.229 | 6.262 | 7.261 | 8.547 | 22.31 | 25.00 | 27.49 | 30.58 |
| 16 | 5.812 | 6.908 | 7.962 | 9.312 | 23.54 | 26.30 | 28.84 | 32.00 |
| 17 | 6.408 | 7.564 | 8.672 | 10.08 | 24.77 | 27.59 | 30.19 | 33.41 |
| 18 | 7.015 | 8.231 | 9.390 | 10.86 | 25.99 | 28.87 | 31.53 | 34.80 |
| 19 | 7.633 | 8.907 | 10.12 | 11.65 | 27.20 | 30.14 | 32.85 | 36.19 |
| 20 | 8.260 | 9.591 | 10.85 | 12.44 | 28.41 | 31.41 | 34.17 | 37.57 |
| 21 | 8.897 | 10.28 | 11.59 | 13.24 | 29.62 | 32.67 | 35.48 | 38.93 |
| 22 | 9.542 | 10.98 | 12.34 | 14.04 | 30.81 | 33.92 | 36.78 | 40.29 |
| 23 | 10.20 | 11.69 | 13.09 | 14.85 | 32.01 | 35.17 | 38.08 | 41.64 |
| 24 | 10.86 | 12.40 | 13.85 | 15.66 | 33.20 | 36.42 | 39.36 | 42.98 |
| 25 | 11.52 | 13.12 | 14.61 | 16.47 | 34.38 | 37.65 | 40.65 | 44.31 |
| 26 | 12.20 | 13.84 | 15.38 | 17.29 | 35.56 | 38.88 | 41.92 | 45.64 |
| 27 | 12.88 | 14.57 | 16.15 | 18.11 | 36.74 | 40.11 | 43.19 | 46.96 |
| 28 | 13.56 | 15.31 | 16.93 | 18.94 | 37.92 | 41.34 | 44.46 | 48.28 |
| 29 | 14.26 | 16.05 | 17.71 | 19.77 | 39.09 | 42.56 | 45.72 | 49.59 |
| 30 | 14.95 | 16.79 | 18.49 | 20.60 | 40.26 | 43.77 | 46.98 | 50.89 |
| 40 | 22.16 | 24.43 | 26.51 | 29.05 | 51.80 | 55.76 | 59.34 | 63.69 |
| 50 | 29.71 | 32.36 | 34.76 | 37.69 | 63.17 | 67.50 | 71.42 | 76.15 |
| 60 | 37.48 | 40.48 | 43.19 | 46.46 | 74.40 | 79.08 | 83.30 | 88.38 |
| 70 | 45.44 | 48.76 | 51.74 | 55.33 | 85.53 | 90.53 | 95.02 | 100.4 |
| 80 | 53.34 | 57.15 | 60.39 | 64.28 | 96.58 | 101.9 | 106.6 | 112.3 |

This table is abridged and adapted from Table III in *Biometrika Tables for Statisticians*, edited by E.S.Pearson and H.O.Hartley.

## 6. $F$ 분포표

$F \sim F(n, m)$일 때 $P(F > F_{\alpha,n,m}) = \alpha$의 값을 표시한다.

$\alpha = 0.1$

| m \ n | 1 | 2 | 3 | 4 | 5 | 6 | 7 | 8 | 9 | 10 | 11 | 12 | 15 | 20 | 24 | 30 | 40 | 60 | 120 | ∞ |
|---|---|---|---|---|---|---|---|---|---|---|---|---|---|---|---|---|---|---|---|---|
| 1 | 39.86 | 49.50 | 53.59 | 55.83 | 57.24 | 58.20 | 58.91 | 59.44 | 59.86 | 60.19 | 60.47 | 60.71 | 61.22 | 61.74 | 62.00 | 62.26 | 62.53 | 62.79 | 63.06 | 63.33 |
| 2 | 8.53 | 9.00 | 9.16 | 9.24 | 9.29 | 9.33 | 9.35 | 9.37 | 9.38 | 9.39 | 9.40 | 9.41 | 9.42 | 9.44 | 9.45 | 9.46 | 9.47 | 9.47 | 9.48 | 9.49 |
| 3 | 5.54 | 5.46 | 5.39 | 5.34 | 5.31 | 5.28 | 5.27 | 5.25 | 5.24 | 5.23 | 5.22 | 5.22 | 5.20 | 5.18 | 5.18 | 5.17 | 5.16 | 5.15 | 5.14 | 5.13 |
| 4 | 4.54 | 4.32 | 4.19 | 4.11 | 4.05 | 4.01 | 3.98 | 3.95 | 3.94 | 3.92 | 3.91 | 3.90 | 3.87 | 3.84 | 3.83 | 3.82 | 3.80 | 3.79 | 3.78 | 3.76 |
| 5 | 4.06 | 3.78 | 3.62 | 3.52 | 3.45 | 3.40 | 3.37 | 3.34 | 3.32 | 3.30 | 3.28 | 3.27 | 3.24 | 3.21 | 3.19 | 3.17 | 3.16 | 3.14 | 3.12 | 3.10 |
| 6 | 3.78 | 3.46 | 3.29 | 3.18 | 3.11 | 3.05 | 3.01 | 2.98 | 2.96 | 2.94 | 2.92 | 2.90 | 2.87 | 2.84 | 2.82 | 2.80 | 2.78 | 2.76 | 2.74 | 2.72 |
| 7 | 3.59 | 3.26 | 3.07 | 2.96 | 2.88 | 2.83 | 2.78 | 2.75 | 2.72 | 2.70 | 2.68 | 2.67 | 2.63 | 2.59 | 2.58 | 2.56 | 2.54 | 2.51 | 2.49 | 2.47 |
| 8 | 3.46 | 3.11 | 2.92 | 2.81 | 2.73 | 2.67 | 2.62 | 2.59 | 2.56 | 2.54 | 2.52 | 2.50 | 2.46 | 2.42 | 2.40 | 2.38 | 2.36 | 2.34 | 2.32 | 2.29 |
| 9 | 3.36 | 3.01 | 2.81 | 2.69 | 2.61 | 2.55 | 2.51 | 2.47 | 2.44 | 2.42 | 2.40 | 2.38 | 2.34 | 2.30 | 2.28 | 2.25 | 2.23 | 2.21 | 2.18 | 2.16 |
| 10 | 3.29 | 2.92 | 2.73 | 2.61 | 2.52 | 2.46 | 2.41 | 2.38 | 2.35 | 2.32 | 2.30 | 2.28 | 2.24 | 2.20 | 2.18 | 2.16 | 2.13 | 2.11 | 2.08 | 2.06 |
| 11 | 3.23 | 2.86 | 2.66 | 2.54 | 2.45 | 2.39 | 2.34 | 2.30 | 2.27 | 2.25 | 2.23 | 2.21 | 2.17 | 2.12 | 2.10 | 2.08 | 2.05 | 2.03 | 2.00 | 1.97 |
| 12 | 3.18 | 2.81 | 2.61 | 2.48 | 2.39 | 2.33 | 2.28 | 2.24 | 2.21 | 2.19 | 2.17 | 2.15 | 2.10 | 2.06 | 2.04 | 2.01 | 1.99 | 1.96 | 1.93 | 1.90 |
| 13 | 3.14 | 2.76 | 2.56 | 2.43 | 2.35 | 2.28 | 2.23 | 2.20 | 2.16 | 2.14 | 2.12 | 2.10 | 2.05 | 2.01 | 1.98 | 1.96 | 1.93 | 1.90 | 1.88 | 1.85 |
| 14 | 3.10 | 2.73 | 2.52 | 2.39 | 2.31 | 2.24 | 2.19 | 2.15 | 2.12 | 2.10 | 2.07 | 2.05 | 2.01 | 1.96 | 1.94 | 1.91 | 1.89 | 1.86 | 1.83 | 1.80 |
| 15 | 3.07 | 2.70 | 2.49 | 2.36 | 2.27 | 2.21 | 2.16 | 2.12 | 2.09 | 2.06 | 2.04 | 2.02 | 1.97 | 1.92 | 1.90 | 1.87 | 1.85 | 1.82 | 1.79 | 1.76 |
| 20 | 2.97 | 2.59 | 2.38 | 2.25 | 2.16 | 2.09 | 2.04 | 2.00 | 1.96 | 1.94 | 1.91 | 1.89 | 1.84 | 1.79 | 1.77 | 1.74 | 1.71 | 1.68 | 1.64 | 1.61 |
| 30 | 2.88 | 2.49 | 2.28 | 2.14 | 2.05 | 1.98 | 1.93 | 1.88 | 1.85 | 1.82 | 1.79 | 1.77 | 1.72 | 1.67 | 1.64 | 1.61 | 1.57 | 1.54 | 1.50 | 1.46 |
| 40 | 2.84 | 2.44 | 2.23 | 2.09 | 2.00 | 1.93 | 1.87 | 1.83 | 1.79 | 1.76 | 1.74 | 1.71 | 1.66 | 1.61 | 1.57 | 1.54 | 1.51 | 1.47 | 1.42 | 1.38 |
| 60 | 2.79 | 2.39 | 2.18 | 2.04 | 1.95 | 1.87 | 1.82 | 1.77 | 1.74 | 1.71 | 1.68 | 1.66 | 1.60 | 1.54 | 1.51 | 1.48 | 1.44 | 1.40 | 1.35 | 1.29 |
| 120 | 2.75 | 2.35 | 2.13 | 1.99 | 1.90 | 1.82 | 1.77 | 1.72 | 1.68 | 1.65 | 1.63 | 1.60 | 1.55 | 1.48 | 1.45 | 1.41 | 1.37 | 1.32 | 1.26 | 1.19 |
| ∞ | 2.71 | 2.30 | 2.08 | 1.94 | 1.85 | 1.77 | 1.72 | 1.67 | 1.63 | 1.60 | 1.57 | 1.55 | 1.49 | 1.42 | 1.38 | 1.34 | 1.30 | 1.24 | 1.17 | 1.00 |

$\alpha = 0.05$

| m \ n | 1 | 2 | 3 | 4 | 5 | 6 | 7 | 8 | 9 | 10 | 11 | 12 | 15 | 20 | 24 | 30 | 40 | 60 | 120 | ∞ |
|---|---|---|---|---|---|---|---|---|---|---|---|---|---|---|---|---|---|---|---|---|
| 1 | 161.5 | 199.5 | 215.7 | 224.6 | 230.2 | 234.0 | 236.8 | 238.9 | 240.5 | 241.9 | 243.0 | 243.9 | 244.7 | 245.4 | 249.1 | 250.1 | 251.1 | 252.2 | 253.3 | 254.3 |
| 2 | 18.51 | 19.00 | 19.16 | 19.25 | 19.30 | 19.33 | 19.35 | 19.37 | 19.38 | 19.40 | 19.40 | 19.41 | 19.43 | 19.45 | 9.45 | 19.46 | 19.47 | 19.48 | 19.49 | 19.50 |
| 3 | 10.13 | 9.55 | 9.28 | 9.12 | 9.01 | 8.94 | 8.89 | 8.85 | 8.81 | 8.79 | 8.76 | 8.74 | 8.70 | 8.66 | 8.64 | 8.62 | 8.59 | 8.57 | 8.55 | 8.53 |
| 4 | 7.71 | 6.94 | 6.59 | 6.39 | 6.26 | 6.16 | 6.09 | 6.04 | 6.00 | 5.96 | 5.94 | 5.91 | 5.86 | 5.80 | 5.77 | 5.75 | 5.72 | 5.69 | 5.66 | 5.63 |
| 5 | 6.61 | 5.79 | 5.41 | 5.19 | 5.05 | 4.95 | 4.88 | 4.82 | 4.77 | 4.74 | 4.70 | 4.68 | 4.62 | 4.56 | 4.53 | 4.50 | 4.46 | 4.43 | 4.40 | 4.36 |
| 6 | 5.99 | 5.14 | 4.76 | 4.53 | 4.39 | 4.28 | 4.21 | 4.15 | 4.10 | 4.06 | 4.03 | 4.00 | 3.94 | 3.87 | 3.84 | 3.81 | 3.77 | 3.74 | 3.70 | 3.67 |
| 7 | 5.59 | 4.74 | 4.35 | 4.12 | 3.97 | 3.87 | 3.79 | 3.73 | 3.68 | 3.64 | 3.60 | 3.57 | 3.51 | 3.44 | 3.41 | 3.38 | 3.34 | 3.30 | 3.27 | 3.23 |
| 8 | 5.32 | 4.46 | 4.07 | 3.84 | 3.69 | 3.58 | 3.50 | 3.44 | 3.39 | 3.35 | 3.31 | 3.28 | 3.22 | 3.15 | 3.12 | 3.08 | 3.04 | 3.01 | 2.97 | 2.93 |
| 9 | 5.12 | 4.26 | 3.86 | 3.63 | 3.48 | 3.37 | 3.29 | 3.23 | 3.18 | 3.14 | 3.10 | 3.07 | 3.01 | 2.94 | 2.90 | 2.86 | 2.83 | 2.79 | 2.75 | 2.71 |
| 10 | 4.96 | 4.10 | 3.71 | 3.48 | 3.33 | 3.22 | 3.14 | 3.07 | 3.02 | 2.98 | 2.94 | 2.91 | 2.85 | 2.77 | 2.74 | 2.70 | 2.66 | 2.62 | 2.58 | 2.54 |
| 11 | 4.84 | 3.98 | 3.59 | 3.36 | 3.20 | 3.09 | 3.01 | 2.95 | 2.90 | 2.85 | 2.82 | 2.79 | 2.72 | 2.65 | 2.61 | 2.57 | 2.53 | 2.49 | 2.45 | 2.40 |
| 12 | 4.75 | 3.89 | 3.49 | 3.26 | 3.11 | 3.00 | 2.91 | 2.85 | 2.80 | 2.75 | 2.72 | 2.69 | 2.62 | 2.54 | 2.51 | 2.47 | 2.43 | 2.38 | 2.34 | 2.30 |
| 13 | 4.67 | 3.81 | 3.41 | 3.18 | 3.03 | 2.92 | 2.83 | 2.77 | 2.71 | 2.67 | 2.63 | 2.60 | 2.53 | 2.46 | 2.42 | 2.38 | 2.34 | 2.30 | 2.25 | 2.21 |
| 14 | 4.60 | 3.74 | 3.34 | 3.11 | 2.96 | 2.85 | 2.76 | 2.70 | 2.65 | 2.60 | 2.57 | 2.53 | 2.46 | 2.39 | 2.35 | 2.31 | 2.27 | 2.22 | 2.18 | 2.13 |
| 15 | 4.54 | 3.68 | 3.29 | 3.06 | 2.90 | 2.79 | 2.71 | 2.64 | 2.59 | 2.54 | 2.51 | 2.48 | 2.40 | 2.33 | 2.29 | 2.25 | 2.20 | 2.16 | 2.11 | 2.07 |
| 20 | 4.35 | 3.49 | 3.10 | 2.87 | 2.71 | 2.60 | 2.51 | 2.45 | 2.39 | 2.35 | 2.31 | 2.28 | 2.20 | 2.12 | 2.08 | 2.04 | 1.99 | 1.95 | 1.90 | 1.84 |
| 30 | 4.17 | 3.32 | 2.92 | 2.69 | 2.53 | 2.42 | 2.33 | 2.27 | 2.21 | 2.16 | 2.13 | 2.09 | 2.01 | 1.93 | 1.89 | 1.84 | 1.79 | 1.74 | 1.68 | 1.62 |
| 40 | 4.08 | 3.23 | 2.84 | 2.61 | 2.45 | 2.34 | 2.25 | 2.18 | 2.12 | 2.08 | 2.04 | 2.00 | 1.92 | 1.84 | 1.79 | 1.74 | 1.69 | 1.64 | 1.58 | 1.51 |
| 60 | 4.00 | 3.15 | 2.76 | 2.53 | 2.37 | 2.25 | 2.17 | 2.10 | 2.04 | 1.99 | 1.95 | 1.92 | 1.84 | 1.75 | 1.70 | 1.65 | 1.59 | 1.53 | 1.47 | 1.39 |
| 120 | 3.92 | 3.07 | 2.68 | 2.45 | 2.29 | 2.18 | 2.09 | 2.02 | 1.96 | 1.91 | 1.87 | 1.83 | 1.75 | 1.66 | 1.61 | 1.55 | 1.50 | 1.43 | 1.35 | 1.25 |
| ∞ | 3.84 | 3.00 | 2.60 | 2.37 | 2.21 | 2.10 | 2.01 | 1.94 | 1.88 | 1.83 | 1.79 | 1.75 | 1.67 | 1.57 | 1.52 | 1.46 | 1.40 | 1.32 | 1.23 | 1.00 |

$\alpha = 0.025$

| m \ n | 1 | 2 | 3 | 4 | 5 | 6 | 7 | 8 | 9 | 10 | 11 | 12 | 15 | 20 | 24 | 30 | 40 | 60 | 120 | ∞ |
|---|---|---|---|---|---|---|---|---|---|---|---|---|---|---|---|---|---|---|---|---|
| 1 | 647.8 | 799.5 | 864.2 | 899.6 | 921.9 | 937.1 | 948.2 | 956.7 | 963.3 | 968.6 | 973.0 | 976.7 | 984.9 | 993.1 | 997.3 | 1001 | 1006 | 1010 | 1014 | 1018 |
| 2 | 38.51 | 39.00 | 39.17 | 39.25 | 39.30 | 39.33 | 39.36 | 39.37 | 39.39 | 39.40 | 39.41 | 39.41 | 39.43 | 39.45 | 39.46 | 39.46 | 39.47 | 39.48 | 39.49 | 39.50 |
| 3 | 17.44 | 16.04 | 15.44 | 15.10 | 14.88 | 14.73 | 14.62 | 14.54 | 14.47 | 14.42 | 14.37 | 14.34 | 14.25 | 14.17 | 14.12 | 14.08 | 14.04 | 13.99 | 13.95 | 13.90 |
| 4 | 12.22 | 10.65 | 9.98 | 9.60 | 9.36 | 9.20 | 9.07 | 8.98 | 8.90 | 8.84 | 8.79 | 8.75 | 8.66 | 8.56 | 8.51 | 8.46 | 8.41 | 8.36 | 8.31 | 8.26 |
| 5 | 10.01 | 8.43 | 7.76 | 7.39 | 7.15 | 6.98 | 6.85 | 6.76 | 6.68 | 6.62 | 6.57 | 6.52 | 6.43 | 6.33 | 6.28 | 6.23 | 6.18 | 6.12 | 6.07 | 6.02 |
| 6 | 8.81 | 7.26 | 6.60 | 6.23 | 5.99 | 5.82 | 5.70 | 5.60 | 5.52 | 5.46 | 5.41 | 5.37 | 5.27 | 5.17 | 5.12 | 5.07 | 5.01 | 4.96 | 4.90 | 4.85 |
| 7 | 8.07 | 6.54 | 5.89 | 5.52 | 5.29 | 5.12 | 4.99 | 4.90 | 4.82 | 4.76 | 4.71 | 4.67 | 4.57 | 4.47 | 4.41 | 4.36 | 4.31 | 4.25 | 4.20 | 4.14 |
| 8 | 7.57 | 6.06 | 5.42 | 5.05 | 4.82 | 4.65 | 4.53 | 4.43 | 4.36 | 4.30 | 4.24 | 4.20 | 4.10 | 4.00 | 3.95 | 3.89 | 3.84 | 3.78 | 3.73 | 3.67 |
| 9 | 7.21 | 5.71 | 5.08 | 4.72 | 4.48 | 4.32 | 4.20 | 4.10 | 4.03 | 3.96 | 3.91 | 3.87 | 3.77 | 3.67 | 3.61 | 3.56 | 3.51 | 3.45 | 3.39 | 3.33 |
| 10 | 6.94 | 5.46 | 4.83 | 4.47 | 4.24 | 4.07 | 3.95 | 3.85 | 3.78 | 3.72 | 3.66 | 3.62 | 3.52 | 3.42 | 3.37 | 3.31 | 3.26 | 3.20 | 3.14 | 3.08 |
| 11 | 6.72 | 5.26 | 4.63 | 4.28 | 4.04 | 3.88 | 3.76 | 3.66 | 3.59 | 3.53 | 3.47 | 3.43 | 3.33 | 3.23 | 3.17 | 3.12 | 3.06 | 3.00 | 2.94 | 2.88 |
| 12 | 6.55 | 5.10 | 4.47 | 4.12 | 3.89 | 3.73 | 3.61 | 3.51 | 3.44 | 3.37 | 3.32 | 3.28 | 3.18 | 3.07 | 3.02 | 2.96 | 2.91 | 2.85 | 2.79 | 2.72 |
| 13 | 6.41 | 4.97 | 4.35 | 4.00 | 3.77 | 3.60 | 3.48 | 3.39 | 3.31 | 3.25 | 3.20 | 3.15 | 3.05 | 2.95 | 2.89 | 2.84 | 2.78 | 2.72 | 2.66 | 2.60 |
| 14 | 6.30 | 4.86 | 4.24 | 3.89 | 3.66 | 3.50 | 3.38 | 3.29 | 3.21 | 3.15 | 3.09 | 3.05 | 2.95 | 2.84 | 2.79 | 2.73 | 2.67 | 2.61 | 2.55 | 2.49 |
| 15 | 6.20 | 4.77 | 4.15 | 3.80 | 3.58 | 3.41 | 3.29 | 3.20 | 3.12 | 3.06 | 3.01 | 2.96 | 2.86 | 2.76 | 2.70 | 2.64 | 2.59 | 2.52 | 2.46 | 2.40 |
| 20 | 5.87 | 4.46 | 3.86 | 3.51 | 3.29 | 3.13 | 3.01 | 2.91 | 2.84 | 2.77 | 2.72 | 2.68 | 2.57 | 2.46 | 2.41 | 2.35 | 2.29 | 2.22 | 2.16 | 2.09 |
| 30 | 5.57 | 4.18 | 3.59 | 3.25 | 3.03 | 2.87 | 2.75 | 2.65 | 2.57 | 2.51 | 2.46 | 2.41 | 2.31 | 2.20 | 2.14 | 2.07 | 2.01 | 1.94 | 1.87 | 1.79 |
| 40 | 5.42 | 4.05 | 3.46 | 3.13 | 2.90 | 2.74 | 2.62 | 2.53 | 2.45 | 2.39 | 2.33 | 2.29 | 2.18 | 2.07 | 2.01 | 1.94 | 1.88 | 1.80 | 1.72 | 1.64 |
| 60 | 5.29 | 3.93 | 3.34 | 3.01 | 2.79 | 2.63 | 2.51 | 2.41 | 2.33 | 2.27 | 2.22 | 2.17 | 2.06 | 1.94 | 1.88 | 1.82 | 1.74 | 1.67 | 1.58 | 1.48 |
| 120 | 5.15 | 3.80 | 3.23 | 2.89 | 2.67 | 2.52 | 2.39 | 2.30 | 2.22 | 2.16 | 2.10 | 2.05 | 1.94 | 1.82 | 1.76 | 1.69 | 1.61 | 1.53 | 1.43 | 1.31 |
| ∞ | 5.02 | 3.69 | 3.12 | 2.79 | 2.57 | 2.41 | 2.29 | 2.19 | 2.11 | 2.05 | 2.00 | 1.94 | 1.83 | 1.71 | 1.64 | 1.57 | 1.48 | 1.39 | 1.27 | 1.00 |

# 찾아보기


ㄱ

가법정리 13
감마분포 140, 161
감마분포의 기댓값 202
감마분포의 분산 229
감마분포의 적률생성함수 296
감마함수 162
결합법칙 7
결합분포함수 61, 67
결합확률 20
결합확률밀도함수 67
결합확률변수의 기댓값 210
결합확률분포 62
결합확률함수 65
계단함수 51
고장률함수 160
곱사상 3
곱셈공식 20, 23
공분산 212
공사상 3
교환법칙 7
기댓값 190
기하분포 126
기하분포의 기댓값 196
기하분포의 분산 221
기하분포의 적률생성함수 290

ㄴ

누적분포함수 50
누적이항분포표 108

ㄷ

다항계수 112
다항분포 113
다항확률질량함수 112
단조감소함수 89
단조증가함수 88
단측 체비셰프 부등식 263
대수의 강법칙 266
대수의 약법칙 267
독립 27, 77
독립시행 271
드모르간의 법칙 7

ㄹ

라플라스의 확률 10

ㅁ

마르코프 부등식 256
막대그래프 49
매클로린 급수 303
매클로린 전개 284
무상관 234

무한모집단 115
밀도함수 55

ㅂ

배반사상 3
배분법칙 7
베르누이 분포 102, 104
베르누이 분포의 기댓값 192
베르누이 분포의 분산 219
베르누이 분포의 적률생성함수 287
베르누이 분포의 특성함수 313
베르누이 시행 104
베르누이의 대수의 법칙 266
베이즈 정리 38
베타분포 93, 140
베타분포의 기댓값 203
베타분포의 분산 230
베타함수 134
벡터 없음
분산 213
분포함수 50
분할 36
비감소함수 53

ㅅ

사상 2
삼항분포 113
상관계수 232
상관계수의 범위 232
상태 49
서로 배반 5
수명분포 157
수학적 귀납법 16
스터링의 공식 186
승법정리 20, 21

ㅇ

$F$ 분포 140, 177
$F$ 분포의 기댓값 205
$F$ 분포의 분산 231
여사상 3
연속균일분포의 기댓값 199
연속균일분포의 분산 226
연속균일분포의 적률생성함수 293
연속형 312
연속확률변수 49
연속확률분포 54
연속확률함수 54
원소 2
OC 곡선 119
위험률 160
유한모집단 115
음이항분포 129
음이항분포의 기댓값 197
음이항분포의 분산 224
음이항분포의 적률생성함수 291
이산형 61
이산확률변수 49
이산확률분포 49
이항계수 107
이항분포 107

이항분포의 기댓값 193
이항분포의 분산 220
이항분포의 재생성 134, 300
이항분포의 적률생성함수 288
이항분포의 특성함수 313
이항분포의 확률생성함수 308
1차 적률 206

**ㅈ**

자유도 170
자코비안 89, 92
적률 280
적률생성함수 283
전확률의 공식 37
정규곡선 145
정규분포 144
정규분포의 기댓값 200
정규분포의 분산 227
정규분포의 재생성 301
정규분포의 적률생성함수 294
정규분포의 특성함수 316
조건부기댓값 237
조건부확률 20
조건부확률밀도함수 83
조건부확률질량함수 80
종속 27
주변확률질량함수 61, 63
주변확률분포 63
중심극한정리 144, 272
중첩 133, 180
지수분포 155
지수분포의 기댓값 201
지수분포의 분산 228
지수분포의 적률생성함수 295
지수분포의 특성함수 317
집합함수 12

**ㅊ**

체비셰프 부등식 256
초기하분포 115
초기하분포의 기댓값 194
초기하분포의 분산 221

**ㅋ**

$\chi^2$ 분포 140, 169
$\chi^2$ 분포의 기댓값 204
$\chi^2$ 분포의 분산 231
$\chi^2$ 분포의 적률생성함수 298
$\chi^2$ 분포의 재생성 301
콜모고로프 부등식 271

**ㅌ**

통계적 독립 27
통계적 품질관리 118
특성함수 312
$t$ 분포 140, 173
$t$ 분포의 기댓값 204
$t$ 분포의 분산 231

**ㅍ**

파스칼의 삼각형 108

평균 206
평균에 대한 적률 280
포아송과정 164
포아송 분포 120
포아송 분포의 기댓값 196
포아송 분포의 분산 222
포아송 분포의 재생성 134, 300
포아송 분포의 적률생성함수 231
포아송 분포의 특성함수 289
포아송 분포의 확률생성함수 309
표본점 2
표준정규분포 144
표준정규분포표 151

ㅎ

함수의 기댓값 205
함수의 적률생성함수 302
함수의 조건부기댓값 245
합사상 3
행렬 308
확률 10, 12
확률밀도함수 54
확률변수 48
확률분포 49
확률생성함수 307
확률의 공리 10
확률함수 49
히스토그램 40

## 저자 소개

**김종호**
청주대학교 수학과 졸업
동국대학교 대학원 수학과(이학박사)
현) 동국대학교 통계학과 명예교수

**이기성**
동국대학교 통계학과 졸업
동국대학교 대학원 통계학과(이학박사)
현) 우석대학교 아동복지학과 교수

**장인홍**
조선대학교 수학교육과 졸업
한양대학교 대학원 수학과(이학박사), 통계학 전공
현) 조선대학교 컴퓨터통계학과 교수

# 기초 확률론 -제3판-

저 자 김종호 · 이기성 · 장인홍
발 행 인 김지영
발 행 처 자유아카데미
주 소 경기도 파주시 회동길 37-42
파주출판도시
전 화 031-955-1321
팩 스 031-955-1322
홈페이지 www.freeaca.com
전자우편 main@freeaca.com (대표)
editor@freeaca.com (편집)
crm@freeaca.com (영업)
등 록 제406-2003-017호, 1980. 7. 12
제3판1쇄 2019년 8월 25일 발행
제3판4쇄 2024년 7월 25일 발행
정 가 27,000원

저자와의
협의하에
인지생략


ISBN 979-11-5808-228-4 93310